U0256951

国家自然科学基金重点项目（71733003）

CHINESE
PROVINCIAL

CO₂
E M I S S I O N S

中国省份
碳排放

模型、特征与驱动因素

Models, Characteristics,
and
Driving Forces

潘晨　著

社会科学文献出版社
SOCIAL SCIENCES ACADEMIC PRESS (CHINA)

前　言

党的二十大报告指出："推动经济社会发展绿色化、低碳化是实现高质量发展的关键环节。"这为我国经济社会发展方式的转型指出了方向和路径。由温室气体的人为排放引发的气候变化问题已成为全世界关注的焦点问题，对于温室气体主要构成——二氧化碳排放的控制则是应对气候变化的主要着力点。2016 年签署的《巴黎协定》呼吁所有国家共同努力，并确立了"把全球平均气温升幅控制在工业化前水平以上低于 2℃之内，并努力将气温升幅限制在工业化前水平以上 1.5℃之内"的目标。作为全球最大的二氧化碳排放国，中国积极提交了"国家自主贡献"报告，提出了其自愿的减排目标。2020 年 9 月，习近平主席在第七十五届联合国大会一般性辩论中宣布"中国将提高国家自主贡献力度，采取更加有力的政策和措施，二氧化碳排放力争于 2030 年前达到峰值，努力争取 2060 年前实现碳中和"；党的二十大报告再次强调"积极稳妥推进碳达峰碳中和"，并指出"实现碳达峰碳中和是一场广泛而深刻的经济社会系统性变革"。中国的碳减排越来越多地受到国际社会的关注和期待。与此同时，中国的碳减排工作也面临诸多困难。经济的快速发展带来了二氧化碳排放的迅速增加，而较大的国土面积也使各地区发展状况差异显著，加之区域间经济联系复杂多变，使减排工作具有较大的难度和不确定性。

在此现实背景下，本书利用涵盖中国大陆所有省份①、产品部门及其之间经济联系的多年定量模型系统地分析了中国省份二氧化碳排放的结构特征、省际转移及区域平衡，并从多个角度探究了中国省份二氧化碳排放的驱动因素，进而探讨所得结论的政策内涵。主要研究工作和结论包含以下几个方面。

（1）构建中国省级多区域投入产出模型并核算分省份分部门碳排放。中国省级多区域投入产出模型是本书的核心模型，笔者在国务院发展研究中心李善同研究员团队学习工作期间，构建了覆盖2002年、2007年、2012年和2017年4个年份31个省份37个部门的中国省级不变价多区域投入产出模型，该模型能够系统反映中国各省份、各部门之间的经济联系。本书核算了分省份分部门二氧化碳排放数据，核算范围涵盖各省份分部门化石燃料燃烧和水泥生产过程所排放的二氧化碳，包括2002年、2007年、2012年和2017年4个年份30个省份46个部门（含44个产业部门和2个家庭消费部门），基础数据来源权威，口径一致。

（2）分析中国省份二氧化碳排放的结构特征及其演变。采用环境扩展的多区域投入产出模型，探索在复杂的经济联系下，各省份生产侧和消费侧二氧化碳排放的特征及发展变化。在区域和部门两个层面分解省际二氧化碳排放转移，追溯其来源、去向以及沿产业链的流动特征。分析发现，中西部省份与东部沿海省份之间的碳排放转移由2002~2007年的中西部向东部大量转移，转变为2007~2012年的中西部省份与东部省份之间相互转移。

（3）从区域平衡的视角检视各省份出口隐含碳排放及其所创造就业。利用社会－环境拓展的多区域投入产出模型，基于价值链分工视角分析我国各省份出口隐含碳排放及其所创造的就业，并检视两者之间的不平衡性。研究发现，东部省份作为中国出口的主要地区，在通过自身

---

① 指31个省、自治区、直辖市，为行文方便，以下统称"省份"。

大量的直接出口获取增加值的同时，也获得了相对较多的就业，并产生了大量的碳排放；相比较而言，中西部省份通过直接或间接参与出口所获得的增加值较低，同时所获得就业及产生的碳排放也较低，且以东部省份出口的间接拉动为主。特定的价值链参与方式决定着出口对中国省份碳排放的贡献率显著高于就业。时间上，这种不平衡呈扩大态势；空间上，这种不平衡在中西部省份更为突出。

（4）从省际贸易视角探究中国省份二氧化碳排放的驱动因素。利用基于多区域投入产出模型的结构分解分析，量化二氧化碳排放强度、生产技术、中间品来源结构、最终品来源结构、最终需求产品结构及最终需求规模的碳排放效应，并在省份和部门层面分析了各驱动因素的细分效应。研究发现，中国碳排放的主导需求由 2002～2007 年的出口和投资共同驱动，转变为 2007～2012 年的投资主要驱动；资源型的高碳排放部门的二氧化碳排放强度持续降低，然而一些终端排放强度较低但产业链排放强度较高的部门的生产结构则呈现高碳化趋势。

（5）从消费视角探究中国省份二氧化碳排放的驱动因素。对经典消费视角碳排放的概念进行拓展，进而基于 Kaya 恒等式和多区域投入产出表，利用结构分解分析方法，在消费视角下分析中国各省份碳排放的主要驱动因素。研究发现，从消费视角来看，经济发展水平的提高和经济规模的增长始终是促进碳排放增长的主要原因，而碳排放强度和能源消费强度的下降则是抑制碳排放增长的主要原因；未来，在"双碳"目标驱动下，能源结构的低碳化或将成为抑制碳排放增长的关键因素；产业结构的优化对抑制碳排放增长具有重要结构性意义。

总的来看，本书系统探讨了人类经济活动对环境的影响，通过刻画经济活动主体、部门之间的关系及其环境效应（碳排放），讨论经济活动与环境之间复杂的相互影响。既尊重经济系统各主体的独立性，又考察主体之间的经济联系；既关注经济系统活动，又审视其环境效应。通过在省份层面系统探讨中国二氧化碳排放问题，剖析中国及各省份碳排放问题的主要矛盾，以及各省份各部门碳排放之间的联动关系，为制定因地制宜、兼顾全局利益与局部利益的减排政策提供科学依据，助力实现"碳达峰、碳中和"目标。

本书研究工作的顺利完成离不开几位恩师的指导和支持。感谢国务院发展研究中心李善同研究员和何建武研究员，感谢南京航空航天大学周德群教授，感谢中国石油大学（华东）周鹏教授，感谢 CICERO 国际气候研究中心 Glen Peters 研究员，感谢清华大学杨永恒教授，感谢中国社会科学院数量经济与技术经济研究所刘强研究员。没有他们的指导和支持，便没有此书的诞生。此外，还要特别感谢国家自然科学基金重点项目（71733003）对本书研究工作的支持，以及中国社会科学院创新工程学术出版资助项目对本书出版工作的支持。

第一章

绪论

气候变化已成为全世界关注的热点话题，它已经并将继续对自然系统及社会系统造成重大影响。联合国政府间气候变化专门委员会（IPCC）第五、六次评估报告显示，全球气候变化问题已相当严峻。全球气温明显上升：2001～2012 年，全球地表平均温度比 1850～1900 年高出 0.99℃[1]；2011～2020 年，全球地表平均温度比 1850～1900 年高出 1.09℃[2]。极端天气的强度和频率发生明显变化：20 世纪中叶以来，极端暖事件增多，同时极端冷事件减少；高温热浪发生频率更高，且持续时间更长；陆地强降水事件有所增加，与此同时，欧洲南部和非洲西部的干旱却变得强度更强、时间更久。[2]北极海冰面积减少：1979～1988 年以及 2010～2019 年北极海冰面积的减少很可能是受人类影响。[2]全球平均海平面上升：1901～2018 年，全球平均海平面上升了 0.20 米，且上升速度不断加快。[2]

引起这些变化的正是不断提高的温室气体浓度，2012 年，全球大气中二氧化碳、甲烷、氧化亚氮浓度分别比工业化前增加 41%、160% 和 20%，为过去 80 万年以来最高。IPCC 证明，20 世纪 50 年代以来，一半以上的全球气候变暖现象恰是人类活动所致；科学界也在海洋变暖、水循环变化、冰雪消退、全球海平面上升以及极端气候变化等方面，发现了受人类活动影响的信号。大量研究表明，未来留给人类的碳排放空间极其有限，为实现 21 世纪内"把全球平均气温升幅控制在工业化前水平以上低于 2℃ 之内，并努力将气温升幅限制在工业化前水平以上 1.5℃ 之内"[3]的目标，必须大幅减少温室气体排放。而二氧化碳作为最主要的温室气体，须首先受到关注。

随着经济的快速发展，中国已成为世界第一大二氧化碳（CO_2）排放国。2020 年，中国的碳排放量达到 10667 Mt，约占全球碳排放总量的31%（当然，由于全球新冠疫情的影响，中国的这一比例可能偏高），具有较大的减排潜力。与此同时，中国积极响应《巴黎协定》，先后宣布了一系列切实有力、体现大国担当的国家自主贡献举措。2020 年 9月，习近平主席在第七十五届联合国大会一般性辩论中宣布"中国将提高国家自主贡献力度，采取更加有力的政策和措施，二氧化碳排放力争于 2030 年前达到峰值，努力争取 2060 年前实现碳中和"，更加显示了中国减排的决心。

在较大的减排潜力与减排决心的双重因素下，中国的碳达峰、碳中和问题受到广泛关注。然而中国碳排放量大、人口众多、经济发展仍处于发展中国家阶段、对化石能源依赖度高等客观因素，使中国低碳转型的时间紧、难度大。

第一，中国是全球最大的二氧化碳排放国，对全球碳减排有关键作用。根据《全球碳预算 2021》的报告（见图 1.1），从 20 世纪 70 年代开始，中国二氧化碳排放整体持续增长，加入世界贸易组织（WTO）之后，碳排放增速明显加快，并于 2005 年超越美国成为全球第一大二氧化碳排放国。至 2020 年，中国化石燃料燃烧产生的二氧化碳排放在全球占比达到 31%，其次是美国（14%）、欧盟（27 个成员国，7%）及印度（7%）。从人均二氧化碳排放来看，2005 年以前，中国人均碳排放一直低于全球平均水平，但随着中国碳排放的迅速增长，人均碳排放于 2005年越过全球平均水平，与欧盟处于相近的水平。由此可见，中国二氧化碳减排对全球碳减排至关重要，这为中国减排工作带来一定压力。

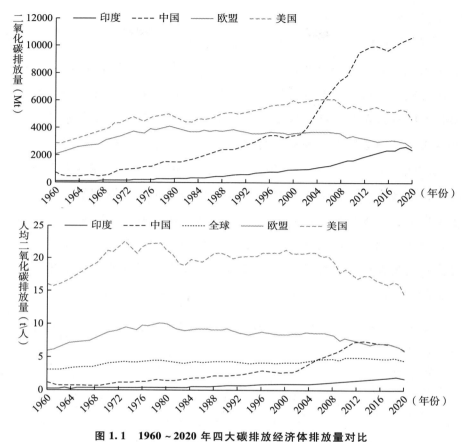

图 1.1 1960～2020 年四大碳排放经济体排放量对比

资料来源：碳排放数据来源于《全球碳预算 2021》[4]；人口数据来源于世界银行①。

第二，面对"碳达峰、碳中和"的国际承诺，如何高效减排亟待探讨。近几十年来，中国经济迅速增长，由此带来的温室气体、污染物等排放也迅速增加。中国如何应对二氧化碳减排，成为国内国际共同关注的问题。《巴黎协定》通过了"自下而上"的减排责任确定方式，呼吁各缔约方自主承诺其减排目标。有关"碳达峰、碳中和"的国际承诺更加显示了中国减排的决心。显然，在"碳达峰、碳中和"承诺的压力下，中国的二氧化碳减排任重道远，如何科学、高效减排，成为一个亟

① 世界银行（https://data.worldbank.org.cn/），访问日期：2022 年 9 月。

待探讨的问题。

第三，中国自身区域发展差异显著，区域间经济联系复杂多变，为减排工作带来很大的难度和不确定性。在探讨中国二氧化碳减排问题时，不能忽视的一点是中国区域发展水平的不均衡。中国地域辽阔、省份众多，不同省份资源禀赋、区位条件、发展基础等都存在较大差异。在这些客观条件的基础上，各省份沿用的发展路径也存在很大不同。以各省份人均地区生产总值为例，2019 年，人均地区生产总值最大的江苏省①是人均地区生产总值最小的甘肃省的 3.36 倍之多[5]；东部沿海地区发展水平明显高于内陆地区。此外，与二氧化碳排放水平直接相关的能源消费量也表现出极大的区域差异性（见图 1.2）。2019 年，能源消费量最高的山东省的能源消费合计量为 4.12 亿吨标准煤，是能源消费量最小的海南省的 18.28 倍；不同省份能源消费强度也呈现明显差异。

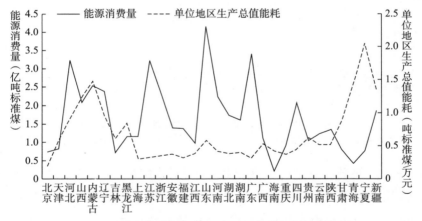

图 1.2　2019 年中国部分省份能源消费量与能源消费强度

资料来源：地区生产总值取自国家统计局[5]；能源消费数据取自《中国能源统计年鉴 2020》。

由此可见，在探讨中国二氧化碳减排问题时，必须依据各地区实际情况区别考虑、因地制宜。与此同时，省份之间的差异性使各省份之间

———————————

①　为保证可比性，此排名不计直辖市。

有着错综复杂的经济联系。随着各地经济的快速发展和通信、交通等基础设施的不断完善升级，加之区域协调发展政策的刺激，区域间贸易量迅速增长，经济联系日趋紧密和复杂，这对中国二氧化碳排放格局有着潜在的重要影响。可见，中国不仅面临来自国际、国内社会的减排压力，也面临本国国土面积广阔、情况复杂、发展不充分与地区间发展不均衡的问题，减排形势已较为严峻。系统地考虑各地区之间的差异性和联系性，从而制定高效的减排策略极为重要。

鉴于此，本书以中国二氧化碳排放问题为研究对象展开分析和讨论。由于中国各省份既有其特有的排放特征，相互之间又有着紧密的经济联系，因此本书主要在省份层面关注省份间复杂的经济联系下中国二氧化碳排放问题。在中国碳排放居全球之首，并向国际社会承诺其二氧化碳排放于 2030 年前达峰的压力下，在国内民众对美好生活环境的呼声下，如何科学有效地减排成为亟待解决的问题；而中国地域辽阔、省份众多，各省份资源禀赋、区位条件、发展路径等差异较大，同时，省份之间的经济联系错综复杂，因而，既需要系统地着眼于中国整体，又有必要剖析省份层面的碳排放特征及省份之间的相互关联。鉴于此，本书的研究目标在于：①探究中国省份碳排放的特征，以及在省际复杂的经济联系下，各省份碳排放之间的相互关联；②探索随着时间的推移，中国省份层面碳排放的发展特征，以及推动其发展变化的关键因素；③探讨在新的国内外环境下，中国应如何制定较为高效的减排措施。

本书的理论意义在于两点。首先，从系统的角度探讨人类经济活动对环境的影响。通过刻画经济活动主体、部门之间的关系及其环境效应（碳排放），讨论经济活动与环境之间复杂的相互影响。研究既尊重经济系统各主体的独立性，又考察主体之间经济联系；既关注经济系统活动，又审视其环境效应；是系统理论在经济环境领域的实践。其次，拓展了多区域投入产出理论在中国的实践。通过构建中国省级多年份多区域投入产出模型，并核算省级分部门二氧化碳排放，为环境扩展的多区域投入产出模型在中国省份层面的实践应用提供了关键数据支撑；所构建的中国省级多区域投入产出模型数据可信度较高、方法一致性高、价格年间可比，不仅适用于碳排放问题的研究，还能够用于诸多与经济系统相关联的问题的研究，如"双循环"新发展格局、区域协调发展、共同富裕、价值链升级、能效提升等，是多区域投入产出模型在中国省份层面的重要实践。

研究的现实意义在于两点。首先，为制定因地制宜的减排政策提供科学依据。研究在省份层面探讨中国二氧化碳排放问题，有助于了解中国及各省份碳排放问题的主要矛盾。如前所述，中国地域辽阔、省份众多，不同省份的资源禀赋、区位条件、发展基础等都存在较大差异，且在这些客观条件的基础上，各省份沿用的发展路径也存在很大不同。因此，在省份层面的研究能够有效避免一刀切式的政策，有助于提高减排效率，早日实现碳达峰的目标。其次，为制定系统的减排策略提供新的思路。中国各省份既各有特征，相互之间又存在密切且复杂的经济、环境联系，而现有减排政策较少考虑区域联系对减排效果的影响，这就导致了各省份减排政策多建立在局部利益上。例如，高排放企业被经济发达地区"驱逐"到经济欠发达省份，虽然经济发达地区在短期内完成了减排任务，但从全国整体来看，排放量并未得到有效控制。因此，本书从系统的视角对中国区域碳排放问题的探讨，能够为中国减排策略的制定提供新的思路。

研究内容主要包括以下几个方面。

第一，模型与方法基础的阐释及研究现状的梳理（第二章和第三章）。系统地介绍本书的方法基础——投入产出模型和基于投入产出的结构分解分析方法。梳理多区域/区域间投入产出表编制的国内外研究现状，以及投入产出模型和结构分解分析在中国碳排放问题研究中的应用，并对现有研究做出简要评述。

第二，中国省级多区域投入产出模型构建和碳排放核算（第四章和

第五章）。构建本书的核心数据之一——中国省级多区域投入产出模型，得到覆盖 2002 年、2007 年、2012 年和 2017 年 4 个年份、31 个省份、37 个部门的中国省级不变价多区域投入产出模型。核算分省份分部门的二氧化碳排放，涵盖各省份分部门化石燃料燃烧和水泥生产过程所排放的二氧化碳，得到覆盖 2002 年、2007 年、2012 年和 2017 年 4 个年份 30 个省份 46 个部门（含 44 个产业部门和 2 个家庭消费部门）的二氧化碳排放数据。

第三，中国省份碳排放结构演变特征和区域平衡视角下的中国省份碳排放（第六章、第七章）。采用环境扩展的多区域投入产出模型，探索在复杂的经济联系下，各省份生产侧和消费侧二氧化碳排放的特征及发展变化。在区域和部门两个层面分解省际二氧化碳排放转移，追溯其来源、去向以及沿产业链的流动特征。并从区域平衡的视角探讨各省份出口隐含碳排放及其所创造的就业的特征。

第四，多视角探索中国省份碳排放的驱动因素（第八章、第九章）。采用基于多区域投入产出模型的结构分解分析方法，分别从省际贸易视角和消费视角探索在各省份生产侧、消费侧碳排放及省际碳排放转移发生变化的情况下，中国碳排放的驱动力是否发生了变化，以及这些驱动力在省份层面和部门层面有何特征。

第五，对整个研究进行总结和展望（第十章）。阐述本书的主要结论并讨论其政策启示，结合我国碳减排工作的现状和本领域研究趋势，指出研究存在的不足以及进一步的研究方向。

第二章

模型与方法基础

一　投入产出模型

投入产出模型由列昂惕夫（Leontief）创立于 1936 年[6]。20 世纪 70 年代，Leontief（1970）以及 Leontief 和 Ford（1972）开创性地将此分析方法用于环境保护领域的研究[7,8]。此后，有诸多学者利用该法研究环境保护、能源等相关问题，如 Wright（1974）[9]、Bullard 和 Pilati（1976）[10]、Cleveland 等（1984）[11]，仅列举一二。近年来，随着气候变化问题的日益严峻，投入产出模型在探讨人类经济活动与气候变化之间关系的问题中得到广泛应用[12-24]。

投入产出模型刻画了一个经济系统中各经济主体（可能是地区、部门，甚至企业）之间的经济联系。"投入"是指各个主体所消耗的其他主体的产出，包括中间投入和最初投入两个部分。中间投入是指各生产部门的生产过程中对各部门产出的消耗，如能源、物料、服务等；最初投入则指各生产部门对初始要素的消耗，如劳动、固定资产等[25]。"产出"是指各生产部门生产活动所得的产物，如能源、物料、设备及服务等。其按照去向可以分为中间使用和最终使用两部分。中间使用是指为各生产部门的生产活动所用的部分；最终使用是指为居民、政府、资本形成、国外使用者所用的部分。

依照不同的标准，可将投入出产模型划分为不同的类型[25]。按照分析时期的不同，可以划分为静态投入产出模型和动态投入产出模型；按照计量单位的不同，可以划分为价值型投入产出模型和实物型投入产出模型；按照包含区域数量的不同，可以划分为单区域投入产出模型[6]（Single-Regional Input-Output，SRIO）和非单区域投入产出模型，后者包括多区域投入产出模型[26,27]（Multi-Regional Input-Output，MRIO）和区域间投入产出模型[28]（Inter-Regional Input-Output，IRIO）。本书基于静态价值型投入产出模型，因而主要对单区域和非单区域（多区域/区域间）两类静态价值型投入产出模型进行介绍。

（一）单区域投入产出模型

单区域静态价值型投入产出模型（以下简称单区域投入产出模型）是其他投入产出模型的基础。相比于多区域投入产出模型而言，单区域投入产出模型对数据量的要求较低，因此具有广泛的应用。模型仅包含一个区域，反映此区域部门之间的经济联系；由中间使用矩阵、最终使用矩阵、增加值矩阵及总投入/总产出矩阵四部分构成（见图2.1）。

投入 / 产出		中间使用				最终使用			总产出
		部门1	部门2	…	部门m	消费	资本形成	净出口	
中间投入	部门1	$z_{1,1}$	$z_{1,2}$	…	$z_{1,m}$	$y_{1,I}$	$y_{1,II}$	$y_{1,III}$	x_1
	部门2	$z_{2,1}$	$z_{2,2}$	…	$z_{2,m}$	$y_{2,I}$	$y_{2,II}$	$y_{2,III}$	x_2
	⋮	⋮	⋮	⋱	⋮	⋮	⋮	⋮	⋮
	部门m	$z_{m,1}$	$z_{m,2}$	…	$z_{m,m}$	$y_{m,I}$	$y_{m,II}$	$y_{m,III}$	x_m
增加值		v_1	v_2	…	v_m				
总投入		x_1	x_2	…	x_m				

图2.1 单区域投入产出模型示意

1. 行平衡关系

对于部门 i，在行的方向具有如下平衡关系：

$$\sum_j z_{i,j} + \sum_\mu y_{i,\mu} = x_i (j = 1,2,\cdots,m;\mu = \text{I},\text{II},\text{III}) \qquad (2-1)$$

式中，$z_{i,j}$ 表示部门 i 对部门 j 的中间投入，是中间使用矩阵（Z）的元素；$y_{i,\mu}$ 代表最终需求 μ 对部门 i 的使用，是最终使用矩阵（Y）的元素；x_i 表示部门 i 的总产出/总投入，是总产出/总投入矩阵（X）的元素。该平衡式的含义即为所有部门及最终需求对部门 i 的中间及最终使用之和与该部门的总产出相等。

2. 列平衡关系

对于部门 j，在列的方向具有如下平衡关系：

$$\sum_i z_{i,j} + v_j = x_j (i = 1,2,\cdots,m) \qquad (2-2)$$

式中，$z_{i,j}$ 的含义与式（2-1）一致，v_j 和 x_j 分别表示部门 j 的增加值和总投入。此平衡式的含义为，所有部门对部门 j 的中间投入和部门 j 的增加值（最初投入）之和与该部门的总投入相等。

3. 直接消耗系数

直接消耗系数是投入产出分析的基础。对于部门 j，直接消耗系数是指每生产一单位的该部门的产品，对各部门产品的中间消耗量，见式（2-3）。

$$a_{i,j} = z_{i,j} / x_j \qquad (2-3)$$

式中，$a_{i,j}$ 代表部门 j 对部门 i 的直接消耗系数，其值等于相应的中间使用与部门 j 的总投入之比。

4. 列昂惕夫模型

列昂惕夫模型能够反映部门间复杂的经济联系。根据直接消耗系数的定义，可将行平衡关系表示为：

$$A \cdot x + y = I \cdot x \qquad (2-4)$$

进一步有：

$$(I - A) \cdot x = y \qquad (2-5)$$

则：

$$x = (I - A)^{-1} \cdot y \qquad (2-6)$$

式中，A 表示直接消耗系数矩阵；y 为不区分项目的最终使用，是与 x 维度相同的矩阵；I 是与 A 维度相同的单位矩阵。式（2-6）即为列昂惕夫模型，其中 $(I-A)^{-1}$ 被称为列昂惕夫逆矩阵，常记为 L。

（二）区域间投入产出模型

区域间投入产出模型出现于 20 世纪 50 年代，由 Isard（1951）[28] 提出。该模型将单区域投入产出模型扩展到多个区域，不仅能够反映各个区域内部部门之间的经济联系，也能反映区域之间、不同区域的部门之间复杂的经济联系。但该模型对信息量要求很高，不仅需要知道区域之间各部门产品的相互贸易量，还需要知道这些产品的去向，即流向目的地的哪个部门或满足哪种最终需求。其基本表示见图2.2。

1. 行平衡关系

与单区域投入产出模型类似，区域间投入产出模型的行平衡关系为：

$$\sum_r \sum_j z_{i,j}^{s,r} + \sum_r \sum_\mu y_{i,\mu}^{s,r} = x_i^s$$
$$(r = 1,2,\cdots,n; j = 1,2,\cdots,m; \mu = I, II, III) \qquad (2-7)$$

式中，$z_{i,j}^{s,r}$ 表示区域 s 的部门 i 对区域 r 的部门 j 的中间投入，是中间使用矩阵（Z）的元素；$y_{i,\mu}^{s,r}$ 代表区域 r 的最终需求 μ 对区域 s 的部门 i 的最终使用，是最终使用矩阵（Y）的元素；x_i^s 表示区域 s 的部门 i 的总产出/总投入，是总产出/总投入矩阵（X）的元素。此行平衡关系的含义为所有区域的所有部门以及最终需求对区域 s 的部门 i 的产品的使用之和与区域 s 的部门 i 的总产出相等。

2. 列平衡关系

类似地，在列的方向具有以下平衡关系：

投入 \ 产出		中间使用					最终使用						总产出
		区域1		...	区域n		区域1			...	区域n		
		部门1 ... 部门m		...	部门1 ... 部门m		消费 / 资本形成 / 净出口			...	消费 / 资本形成 / 净出口		
中间投入	区域1 部门1 : 部门m	$z_{1,1}^{1,1}\ z_{1,m}^{1,1}$ ... $z_{m,1}^{1,1}\ z_{m,m}^{1,1}$		...	$z_{1,1}^{1,n}\ z_{1,m}^{1,n}$ ... $z_{m,1}^{1,n}\ z_{m,m}^{1,n}$		$y_{1,\mathrm{I}}^{1,1}$ ... $y_{1,\mathrm{III}}^{1,1}$; $y_{m,\mathrm{I}}^{1,1}$ ... $y_{m,\mathrm{III}}^{1,1}$			...	$y_{1,\mathrm{I}}^{1,n}$ ... $y_{1,\mathrm{III}}^{1,n}$; $y_{m,\mathrm{I}}^{1,n}$ ... $y_{m,\mathrm{III}}^{1,n}$		x_1^1 : x_m^1
	区域n 部门1 : 部门m	$z_{1,1}^{n,1}\ z_{1,m}^{n,1}$ ... $z_{m,1}^{n,1}\ z_{m,m}^{n,1}$		...	$z_{1,1}^{n,n}\ z_{1,m}^{n,n}$ ... $z_{m,1}^{n,n}\ z_{m,m}^{n,n}$		$y_{1,\mathrm{I}}^{n,1}$ ... $y_{1,\mathrm{III}}^{n,1}$; $y_{m,\mathrm{I}}^{n,1}$ ... $y_{m,\mathrm{III}}^{n,1}$			...	$y_{1,\mathrm{I}}^{n,n}$ ... $y_{1,\mathrm{III}}^{n,n}$; $y_{m,\mathrm{I}}^{n,n}$ ... $y_{m,\mathrm{III}}^{n,n}$		x_1^n : x_m^n
增加值		v_1^1 ... v_m^1			v_1^n ... v_m^n								
总投入		x_1^1 ... x_m^1			x_1^n ... x_m^n								

图 2.2 区域间投入产出模型示意

$$\sum_{s} \sum_{i} z_{i,j}^{s,r} + v_j^r = x_j^r$$
$$(s = 1,2,\cdots,n; i = 1,2,\cdots,m) \tag{2-8}$$

式中，$z_{i,j}^{s,r}$ 的含义与式（2-7）一致；v_j^r 表示区域 r 部门 j 的增加值；x_j^r 表示区域 r 部门 j 的总投入。列平衡关系的含义为区域 r 部门 j 的总投入等于所有部门对其中间投入及增加值（最初投入）之和。

3. 直接消耗系数

区域间投入产出模型的直接消耗系数与单区域模型类似，其计算方法如式（2-9）所示。

$$a_{i,j}^{s,r} = z_{i,j}^{s,r} \big/ x_j^r \tag{2-9}$$

式中，$a_{i,j}^{s,r}$ 为区域 r 的部门 j 对区域 s 的部门 i 的直接消耗系数，其含义为每生产一单位的区域 r 部门 j 的产品，所需投入的各区域、各部门产品的量。

基于区域间投入产出模型的列昂惕夫模型与单区域模型类似，此处不再赘述。

（三）多区域投入产出模型

多区域投入产出模型的提出主要是为了解决区域间投入产出模型对数据要求极高的难题。该模型同样出现于 20 世纪 50 年代，包括重力模型、行系数模型和列系数模型[25]，其中以 Chenery（1953）[26] 和 Moses（1955）[27] 先后独立提出的列系数模型应用最为广泛，也被称为 Chenery-Moses 模型。有研究验证了这三种多区域投入产出模型，发现列系数模型最为有效[29-34]。下文详细介绍列系数模型。

不同于区域间投入产出模型，多区域模型只需要获得区域之间各部门产品的总贸易量，而无须知悉这部分产品的具体去向。例如，仅需获得区域 r 所使用的区域 s 所生产的部门 i 的产品总量，即 $\sum_j z_{i,j}^{s,r} + \sum_\mu y_{i,\mu}^{s,r}$，$(j = 1, 2, \cdots, m; \mu = \text{I}, \text{II}, \text{III})$（变量含义见图 2.2），而并不需要知悉区域 r 将这些产品用于哪些部门或最终需求，即 $z_{i,j}^{s,r}$ 或 $y_{i,\mu}^{s,r}$。这就引出了多区域投入产出模型需要解决的一个问题——如何根据有限信息估计出区域间贸易品的具体去向，即估计出 $z_{i,j}^{s,r}$ 和 $y_{i,\mu}^{s,r}$。

为解决这一问题，列系数模型引入了如下假设：假设区域 r 各个部门（含最终使用）所使用的部门 i 的产品中，来自区域 s 的比例相同；这一比例（$c_i^{s,r}$）等于区域 r 从区域 s 所购入的部门 i 产品，在区域 r 对部门 i 产品的使用总量中所占的比例，即：

$$c_i^{s,r} = t_i^{s,r} \Big/ \sum_s t_i^{s,r} \tag{2-10}$$

其中，$c_i^{s,r}$ 表示区域 r 各个部门（含最终使用）所使用的部门 i 的产品中来自区域 s 的比例，称为区域间贸易系数；$t_i^{s,r}$ 表示区域 r 从区域 s 所购入的部门 i 产品的量，当 r 等于 s 时，表示区域 r 所使用的本地生产的产品 i。

由此可以推算出区域间贸易品的具体去向，从而得到与区域间投入产出模型（图 2.2）形式相同的模型，称为多区域投入产出模型。多区域投入产出模型的行、列平衡关系及直接消耗系数和列昂惕夫模型与区域间模型一致，不再赘述。

（四）环境扩展的投入产出模型

环境扩展的投入产出模型是指在投入产出模型的基础上，引入环境变量，体现经济系统对环境的影响及作用路径，或体现经济活动的环境成本。其基本模型如下：

$$q = f \cdot L \cdot y \tag{2-11}$$

其中，q 表示经济活动对环境的影响。f 表示环境强度，如碳排放强度、能源消费强度等；其元素 $f_i = e_i / x_i$，e_i 表示部门 i 的环境变量，如碳排放量、能源使用量等，x_i 为相应的总产出。L 和 y 则分别表示列昂惕夫逆矩阵和最终使用。

二 结构分解分析

（一）结构分解分析的基本思路

基于投入产出模型的结构分解分析（Structural Decomposition Analysis，SDA）创立于 20 世纪 70 年代[35]，在创立之后逐渐得到探讨和完善[36-40]。结构分解分析具有动态化、所需年份少和便于考察部门间联系等优点[25]，这使其得到了广泛的应用。随着投入产出技术在环境问题中的应用，结构分解分析也越来越多地被用于分析环境问题动态变化背后的驱动因素[41,42]。

结构分解分析的思路是将总量的变化分解为不同因素的变化效应，从而量化各个因素对总量变化的影响。以环境投入产出的基本模型为例，结构分解分析的基本原理如下：

$$
\begin{aligned}
\Delta q &= f_1 \cdot L_1 \cdot y_1 - f_0 \cdot L_0 \cdot y_0 \\
&= f_1 \cdot L_1 \cdot y_1 - f_0 \cdot L_1 \cdot y_1 + \\
&\quad f_0 \cdot L_1 \cdot y_1 - f_0 \cdot L_0 \cdot y_1 + \\
&\quad f_0 \cdot L_0 \cdot y_1 - f_0 \cdot L_0 \cdot y_0 \\
&= \Delta f \cdot L_1 \cdot y_1 + f_0 \cdot \Delta L \cdot y_1 + f_0 \cdot L_0 \cdot \Delta y
\end{aligned}
\tag{2-12}
$$

其中，下标"0"和"1"分别指代起始年份和截止年份。分解结果中的 $\Delta f \cdot L_1 \cdot y_1$ 为环境强度变化对总量变化所产生的效应，记为 Δq_f ；$f_0 \cdot \Delta L \cdot y_1$ 为列昂惕夫逆矩阵变化的影响效应，记为 Δq_L ；$f_0 \cdot L_0 \cdot \Delta y$ 则为最终需求变化的影响效应，记为 Δq_y 。

然而这只是其一种分解形式，由其基本原理可知，若选择不同的下标组合，将得到不同的分解形式。分解形式的不唯一导致了结构分解分析的不确定性，对此将在下一小节予以详细说明。

（二）结构分解分析的不确定性

分解形式不唯一使结构分解分析具有不确定性。对于一个包含 b 个因素的分解，将有 $b!$ 种不同的完美分解①形式[38]。以上述三因素的分解为例，共有 6 种不同的分解形式（见表 2.1）。

表 2.1　结构分解分析的全部分解形式——以三因素为例

序号	分解形式	
1	$\Delta q = \Delta f \cdot L_1 \cdot y_1 + f_0 \cdot \Delta L \cdot y_1 + f_0 \cdot L_0 \cdot \Delta y$	(2-13)
2	$\Delta q = \Delta f \cdot L_1 \cdot y_1 + f_0 \cdot \Delta L \cdot y_0 + f_0 \cdot L_1 \cdot \Delta y$	(2-14)
3	$\Delta q = \Delta f \cdot L_0 \cdot y_0 + f_1 \cdot \Delta L \cdot y_0 + f_1 \cdot L_1 \cdot \Delta y$	(2-15)
4	$\Delta q = \Delta f \cdot L_0 \cdot y_0 + f_1 \cdot \Delta L \cdot y_1 + f_1 \cdot L_0 \cdot \Delta y$	(2-16)
5	$\Delta q = \Delta f \cdot L_0 \cdot y_1 + f_1 \cdot \Delta L \cdot y_1 + f_0 \cdot L_0 \cdot \Delta y$	(2-17)
6	$\Delta q = \Delta f \cdot L_1 \cdot y_0 + f_0 \cdot \Delta L \cdot y_0 + f_1 \cdot L_1 \cdot \Delta y$	(2-18)

有研究针对这一问题进行了讨论。1998 年，Dietzenbacher 和 Los

---

① 完美分解是指无残差项的分解。

(1998)[38] 及 Sun（1998）[39] 分别独立提出了对结构分解分析分解形式不确定这一问题的处理办法。Dietzenbacher 和 Los 建议取所有分解形式的平均值，同时以不同分解形式的不同结果或标准差展示其不确定性（下称 D&L 法）。则不同因素的效应表示为：

$$\Delta q_f = \frac{1}{6} \cdot \Delta f \cdot [L_1 \cdot (y_0 + 2 \cdot y_1) + L_0 \cdot (2 \cdot y_0 + y_1)] \tag{2-19}$$

$$\Delta q_L = \frac{1}{6} \cdot [f_0 \cdot \Delta L \cdot (2 \cdot y_0 + y_1) + f_1 \cdot \Delta L \cdot (y_0 + 2 \cdot y_1)] \tag{2-20}$$

$$\Delta q_y = \frac{1}{6} \cdot [f_0 \cdot (2 \cdot L_0 + L_1) + f_1 \cdot (L_0 + 2 \cdot L_1)] \cdot \Delta y \tag{2-21}$$

Sun 则建议将交互作用平均分解到相关因素（下称 Sun 法），所谓交互作用是指两个 [见式（2-23）] 或多个不同因素 [见式（2-24）] 的变化共同作用所产生的效应。

$$\Delta q = \Delta f \cdot L_0 \cdot y_0 + f_0 \cdot \Delta L \cdot y_0 + f_0 \cdot L_0 \cdot \Delta y + \tag{2-22}$$

$$\Delta f \cdot \Delta L \cdot y_0 + f_0 \cdot \Delta L \cdot \Delta y + \tag{2-23}$$

$$\Delta f \cdot \Delta L \cdot \Delta y \tag{2-24}$$

按照 Sun 法的建议，每个因素的效应为：

$$\Delta q_f = \Delta f \cdot L_0 \cdot y_0 + \frac{1}{2} \cdot \Delta f \cdot (\Delta L \cdot y_0 + L_0 \cdot \Delta y) + \frac{1}{3} \Delta f \cdot \Delta L \cdot \Delta y \tag{2-25}$$

$$\Delta q_L = f_0 \cdot \Delta L \cdot y_0 + \frac{1}{2} \cdot (\Delta f \cdot \Delta L \cdot y_0 + f_0 \cdot \Delta L \cdot \Delta y) + \frac{1}{3} \Delta f \cdot \Delta L \cdot \Delta y \tag{2-26}$$

$$\Delta q_y = f_0 \cdot L_0 \cdot \Delta y + \frac{1}{2} \cdot (\Delta f \cdot L_0 + f_0 \cdot \Delta L) \cdot \Delta y + \frac{1}{3} \Delta f \cdot \Delta L \cdot \Delta y \tag{2-27}$$

D&L 法与 Sun 法虽然处理方法不同，但其结果被证明完全一致[40]。不同之处在于，D&L 法能够呈现分解结果的不确定性，但当因素数量增加的时候，这一方法的计算量较大。Sun 法则比较便于计算，但不能呈现结果的不确定性。

三 构建多区域投入产出模型的国际经验与国内现状

(一) 构建多区域投入产出模型的国际经验

国外对多区域/区域间投入产出表研究比较成熟的国家主要有美国、加拿大、意大利、日本、澳大利亚、巴西等，以下分国家对相关研究进行梳理。

1. 美国 IMPLAN 数据库

投入产出分析起源于美国，美国对多区域投入产出模型的研究自然也起始最早且发展较为成熟。在众多的多区域投入产出模型的研究中，IMPLAN[43]是美国使用较为广泛的投入产出表数据库，该数据库由美国林务局（USA Forest Service）开发于 20 世纪 70 年代中期，现由明尼苏达 IMPLAN 集团（Minnesota IMPLAN Group）维护。IMPLAN 数据库的覆盖面极为广泛，部门数据尤其是美国本土数据的详细程度非常高。目前，其覆盖的地域范围包括美国、加拿大、欧洲等，时间跨度最长为 15 年（年度数据），其中美国的数据可以在地域维度细分到单独的邮政区域，在部门维度细分到 536 个部门。

该数据库美国部分的主要数据来源为美国经济分析局（U. S. Bureau of Economic Analysis，BEA）、美国劳工统计局（U. S. Bureau of Labor Statistics，BLS）及美国人口普查局（U. S. Census Bureau）。在上述数据的基础上，IMPLAN 还加入了估计数据，如邮政区域层面的详细数据、非普查年份的数据及区域间贸易流量数据等。其中对于贸易流量数据的估计采用了使用较为普遍的引力模型，模型的估计中对距离数据着重进行了探讨，采用旅行成本来表征区域之间的距离[44]。此外，该投入产出数据的一个重要特征是使用便捷、灵活性高，使用者不但可以根据需求建立多区域投入产出模型，也可以引入自有数据，建立满足特定需求的模型。

2. 加拿大区域间投入产出模型

加拿大区域间投入产出表的编制起步较早，且其官方定期发布详细的、高质量的区域投入产出表及区域间贸易数据，为该国区域间投入产出表的研究提供了良好的基础。早在 1969 年，Hartwick（1969）就运用区域间投入产出分析的方法研究了加拿大东部大西洋区的经济开放度，以及联邦政府的相关政策在这些省份经济活动结构上的体现[45]。该研究采用了 Chenery - Moses 模型[26,27]，涵盖 4 个大西洋区省份及加拿大其他区域，共包含 16 个产品部门；对于区域间乘数的估计则采用了试验的方法：逐个保留每个地区的最终使用，同时将其他地区的最终使用设为零，由此试验各区域最终产出对中间投入的乘数效应。

加拿大统计局（Statistic Canada）定期发布加拿大年度区域投入产出表，该表所提供的数据非常详尽，包含 300 个产业部门、727 种商品以及 170 个最终使用类别，覆盖加拿大 13 个省份和地区；表的编制采用"自上而下"的原则，各区域表的加总以及区域表 GDP 之和与国家表相吻合[46]。加拿大统计局还同期发布与区域投入产出表相适应的、基于调查的区域间贸易数据。具体地，对于制造业、农业、采矿业商品以及商务服务采用生产者调查法，即向产品或服务的生产者询问产品或服务销往何处；而对于零售以及由出省旅客所产生的跨区域贸易则采用消费者调查法，即向商品或服务的购买者询问商品或服务从何处来[47]。上述区域投入产出表和区域间贸易数据两个数据库构成了加拿大的区域间投入产出表数据库，为其基于多区域投入产出表的研究提供了非常好的数据基础。

3. 意大利区域间投入产出模型

意大利的托斯卡纳经济计划区域研究所（Regional Institute of Economic Planning of Tuscany，IRPET）自 20 世纪 90 年代以来，一直致力于研制覆盖意大利所有区域的区域间投入产出模型。其第一个模型为意大利 1988 年区域间投入产出模型，共包含 20 个地区，运用了里昂惕夫和斯特劳特于 1963 年提出的 Pool 法来估计区域间的贸易联系，并基于这个模型研究了财政政策的区域影响[48]。

在此基础上，该研究所对该投入产出模型进行了持续更新，同时，根据可获取数据的变化以及理论研究，对编制方法也不断加以改进。在对区域间贸易数据的估计上，该团队主要采用了基于衰减函数的引力模型，其中对于距离数据最初采用了同一地区不同省份之间的平均距离［物理距离，参见 Casini Benvenuti 和 Paniccià（2003）的研究[49]］，在后续研究中，更改为两地间公路运输的运行时间［经济距离，参见 Cherubini 和 Paniccià（2013）的研究[50]］；在对投入产出表的平衡上采用了 SCM（Stone，Champernowne and Meade）模型[51]，一个主要原因是 SCM 模型允许研究者对各数据源的可靠性加以判断，从而使平衡后的数据更适于所研究的问题。该数据库最近的更新中，纳入了两个区域的区域间贸易调查数据，为其引力模型的估计提供了更可靠的数据基础。该研究所利用该区域间投入产出表做了一些研究，如将它与环境数据相关联，观察不同区域的环境效率，并从消费者角度研究隐含于区域贸易中的环境影响[52]。

4. 日本区域间投入产出模型

日本对于区域间投入产出表的研制以官方机构为主。从 1960 年起，为描述国家投入产出表无法准确反映的区域经济特征，日本经济产业省（Ministry of Economy，Trade and Industry）联合其研究与统计部和经济产业省的县域机构，以及内阁办公室冲绳总局和冲绳地区，开始编制日本区域投入产出表。该表将日本划分为 9 个区域，并构建了与之相适应的区域间投入产出表（IRIO）。该数据库包含逢尾数为 0 和 5 的年份的区域间投入产出表，自第一张表（1960 年）发布以来，已有 10 个年份的区域间投入产出表（该表更新至 2005 年，除 2000 年为非官方估计表之外，其他均为官方发布），最多涵盖 53 个产品部门。该投入产出模型的区域间贸易数据采用了调查的方式，且各个区域表的加总与日本国家表相吻合，即符合"自上而下"的原则[53]。

除官方发布的 9 个区域间投入产出表之外，也有学者尝试编制日本

47 个县的区域间投入产出表，用以研究 47 个县之间的经济联系。这些研究均基于官方发布的日本 47 个县的单区域投入产出表（SRIO），但估计县域间贸易的方法有所不同。Ishikawa 和 Miyagi（2003）以及 Ishikawa 和 Miyagi（2004）主要利用分配普查数据估计了区域间贸易系数，并进一步基于"自上而下"的原则对区域间贸易系数加以调整，使各县域总产出之和与日本全国总产出相符合[54,55]。Hasegawa 等（2015）则采用日本 47 个县之间的发货数据来估计区域间贸易，构建了包含 80 个产业部门的 2005 年县级多区域投入产出模型（MRIO），并利用该模型研究了日本 2005 年的县域碳足迹[56]。

5. 澳大利亚多区域投入产出模型

澳大利亚多区域投入产出模型（MRIO）的研究和开发同美国 IMPLAN 数据库的一个共同特征是数据使用的便捷性、灵活性和高效性。由悉尼大学主要领导的研究团队开发的基于云计算的澳大利亚工业生态虚拟实验室（The Australian Industrial Ecology Virtual Laboratory，IELab）是一个编制大规模环境扩展多区域投入产出表的研究平台，其主要特点有二。一是采用了"母子原则"，即一旦一个区域及部门非常详细的投入产出表（"母"表）建立完备，使用者可以根据其所研究的具体问题直接从"母"表获取满足特定需求的投入产出表（"子"表）；另外，使用者也能够无须进行额外的数据处理，即建立自己独特的"母"表。二是该实验室为一个基于云计算的高度自动化的合作研究平台，从而能够大大地减少工作流程，并使计算资源在使用者间共享[57]。

除此之外，早期其他学者的研究也值得一提。例如，Madden（1990）曾尝试构建了一个覆盖塔斯马尼亚与澳大利亚其他地区的 2 区域、9 部门的投入产出表，用于研究澳大利亚经济[58]；Adams 等（2000）基于澳大利亚统计局（Australian Bureau of Statistics，ABS）发布的区域投入产出表，结合其他研究者发布的区域间贸易数据，编制了覆盖澳大利亚 57 个区域、37 部门的多区域投入产出表，并在此基础上构建了一般均衡模型，用于分析澳大利亚的环境问题[59]。Wittwer 和 Horridge（2010）通过采用小区域普查数据，基于"自下而上"的原则构建了覆盖 150 个联邦政府单议席选区的可计算的一般均衡模型（CGE）[60]。

6. 巴西区域间投入产出模型

巴西圣保罗大学经济学院（Department of Economics，The University of São Paulo，FIPE）和区域与城市经济实验室（Regional and Urban Economics Lab，The University of São Paulo，NEREUS）做了一系列有关巴西区域间投入产出模型的研究。其中年份最早的区域间投入产出模型为 Barros 和 Guilhoto（2011）所研制的 1959 年巴西洲际投入产出模型[61]。该模型主要基于巴西 1959 年的国家投入产出表，同时采用基于调查的产量分配（源头）、增加值分配（源头）、居民消费分配（去向）、政府消费分配（去向）、投资分配（去向）、出口分配（去向）、进口分配（去向）等 8 个数据集估计多区域投入产出模型（MRIO），进一步基于列系数模型估计区域间贸易矩阵，从而构建巴西洲际投入产出模型（IRIO）。该模型共包含 25 个洲，33 个部门。Barros 和 Guilhoto（2011）还利用此模型研究了 1959 年巴西的区域经济结构。

除此之外，该机构还编制了巴西其他年份或特定地区的区域间投入产出表，并基于这些投入产出模型做了一系列研究。例如，Fernando 等（2006）利用 FIPE 编制的 1996 年巴西多区域投入产出表研究了巴西州间经济相互依赖性[62]；Eduardo 等（2011）采用巴西 2007 年区域间投入产出模型研究了不同地区的旅客消费模式[63]；Haddad 和 Marques（2012）特别针对巴西国家能源电力机构供应区域（Concession Areas of ANEEL）编制了区域间投入产出模型，模型包含与该区域紧密相连的 58 个地区，110 种产品及 15 个产品部门[64]。

7. 国外构建 MRIO 模型现状评述

由以上梳理可见，上述国家对多区域/区域间投入产出模型的研究发展程度因研究基础、起步早晚、数据支持等因素的差异而呈现不同。主要体现为：①基础数据的可靠性和丰富性不同，如加拿大官方统计提供了基于调查的区域间贸易数据，这是不多见的；②区域间投入产出模型的数据覆盖面有较大差异，如美国的投入产出表数据库将区域细分至邮政区层面，而日本和意大利则以大的区域为主；③部门划分的详细程度差别较大，如美国和加拿大分别提供了 500 多和 300 个部门的数据，而其他国家则多小于 100 个部门。

在编制多区域投入产出表的过程中，各国面对的一个主要问题是区域间贸易数据的获取或估计。即使是加拿大这样由官方提供调查贸易数据的国家，也难以避免地将这项工作作为区域间投入产出表数据库构建的重点之一。对于大多数没有官方贸易数据或调查数据不足的国家来说，则不可避免地要引入估计数据。其中使用最为广泛的方法是引力模型，如美国、意大利等。而在引力模型的估计中，采用什么指标来表征区域间距离则成为探讨的焦点。总体来说，在引力模型的估计中采用的距离指标主要分为两类：一类是物理距离，如意大利的研究团队早期所采用的同一地区不同省份之间的平均距离；一类是经济距离，如美国研究团队所采用的综合旅行阻力（旅行成本），以及意大利研究团队目前所采用的旅行时间。目前来看，在数据可得的前提下，更多的研究选择采用经济距离来进行引力模型的估计。

值得一提的是，互联网和计算机技术在多区域投入产出模型中的应用对区域投入产出分析的使用和推广产生了不可忽视的作用。其中最具代表性的当属美国的 IMPLAN 平台和澳大利亚的 IELab 平台。这两个平台的共同特征是基于互联网，为数据的使用者提供灵活、快捷的建模方案，甚至可以将用户自有数据库加入平台数据中，快速构建满足使用者需求的投入产出模型。高度数字化的数据平台使原本复杂、耗时的投入产出分析变得快捷和容易，在当今迅速变化的社会经济环境下，对这一平台的利用使对新的重大变化进行快速响应成为可能，这将成为多区域投入产出模型开发的一个趋势。

（二）构建多区域投入产出模型的国内现状

有关中国区域间投入产出表编制的研究始于 20 世纪 90 年代。1990 年，在联合国区域发展中心（UNCRD）的资助下，由国家统计局、国务院发展研究中心、清华大学及日本团队联合研制了 1987 年中国经济 7 区域、9 部门的区域间投入产出表[65]。经过近 30 年的发展，目前国内已经有几个研究团队陆续编制和研究中国国内的多区域或区域间投入产出表。

1. 中国地区扩展投入产出表数据库

中国地区扩展投入产出表数据库主要由国务院发展研究中心构建。在完成上述中国第一个区域间投入产出表的编制之后，又先后编制了 1997 年、2002 年等年份的中国地区扩展投入产出表[66,67]。此后，潘晨和何建武（2016）、潘晨（2018，2021）在其基础上编制了 2007 年、2012 年及 2017 年的中国地区扩展投入产出表[68-70]。该数据库涵盖中国大陆 30/31 个省份，共包括约 42 个产品部门①，是中国最早研制，数据时间跨度最大的区域间投入产出表数据库。同时，该数据库也是较大程度保留国家统计局原始表信息的数据库：基本保持原始投入产出表的中间投入矩阵和增加值矩阵不变，从而保留了基于调查数据的可靠信息。在区域间贸易数据的估计上，该数据库主要采用了引力模型，利用行政区间铁路货物运输量数据、省会城市间的最短铁路运输距离等数据估计引力模型参数，进而估算各产品的区域间贸易量；对于建筑业、服务业等部门，利用建筑业外省完成产值、旅游部门调查统计数据等辅助估算。

2. 中国区域间投入产出表数据库

中国区域间投入产出表数据库主要由国家信息中心构建，该表主要基于中国 8 个经济区域（东北地区、京津地区、北部沿海地区、东部沿海地区、南部沿海地区、中部地区、西北地区、西南地区）。自其 2005 年首次发布以来，相继编制了 1997 年、2002 年、2007 年及 2012 年（该

---

① 不同年份部门数目会存在差异。

年为省级表），涵盖 17 个产品部门（1997 年为 30 个）的中国区域间投入产出表[71,72]。在区域间贸易数据的估计上，与其他几个数据库最大不同是，该数据库采用工业企业产品来源与去向的调查数据对运用非调查法估算的区域间贸易矩阵进行了修正，虽然由于调查数据年份的限制，仅对 2007 年进行了调整，但这也是唯一一个引入调查数据估计区域间贸易数据的数据库。另外，在利用非调查法的估算中，其采用省会城市间的最短铁路交通运输时间来代表区域间的空间经济距离，这也是该数据库与其他数据库的一个不同点。然而，由于大经济区域的划分掩盖了省份之间的贸易往来，因此该数据库的应用受到了一定限制。

3. 中国 30/31 个省份区域间投入产出表数据库

中国 30/31 个省份区域间投入产出表数据库主要由中科院区域可持续发展分析与模拟重点实验室构建。从 2012 年开始，相继发布了中国 2007 年、2010 年及 2012 年区域间投入产出表[73-75]，该数据库同样涵盖中国大陆 30/31 个省份，有 6 部门和 30 部门两个版本。作为中国区域间投入产出表数据库中唯一一个包含 2010 年延长表（非调查表）的数据库，其 2010 年数据的编制基于其 2007 年的区域间投入产出表以及 2010 年部分省份编制的投入产出延长表。该数据库对区域间贸易数据的估计同样基于引力模型，并对基础的引力模型做出了修正：一是考虑空间相互依赖因素，引入空间滞后模型对引力模型的参数进行地理加权回归；二是考虑区域之间的竞争与合作关系，对引力模型进行同业影响修正。在此基础上进一步估计省份间的贸易数据，构建区域间投入产出模型。

4. 中国省份间投入产出模型数据库

中国省份间投入产出模型数据库主要由中科院虚拟经济与数据科学研究中心构建，其于 2012 年出版了 2002 年中国省份间投入产出模型[76,77]，该模型涵盖中国大陆除西藏以外的 30 个省份，包含 60 个产品部门，后陆续编制了部门数量有所减少的 2007 年、2012 年的中国省份间投入产出模型。在贸易数据的估计上，该数据库同样基于引力模型。

首先针对不同的产品部门采取不同的方法估计其摩擦系数：对制造业部门采取设定产品运输量随距离变化的衰减曲线的方法，对非制造业物质生产部门利用区域间运输数据进行估计，对非物质生产部门则采用电网数据、科技活动数据、高考数据等其他相关数据辅助估计。其次利用区域间引力模型估计区域间贸易量，从而构建省份间投入产出模型。

5. CEADs 中国多区域投入产出表数据库

CEADs 中国多区域投入产出表由 "CEADs 碳排放账户和数据库" 研究团队构建。截至本书成稿，共发布了 2012 年[78]、2015 年和 2017 年三年的中国省级多区域投入产出表，涵盖 31 个省份和 42 个社会经济部门①。除省级层面的多区域投入产出模型以外，该数据库还构建了中国城市尺度的多区域投入产出模型，模型涵盖 2012 年、2015 年和 2017 年。该数据库基于熵值模型，构建了一套城市尺度投入产出模型的编制框架，并编制了 2012 年我国城市尺度多区域投入产出表。该表包含中国大陆地区 313 个行政单位，其中 309 个地级行政单位与直辖市，4 个省，覆盖全国 95% 以上的人口与 97% 以上的 GDP。该投入产出表囊括 42 个社会经济行业，5 个最终消费部门（农村居民消费、城镇居民消费、政府消费、资本形成、存货变动）。

除此之外，还有一些学者编制了单一年份的投入出产表，如刘强和冈本信广（2002）编制了 1997 年中国 3 个区域（东部、中部和西部）、10 个部门的地区间投入产出表[79]；庞军等（2017）编制了中国 2007 年 12 个省、14 个部门的多区域投入产出表[80]。

6. 国内构建 MRIO 模型现状评述

通过上述梳理可以发现，我国多区域投入产出模型的构建均基于国家统计局发布的各省份单区域投入产出表，因而部门数量、区域细分程度较为相似（除国家信息中心发布的外基本上为省级层面）。不同数据

---

① 数据库网址：https://www.ceads.net.cn/data/input_output_tables/。

库之间的区别主要体现在贸易数据的估计方法和是否以全国表为约束上。

我国几个多区域投入产出模型开发团队均采用基于引力模型的方法作为估计区域间贸易数据的方法，但在模型细节的设定以及数据的选取上则有所不同。一个较为重要的不同是对区域间距离的选择，对距离的测度方法大致可以分为两类：一类是按两地物理距离（球面距离）测算；另一类是测算两地之间的经济距离，即综合考虑两地之间交通的便捷性以及运输成本等经济因素，如铁路/公路运输里程、运输时间等。在具体的估计过程中，国内研究多采用经济距离。

在中国区域间投入产出表的编制中，另外一个重要考虑是选择"自上而下"（即以当年的全国表作为约束）还是"自下而上"（即不以全国表为约束）。在上述中国区域间投入产出表数据库中，有的数据库选择了"自上而下"的原则，如国家信息中心编制的中国区域间投入产出表，这主要是出于从理论上，各省份投入产出表之和应与全国投入产出表相吻合，即各省份总体的生产技术应与全国整体生产技术相同的考虑。然而，由于各省份统计数据之间存在较大程度的重复计算，实际统计数据并不支持这一理想状态，且由于缺乏企业层面详细的数据支撑，也很难剔除各个省份之间重复计算的部分。因此，也有数据库为保留可靠信息而选择了"自下而上"的原则，不以全国表为约束，如国务院发展研究中心编制的一系列中国地区扩展投入产出表。

第三章

中国碳排放特征与驱动因素研究现状

一 生产视角与消费视角碳排放

我国各省份资源禀赋、发展阶段、产业结构均存在差异，长期以来，各省份在产业分工中所扮演的角色也有所不同。一些省份以提供能源和资源为参与产业分工的主要方式；一些省份则以其他省份的能源、资源或基础产品等为基础，进一步加工制造形成制成品；还有一些省份以研发、服务为主，其所消费的产品多来自其他地区的生产。各区域之间由此存在大量的贸易往来，也使区域碳排放发生了空间"转移"。

这背后暗含了两个重要的概念——生产视角碳排放量和消费视角碳排放量。生产视角碳排放量亦称区域碳排放量（Territorial Carbon Emissions），顾名思义，是指一个地区本地的生产、生活活动在其区域范围内所产生的碳排放。消费视角碳排放则是指一个地区所消费的产品和服务在其生产、流通、消费过程中所产生的全部碳排放。由上述概念的描述可以看出，生产视角碳排放由本地生产—本地消费和本地生产—他地消费两部分构成，而消费视角碳排放则由本地生产—本地消费和他地生产—本地消费两部分构成。两者之差称为碳排放净流出，与国际贸易类似，若碳排放净流出为正，即本地生产—他地消费的碳排放大于他地生产—本地消费的碳排放，可称之为碳排放出超；反之可称为碳排放入超。

国际上对生产视角和消费视角碳排放的讨论由来已久，论点主要集中在发达国家和发展中国家所应承担的碳减排责任上。这一对国家碳减排责任的热议基于大量研究得到一个共识性发现：发达国家往往碳排放入超，而发展中国家往往碳排放出超[23]。其背后的原因主要有二。一是碳泄漏，即发达国家为了规避本国碳排放压力，将一些碳排放较高的生产活动"转移"到了发展中国家[81]。这里的"转移"既包括产业的直接转移，也包括放弃本地生产转向进口的间接转移。这使发达国家的消费视角碳排放高于其生产视角碳排放。二是全球产业链分工的不断深化，即由劳动力成本、原材料成本等非环境保护性因素所引起的产业链的全球性布局。对于全球价值链的研究发现，发达国家往往位于增加值较高的"微笑曲线"的两端，即前端的研发设计和后端的营销服务环节；而发展中国家往往位于增加值较低的"微笑曲线"中部，即生产制造的环节[82]。不难看出，通常情况下，发达国家所处环节恰为碳排放强度较低的环节，而发展中国家所处环节多为碳排放强度较高的环节。

学者们将对国家间碳排放责任划分问题的探讨延伸到了中国区域之间。研究发现，在我国省份之间也存在类似的现象：东部沿海经济较发达地区的生产视角碳排放往往低于其消费视角碳排放，即碳排放入超；而中西部经济欠发达地区的生产视角碳排放往往高于其消费视角碳排放，即碳排放出超[83,84]。学者们基于这一研究结果探讨了我国区域之间的碳不公平问题，也有学者以此为基础研究我国省份碳减排政策有效性的问题[85]。与国家间类似，我国经济发达地区碳排放入超和经济欠发达地区碳排放出超现象的形成也可归因于环境规制下的碳泄漏和基于非环境因素的产业链构建两大因素，但在我国区域之间，后者的影响可能更为显著。

二 中国区域碳排放及其结构研究

由于经济区域层面的多区域投入产出表的研究出现较早，因此早期有大量研究集中在经济区域的层面。一些研究仅对单一年份中国区域碳排放问题进行研究。如，Liang 等（2007）运用多区域投入产出模型研究了 1997 年中国 8 个区域的能源需求以及二氧化碳排放问题，同时对每个区域设定情景分析，并进行敏感度分析，预测了各经济区域 2010 年及 2020 年的碳排放情况[86]。姚亮（2013）构建了基于环境扩展的多区域投入产出模型的碳足迹核算方法，分析了 2007 年中国 8 个区域的居民消费碳足迹的数量、构成、分布以及转移，发现中国居民消费碳足迹呈现明显的区域差异、城乡差距等特征[87]。闫云凤（2014）对 2007 年中国 8 个区域消费碳排放责任和区域间碳转移的研究也得到了类似的结论[88]。Su 和 Ang（2014）则主要聚焦于方法的探讨，该研究延伸了一般双边贸易隐含排放（EEBT）和多区域投入产出（MRIO）方法，将混合贸易隐含排放（HEET）方法与逐步分解分析方法（SWD）相结合，建立了区域排放模型，其利用中国 1997 年多区域投入产出表所做的实证研究表明，无论是次国家区域层面还是国家层面，经济发达地区都是贸易隐含碳的净进口国，而经济欠发达地区则是贸易隐含碳的净出口国[89]。

另一些研究则基于多个年份的多区域投入产出模型探讨了中国区域碳排放问题。如，Meng 等（2013）采用区域间投入产出方法研究了中国 2002 年、2007 年区域间碳溢出及国内碳供应链，提出碳排放中的贸易、贸易中的碳排放以及碳排放的区域贸易平衡三个指标，揭示了二氧化碳在产品流动网络中如何产生和分配[90]。Tian 等（2014）研究了中国 1997 年、2007 年区域碳足迹，发现因收入不同，2007 年各区域人均碳足迹差异显著，平均来看，建筑业和服务业的碳足迹约占区域碳足迹的 70%；1997～2007 年，投资活动导致的碳足迹显著上升，与之相对的，居民消费引起的碳足迹则略有下降[91]。肖雁飞等（2014）考察了 2002 年、2007 年中国由产业转移带来的碳排放转移和碳泄漏，并探讨了产业转移对区域碳排放的影响，发现东部沿海地区的产业转移导致了西北和东北等地区的高碳排放转入和碳泄漏，而京津和北部沿海等地区的产业转移则有利于其减排[92]。Liu 等（2015）研究了中国区域间碳转移的特征，并核算了各区域生产侧和消费侧碳排放，发现 2002~2007 年，中国碳排放大幅增长，区域间碳转移在碳排放总量中的占比上升，不同核算原则对各区域碳排放责任的分配存在很大影响[93]。

也有一些研究受数据限制，采用不同数据来源的多区域投入产出表进行研究。如，唐志鹏等（2014）利用国家信息中心 1997 年、2002 年以及中国科学院 2007 年的多区域投入产出表，基于改进的出口引致区域碳排放直接、间接、溢出和反馈四种空间效应公式研究了出口对中国区域碳排放的影响[94]。刘红光和范晓梅（2014）采用国家信息中心 1997 年及中国科学院 2007 年区域间投入产出表研究了中国区域间隐含碳排放及其变化，发现中国西部地区碳排放量逐渐凸显，其中西北地区已成为最大的碳排放流出区域，京津及东南沿海地区在 1997~2007 年始终是主要的碳流入地区[95]。Liu 等（2015）采用国家信息中心 1997 年及中国科学院 2007 年的区域间投入产出表，从价值链隐含碳排放这一新的视角研究了中国区域碳排放，发现 1997~2007 年，中国国内价值链隐含碳排放迅速增长，然而净价值链隐含碳的绝对值却呈现下降趋势，这表明中国各区域经济发展与碳排放增长的不公平性有所下降[96]。

我国省份碳排放一直是碳排放领域一个主要的研究关注点。随着中国多区域投入产出研究的发展，尤其是国务院发展研究中心于 2010 年发布中国第一个省级多区域投入产出表（2002 年）[67]之后，开始有研究尝试从省域层面研究中国碳排放问题。如 Guo 等（2012）[97]利用中国省级多区域投入产出表分析了中国 2002 年国际贸易及省际贸易隐含碳排放，并从生产者和消费者两个视角核算了省域碳排放，结果显示，国际贸易隐含碳比重最高的是东部地区，净二氧化碳出口部门为劳动密集型产业，而净二氧化碳进口部门为能源密集型产业；省际贸易隐含碳呈现从东部地区流向中部地区的态势，能源密集型产业则是这一态势的主要贡献者。之后，中国科学院区域可持续发展分析与模拟重点实验室、虚拟经济与数据科学研究中心等团队又先后编制了 2002 年、2007 年、2010 年、2012 年等年份的中国省级多区域投入产出表，并逐渐出现了一些基于这些数据的研究。针对单一年份的研究较多，如 Zhang 等（2013）[98] 利用 2007 年中国省级多区域投入产出表研究了中国国内贸易对区域能源消费的影响，发现贸易隐含能源消费主要从中西部地区流向东部地区；在国内贸易的影响下，东部地区隐含能源消费增长迅速，而一些中西部省份则大幅下降。Feng 等（2013）[99] 利用多区域投入产出方法研究了中国 2007 年省际贸易及国际贸易隐含碳排放，发现中国 57% 的碳排放与一省份范围外的商品消费有关，其中沿海发达省份所消费产品引起的二氧化碳排放中，有高达 80% 来自经济欠发达的中西部地区，这些地区多生产低增加值、高碳强度的产品，东部沿海地区的经济在很大程度上依赖于中西部地区的贡献。刘红光和范晓梅（2014）[100] 分析了 2007 年中国省域碳足迹及其特征，并以江苏省为例对多区域投入产出方法在碳足迹空间分布研究中的应用进行了说明，研究发现，从最终消费视角看，中国人均碳足迹（国内部分）并不高，但不同省份间存在很大差异。Feng 等（2014）[101] 基于消费者原则研究了 2007 年中国 4 个直辖市（北京、天津、上海、重庆）的最终消费所引起的二氧化碳排放的空间分布及相关生产活动，结果表明，城市消费活动不但引起其地域范围内的碳排放，还引起其地域范围外的碳排放；城市消费模式对中国的低碳发展至关重要。Zhong 等（2015）[102] 对中国 2007 年 30 个省份的贸易隐含碳排放进行了研究，提出各省份联合承诺减排目标但负有不同减排任务的建议。孙立成等（2014）[103] 研究了 2007 年中国省际碳排放转移的经济溢出效应，发现省际碳排放转移具有空间集群特征，碳排放流入比流出有更强的经济溢出效应。还有一些学者开展的研究基于相同的研究期，如 Cheng 等（2018）[104]、庞军等（2017）[80]。随着中国多区域投入产出表的进一步开发，逐渐出现了一些时间跨度更大、数据年份更新的研究。如 Zhang（2017）[105] 利用省级多区域投入产出表研究了 2002～2010 年中国东、中、西三个区域之间的碳排放溢出效应，发现地区间贸易对各地区的碳排放具有很强的溢出效应。Mi 等（2017）[83]的研究发现，2007～2010年，投资对中国碳排放影响最大；2010～2012年，西南省份的净省际碳排放转移发生了逆转，由净流出地转变为净流入地。Wang 等（2018）[106]对 2007～2010 年中国省域碳足迹的研究得到了与 Mi 等（2017）[83]一致的发现。以下学者也进行了类似的研究：Zhou 等（2018）[107]、Chen 等（2018）[108]、Wu 等（2018）[109]、Pan 等（2018）[84]。

三　中国区域碳排放驱动因素研究

（一）碳排放驱动因素主要研究方法综述

在了解各省份碳排放结构特征的基础上，碳排放变化的驱动因素也是一个主要关注点。研究碳排放影响因素的方法总体上可分为三类：经济系统模型法、分解分析方法和计量经济方法。

经济系统模型法通过对经济系统建模，观察或模拟系统中各变量与碳排放之间的关系。常用方法有投入产出（Input-Output，IO）模型、可计算的一般均衡（Computable General Equilibrium，CGE）模型等。基于该类方法的研究主要聚焦于厘清最终需求类别、部门间联系、区域间联系等与产业链分工相关的结构性变量与碳排放的关系[80,86-89,97,99,100,102-104]，或模拟政策、外部环境变化等对碳排放的潜在影响效应[110-113]。

分解分析方法根据变量之间的数理关系，将碳排放总量分配到不同影响因素上，以此衡量各因素对碳排放总量的影响。常用方法有指数分解分析（Index Decomposition Analysis，IDA）、结构分解分析（Structural Decomposition Analysis，SDA）等。IDA 方法因数据要求较低、计算量较小的优势被广泛应用，如 Shao 等（2016）[114]、Chen 等（2018）[115]、Wang 和 Feng（2018）[116]、Huang 等（2019）[117]的研究。基于 IO 模型的SDA 方法对数据要求较高，计算量也比较大，且分解形式不唯一使其分解结果具有一定的不确定性。针对此问题，Dietzenbacher 和 Hoen

（1998）[118]建议采取所有分解形式的平均值，并指出两极分解形式的平均值与所有分解形式的均值接近。Rørmose 和 Olsen（2005）[119]针对取所有分解形式的平均值的做法给出了提高效率的计算方法。Fernández–Vázquez 等（2008）[120]则提出可以借助计量经济学方法引入额外信息来选择可能性更高的分解形式。近年来，随着 IO 模型的发展，SDA 方法也得到越来越广泛的使用[121-128]。

计量经济方法则通过建立计量模型验证相关因素对碳排放的影响效应是否显著，根据研究问题的需要选取适合的计量模型。该方法对数据量要求不高，且能够覆盖比较多样的影响因素。例如，余志伟等（2022）[129]研究了产业结构高级化对碳排放强度的影响效应。梅林海和蔡慧敏（2015）[130]利用空间计量模型，比较分析了影响我国南北地区生活消费方面人均碳排放的因素。Zhang 等（2017）[131]采用空间面板回归探究了影响我国能源相关碳排放的因素。通过计量经济模型分析发现，出口行为和经济聚集也会影响企业或区域的碳排放[132]。但该方法难以揭示相关因素对碳排放或其他环境变量的内在影响机制，因此又有一定的局限性。李军等（2021）[133]、苏丹妮和盛斌（2021）[134]及王健和林双娇（2021）[135]通过将计量模型与 IO 模型相结合，在一定程度上突破了这一局限性。

（二）碳排放增长的驱动因素研究

本书以投入产出模型为基础，因此此处主要梳理基于结构分解分析方法的相关研究。大量研究是对中国国家层面碳排放量增长的驱动因素的讨论。比较早期的研究如 Peters 等（2007）运用中国 1992 年、1997 年、2002 年的国家投入产出表分析了中国生产技术、经济结构、城市化以及生产方式对二氧化碳排放的影响，研究发现，1992～2002 年，由城市化及生活方式改变所引起的基础设施建设及城市居民家庭消费带来的二氧化碳排放增量超越了二氧化碳排放效率提高的改善效果；由于出口所引起的碳排放与进口所避免的碳排放相平衡，因此净贸易对碳排放影响较小[136]。Guan 等（2008）在更长的时间跨度上研究了中国 1981 ~ 2002 年二氧化碳排放的驱动因素并进行了情景分析，结果表明：在其所设基本情景下，中国生产活动相关的碳排放将在 2030 年增加 3 倍；效率提高能够部分地抵消消费增长所致的碳排放，但如果中国的消费模式转向美国目前水平，提高效率的减排效应将不足以抵消消费拉动的排放；即使广泛使用碳捕捉和碳储存技术，也只能减缓中国碳排放的增长[137]。之后的研究将研究期扩展到了 2007 年，例如，郭朝先（2010）通过构建扩展的（进口）竞争型经济—能源—碳排放投入产出模型，对中国 1992 ~ 2007 年的碳排放增长进行分解，发现能源消费强度效应始终是碳减排最主要的影响因素，而最终需求规模的扩张尤其是出口和投资规模的扩大，以及生产技术变动促进了碳排放增加[138]。Guan 等（2009）考察了 2002 ~ 2005 年中国碳排放迅猛增长的驱动因素，发现部门生产效率的提升效应无法抵消最终消费及其相关生产过程所增加的二氧化碳排放；出口隐含碳排放增长占据 1/2，资本导致的碳排放占据 1/3，此外，城市居民以及政府部门消费的服务所引起的碳排放也占据较大份额；部门层面的分析发现，电力部门碳排放比重最大，其次是金属冶炼、化工及金属制品制造和通用机械制造[123]。Minx 等（2011）研究了中国 1992 ~ 2007 年的碳排放及其驱动因素，发现在碳排放高速增长的 2002 ~ 2007 年，效率提升显著抵消了由最终消费导致的碳排放，经济结构变化也是这一时期碳排放增长的主要驱动因素，这主要由投资尤其是建筑服务的增长引起；同时发现投资主要服务于居民消费和政府消费，城市化及生活方式的改变也是导致碳排放增长的重要因素[139]。Wei 等（2015）通过对"十一五"期间（2006 ~ 2010 年）中国碳排放驱动因素进行结构分解分析，探讨了在中国采取减排措施以及其他重要因素的影响下，其"十二五"规划中所提出的减排目标能否达成。结果显示，"十一五"期间，大多数工业污染排放目标的达成归功于技术效率的提高；在经济结构不变的情况下，"十二五"期间采取相同的措施能够解决经济增长所致工业废水排放问题，但要达成降低工业空气污染排放的目标，必须对其经济结构及增长模式进行彻底变革[140]。

另一些学者在省份层面研究了碳排放增长的驱动因素，如 Feng 等（2012）[121]研究了各省份 2002～2007 年碳排放的驱动因素，发现东部沿海省份的生产技术优于中西部省份，较发达区域低碳化不仅得益于技术进步，也与其向欠发达地区的排放转移有关，城市化和生活方式的转变对中国区域碳排放有较大影响。Tian 等（2013）[124]利用北京的单区域投入产出表分析了技术及社会经济因素对其碳排放增长的影响，研究发现，1995～2007 年，最终需求的增长以及生产结构的改变导致了北京碳排放的增加，而能源消费强度的降低则对北京的低碳化发展贡献显著；产业结构向重工业及服务业的转变则使这些部门成为北京碳排放增长的重要驱动力。Geng 等（2013）[122]则以辽宁省为例探讨了中国区域碳排放的驱动因素，研究采用辽宁省 1997 年、2002 年、2007 年单区域投入产出表，发现人均消费活动是辽宁省碳排放增长的主要驱动因素，其次是消费结构、生产结构和人口规模，而能源消费强度降低和能源结构优化则部分抵消了二氧化碳排放的增长；在部门层面，电力、热力生产及供应业，建筑业所导致的碳排放最高；从最终使用角度来看，贸易在该区域碳排放增长中最为重要，其次是固定资产投资和城市居民家庭消费。郑林昌等（2017）[141]研究了河北省贸易隐含碳排放的影响因素，发现 2007～2012 年，碳排放强度对其碳排放有抑制作用，而生产技术的变化不利于减排。

随着中国区域间/多区域投入产出模型的发展，基于多区域投入产出表的中国碳排放问题的研究日益增多。一些研究主要针对经济区域碳排放驱动因素的分析。Zhang 和 Lahr（2014）利用多区域投入产出模型研究了 1987～2007 年中国能源消费的区域差异及主要影响因素，其所采用的数据为国务院发展研究中心与日本东亚研究中心合作编制的 1987 年中国多区域投入产出表（共 7 个区域），以及国家信息中心编制的 1997～

2007 年的多区域投入产出表（共 8 个区域）；研究发现，最终需求变化的效应强于效率提高的效应，导致了 1987～2007 年所有区域能源使用的增长，而 2002～2007 年，生产结构的变化导致了大多数区域能源消费的增长，中国高能源消费强度产品多被用于投资和出口[142]。Tian 等（2014）研究了中国 1997 年、2007 年区域碳足迹驱动因素，研究发现消费模式的改变促使所有区域碳足迹增加的同时，生产模式的改变对各地区的影响则因生产结构、二氧化碳强度变化的不同而不尽相同；碳强度降低及生产结构的低碳化优化将是减缓中国所有地区碳足迹增长的重要途径[91]。Meng 等（2017）研究了 2007～2010 年中国区域间碳排放溢出效应，发现各地区的最终需求的产品结构、规模、偏好以及生产技术等因素的变化对彼此的碳排放有相互影响[143]。

近几年来，越来越多的研究聚焦于省份层面。钟章奇等（2017）[144]以河南省为例研究了中国 2002～2010 年省际碳排放转移的驱动因素，发现碳排放的流入流出主要受最终需求的影响，但去向和来源有所不同。Mi 等（2017）[83]将中国省级多区域投入产出模型与 GTAP 数据相连接，研究了 2007～2012 年中国省际碳排放转移及中国出口隐含碳排放的驱动因素，发现生产结构优化和效率提高是抑制其增长的主要因素。Mi 等（2018）[145]也得到了一致的结论。Zhou 等（2018）[107]研究了中国 2002～2012 年省际贸易隐含碳排放增长的原因，发现省际贸易规模的增长导致了碳排放转移的增长，而技术进步对其增长有抑制作用。潘晨等（2023）[146]借助我国省份多区域投入产出模型，重点关注了 2002～2012 年省际贸易结构变化对我国碳排放的影响。另有研究利用国家间投入产出数据研究了中国碳排放的驱动因素。例如，Mi 等（2017）将中国国家投入产出表与全球贸易与分析项目（GTAP）数据相连接，研究了 2007～2012 年中国碳排放的驱动因素，发现 2007～2010 年中国碳排放结构升级成为抑制碳排放增长的主要因素，2010～2012 年生产结构优化和消费模式转变对碳排放有抑制作用[147]。姚亮等（2017）基于 Eora 全球多区域投入产出数据库研究了 1991~2010 年中国居民消费碳足迹增长的驱动因素，发现人口、城市化水平和消费水平提高促进了其增长，而碳排放强度、消费结构和经济结构的变化对其增长有缓和作用[148]。

（三）最终需求对碳排放的影响研究

最终需求的迅速增长拉动了碳排放的增长。随着中国加入世界贸易组织，其出口规模大幅度扩大，使中国对外贸易隐含碳增长的驱动因素成为一个热门话题。Xu 等（2011）基于中国 2002 年、2007 年国家投入产出表分析了 2002~2008 年中国出口隐含二氧化碳排放的驱动因素，发现碳排放强度的降低能够部分地抵消出口隐含碳排放增长，出口产品结构是最大的驱动力，其主要原因是中国出口中金属产品份额的不断增加[149]。Su 和 Ang（2014）主要聚焦于理论研究，扩展了国民账户中 Fisher 指数可加性分解的概念，提出了一种结构分解分析下广义 Fisher 指数的归因分析方法，并将这一方法应用于中国出口隐含碳排放的因素分析，揭示了这一新方法在行业层面的应用价值[150]。Pan 等（2017）研究了 1997~2012 年中国出口隐含碳排放的驱动因素，发现 2007~2012 年中国出口隐含碳排放趋于平缓的原因主要是出口规模增速的放缓、碳排放强度的降低以及生产结构和出口产品结构的改善[151]。

居民消费的碳排放增长也是一个聚焦较多的主题。例如汪臻（2012）[152]利用各省份投入产出表研究了 1997~2007 年各省份居民消费碳排放的驱动因素，发现技术进步对碳排放有抑制作用，但生产技术的变化不利于减排，消费模式拉动了碳排放的增长。Yuan 等（2015）[153]采用中国多省份单区域投入产出表考察了 2002 年及 2007 年居民消费所引发的间接碳排放及其驱动因素，结果显示城市化和消费结构升级在居民间接碳排放的增长中扮演着重要角色；消费率的转变使各地区碳排放强度皆有所下降，其中对东部地区影响尤为显著；碳排放强度的持续下降对排放量的减少贡献显著，而人均消费量的增长则在居民间接碳排放的增长中具有支配作用。刘晔等（2016）[154]借助各省份 2002 年和 2007 年的单区域投入产出表研究了 2003～2012 年中国省域城镇居民碳排放的驱动因素，发现消费结构和能源结构的影响大于产业结构，工业部门对各地城镇居民碳排放有重要影响。王会娟和夏炎（2017）研究了 1995～2009 年中国居民消费碳排放的驱动因素，发现碳排放强度、技术、消费结构和人口规模的变化均有利于减排，表明中国居民消费总体上在走向低碳化[155]。

（四）产业结构对碳排放的影响研究

研究人类活动影响碳排放的主要因素和作用机制对制定靶向碳减排政策的重要性不言而喻，且这些影响因素随着经济社会的发展而变化，因而始终是国内外学者关注的焦点。本部分从产业链分工及其对碳排放影响、内外资差异对环境的影响、碳排放影响因素研究方法等方面回顾和梳理本领域研究进展。

产业链是指国民经济各个产业部门之间客观形成的某种技术经济联系[156]。产业链分工则强调一个区域参与产业链条的性质、方式和程度、效率和技术水平，以及由此形成的该区域的产业间比例、产业间联系、产业链结构、市场结构等。随着全球产业链分工的不断深化，我国各省份已不同程度地融入全球产业链，国内区域间产业链分工作为全球产业链的重要组成部分，已经成为促进我国区域发展的重要动能[157]，对区域经济、社会与环境发展产生了复杂而深远的影响。价值链是产业链的价值体现，近年来对价值链的大量研究为认识产业链分工提供了重要方法学基础。学术界对价值链及其相关议题的研究由来已久，利用投入产出模型这一系统刻画产业间联系的经济系统模型，对垂直专业化、贸易增加值、增加值解析、价值链专业化模式等问题做了定量研究[158-161]，发展了产业分工理论及价值链分工测算方法。有学者将全球价值链的理论推广到国内区域之间，对以我国区域为主体的国内价值链做了分析[162,163]，是对我国区域间产业分工的经济效应相关研究的重要补充，也为研究我国区域产业链分工提供了方法支撑。

产业链分工使区域和产业碳排放通过产业链条的联动而相互影响，

对区域碳排放强度、结构及规模起到关键作用。Jiang 等（2021）[164]利用投入产出表构建基于生产链的碳流动网络，识别生产链路径中不同行业对于碳排放的不同作用。融入价值链亦对碳排放存在影响，研究发现国内价值链的延伸对于促进制造业碳排放减少有明显作用，国际价值链的作用则相反[165]；价值链嵌入通过技术效应、结构效应与规模效应对减少国内碳排放具有明显作用[166]。大量研究聚焦于贸易隐含碳排放，其本质上反映了产业链分工与碳排放的关系。研究发现，贸易隐含碳往往从经济欠发达的能源资源为主型区域流向经济较发达区域[23,99]，但由于我国省份发展阶段和国内产业链分工特点，在一些年份，贸易隐含碳也出现了从经济较发达省份流向经济欠发达省份的情况。例如，2002 年和2007 年，我国省际贸易隐含碳呈现从东部地区流向中西部地区的态势[97,98]。也有研究发现，2010 ~ 2012 年，西南省份由 2007 ~ 2010 年的碳排放净流出地转变为净流入地[83]。城市消费模式、最终需求结构转变、出口等因素也会对碳排放产生影响[84,101,109,147]。

区域参与产业链分工情况不同，由此形成的产业间规模比例（即通常所说的产业结构）也不同，从而影响其碳排放。多数研究发现产业结构升级能够降低碳排放水平[167,168]，且这一效应存在区域间差异[167]。也有研究在产业部门层面分析了产业规模、能源消费强度等对碳排放的影响[169,170]。那么，什么样的产业结构调整有助于降低碳排放呢？郭士伊等（2021）[171]从国际比较的角度出发，通过研究发达国家"脱钩型"产业结构调整特点，分析了产业结构调整对碳排放的影响。Yang 等（2022）[172]将产业结构升级分为结构推进与结构合理化两个维度，发现结构推进对碳排放的影响呈现先降后升的趋势，结构合理化可以显著抑制碳排放。以我国西南五省份为例，Tian 等（2019）[173]发现第一产业向第二、第三产业的转移导致该地区碳排放量增加，其中建筑业为碳排放增加的主要部门。也有个别研究发现产业结构升级对碳排放的影响不显著[174]，这恰恰显示了进一步深入探讨该话题的必要性。

（五）碳排放强度驱动因素研究

还有研究分析了中国碳排放强度变化的驱动因素，如 Zhang（2009）研究了 1992～2006 年中国能源相关碳排放强度的历史变化及驱动因素，结果显示中国能源相关碳强度显著下降，1992～2002 年，引起碳强度下降的主要驱动因素为生产模式的转变，尤其是生产部门能源消费强度的普遍改变，而 2002～2006 年的主要驱动因素则为部门的混合投入；此外，需求模式的改变则导致了中国能源相关碳强度的增强[175]。Xia 等（2015）在中国 2002 年、2007 年国家投入产出表的基础上，编制了区分出口贸易类型的 DPN（国内需求、加工贸易出口、非加工贸易出口）投入产出表，并利用其研究了是否区分加工贸易对中国对外贸易隐含碳排放核算的影响，分析了中国碳排放强度目标对其降低碳排放强度的价值；结果表明 2002～2007 年，行业碳强度和最终需求是中国碳排放强度下降的驱动因素，但能源及资源密集型产业对出口隐含碳的贡献低于常规方法，此外，产业结构变化导致了能源消费强度的增长[176]。此外，还有个别学者针对行业层面开展了研究，如李新运等（2014）[177]、关军（2014）[178]、陈庆能（2018）[179]等。

四　研究现状评述

通过上述对相关文献的梳理可以看出，目前，已有相当数量的研究基于多区域投入产出模型研究中国碳排放问题，并从碳排放总量、隐含碳排放、碳排放强度、产业结构、内外资差异等多个角度开展研究。同时，既有国家层面的分析，也有区域、省域层面的分析。但目前的分析还存在一些可以改进的方面。

一是实证研究的时间跨度不够长，因而对政策的启示有限。这可能主要受制于投入产出及碳排放数据的可得性。由于数据限制，部分研究所采用的多年投入产出数据来源不统一，再加上不同来源的投入产出表的编制方法不同，因此存在无法避免的系统性偏差，这对研究结果的准确性造成不可知的影响。

二是缺少针对有政策含义的时间节点的分阶段分析。在不同发展阶段，各区域碳排放的主要驱动因素可能不同，如在碳排放迅速增长阶段和增速放慢阶段，碳排放量变化的主要驱动力将发生转变。因而，对不同地区、不同阶段的碳排放驱动因素的有针对性的分析更有助于减排政策的制定。

三是缺少对各省份碳排放驱动因素的多角度分析。现有研究多基于经典的分析方法，对区域因素的讨论主要集中于碳排放强度、经济规模、生产技术等方面，而对诸如省际贸易、能源结构、产业结构等探讨较少。在全球产业链重塑、产业转移浪潮加速、能源转型不确定性加大的现状下，对省际贸易、能源结构、产业结构等因素的探讨显得尤为重要。

第四章

中国省级多区域投入产出模型的构建

一 引言

随着经济的快速发展以及区域之间连通性的加强，中国与其他国家和地区、中国内部地区之间的经济联系日趋紧密和复杂，单一视角下的常规经济数据已经难以刻画经济系统与二氧化碳排放之间的相互作用，亟须从整个生产、消费链条的角度研究中国碳排放问题。在这一发展趋势和现实需求下，能够描述区域间复杂经济联系的多区域投入产出模型越来越受到关注。

中国现有多区域投入产出模型存在这样几个特点。一是部分多区域投入产出表着眼于经济区域层面，这掩盖了区域内部省份之间的经济联系。二是虽然有研究编制了一些年份省级层面的多区域投入产出表，但由于不同研究所采用的方法不一致，年份之间可比性较弱，故无法进行时间序列的研究。三是现有研究多采用"自上而下"的方法，即通过调整使各省份投入产出表之和与全国表相吻合，这虽然实现了数字上的契合，但同时在一定程度上损失了省级投入产出数据的可靠信息。

基于以上考虑，本书着力于利用年间一致的方法编制中国省级多年、多区域投入产出表，尽量保留国家统计局原表的可靠信息，并采用"自下而上"的方法，构建一个涵盖 2002 年、2007 年、2012 年和 2017 年的方法一致、年间可比、信息可靠的中国不变价省级多年多区域投入产出模型（MRIO），作为研究中国省份碳排放的核心数据基础。中国省级 MRIO 模型是指以中国省份为区域单元所编制的多区域投入产出模型，它将系统地反映中国各省份、各部门之间的经济联系。

二　中国省级 MRIO 模型的构建原则

（一）最大限度保留可靠信息

为尽量确保所构建的投入产出模型数据的可靠性，本书在模型构建中最大限度利用和保留具有准确来源的信息。具体来说，第一，尽量少地调整原始省份投入产出数据，即保持国家统计局原始投入产出模型第 Ⅰ、Ⅲ 象限（即中间使用、增加值）的数据不变，只调整第 Ⅱ 象限（最终使用、调入调出及其他）的数据。需要说明的是，在个别年份 MRIO 模型的构建中，由于原始表数据的特殊性，为了更好地平衡省份投入产出表，本书未严格遵从这一原则，对中间使用矩阵和增加值矩阵做了尽量小的调整。第二，在利用数学模型对投入产出表或省际贸易进行平衡之前，尽可能多地搜集可用于补充或估计国际及国内贸易的数据。例如，利用海关和铁路运输数据调整或估计各省份国际和省际贸易，利用"建筑业外省完成产值"修正建筑业的省际贸易数据等。第三，在平衡投入产出表以及地区间贸易时选择最小交叉熵方法[180]，使平衡后的数据与平衡前的数据所含信息量偏差最少。

（二）采用"自下而上"的方法

在构建一国内区域间投入产出模型时，是否以全国表作为区域表之和的约束是一个值得讨论的问题。以全国表作为区域表之和控制数的方法称为"自上而下"的方法，该方法以各省份原始投入产出模型作为估计的起点，通过调整使各省份的表加总起来与全国表一致。反之则称为"自下而上"的方法，是指不以全国表为约束，直接利用各省份的投入产出模型构建区域之间自洽的多区域投入产出模型，从而最大限度地保留国家统计局各省份原始表的可靠信息。

由于全国投入产出表与各省份投入产出表的和之间存在差异，一些研究者采用了"自上而下"的方法，如张亚雄和齐舒畅（2012）[71]。但本书在构建中国省级 MRIO 模型的过程中，选择了"自下而上"的方法。这一选择主要基于以下考虑。一是目前各省份和全国的国民核算数据仍然存在较大差异，而这一差异是投入产出表不协调的根本原因。因此，在核算数据协调问题不解决的条件下，直接利用全国投入产出表调整各省份投入产出表无异于用"未知的不确定"替代"已知的不确定"，结果只是数字上的协调。二是通常经济越发达的地区统计数据的质量越高，而这些发达的地区经济规模也较大，这意味着从经济规模的占比角度来看，大比例的数据可信度较高，而采用"自上而下"的方法往往会同时破坏那些质量高的数据。三是其他省级数据，如能源消费等数据，也存在与经济数据相同的问题，即国家总量与各省份之和不吻合。相比而言，各省份投入产出表与其他省级数据吻合度更高，因此最大限度地保留各省份原始表的信息能够更好地支撑基于 MRIO 模型的研究。

（三）以国民核算数据为基准

尽管各省份 SRIO 表的构建基于国民核算数据，但由于平衡调整等因素，这两套数据并不完全一致。以 2012 年为例，将省级 SRIO 表中的地区产值和增加值与国民核算数据进行对比发现，虽然地区生产总值一致，但无论是支出法地区生产总值结构（消费、投资和净调出）还是收入法地区生产总值结构（劳动者报酬、生产税净额、固定资产折旧和企业盈余）均存在差异。因此，本书在构建中国省级 MRIO 模型时，采用国家统计局直接公布的国民核算数据作为基准，使该模型中的国民核算数据与统计局直接公布的国民核算数据尽量吻合。

（四）假定无转口贸易

在国际贸易中，转口贸易是指收集和调配进出口货物，而不与转口国发生实质性的经济联系。将这个概念扩展到省际贸易，则是指一省份作为收集和调配中心，将从其他地区（国内和国外）收集的货物调配到其他省份，而不与该省份产生实质性经济联系的贸易。在国家统计局发布的各省份 SRIO 表中，存在一定程度的转口贸易，以 2012 年最为显著。该年各省份投入产出表所遵从的新的国民经济核算体系（SNA2008 体系）在核算贸易时遵循"所有权转让原则"，从而使 2012 年各省份投入产出表中的贸易数据存在明显的转口贸易。这一现象在数据上体现为：出口和省际调入显著较高，甚至远高于本地该商品的总产出；或进口和省际调出显著较高；若将所有省份作为一个总体来看，则表现为各省份投入产出表中分部门的总进、出口与全国表的进、出口接近，而分地区的总进、出口与海关货源地—目的地分地区的总进、出口数据不一致。其中，从区域来看，比较显著的有北京（这与其总部地位相关，对北京来说，数据所示转口贸易中商品的调配可能并未实际发生，而只是核算在北京的贸易中），以及一些边境区域（如辽宁、山东、广西、新疆等）；从部门来看，比较显著的有石油和天然气开采，石油、炼焦产品和核燃料加工品等。如北京的石油和天然气开采部门，就存在显著的转口贸易，其进口主要用于省际调出，因此其进口量与省际调出数据显著大于其他省份，甚至都达到了全国该部门商品进口总量的 1/3。

转口贸易的存在会对 MRIO 模型的构建产生影响，也对基于 MRIO 的研究结果的解释带来困难，甚至造成误读。这一影响具体体现在两个方面。在数据上，由于一个地区在统计时期内对某种商品的总供给和总需求一定，出口及进口的省际分配结构的改变将对省际贸易的结构和贸易总量产生影响，从而导致所得贸易数据无法准确体现区域间贸易总量及结构。在实际应用上，由于转口贸易中商品的过境并不能够体现二氧化碳排放的流动，因此若不将转口贸易从数据中剔除，会在一定程度上对实证研究结果产生误导。综上，考虑到本书基于 MRIO 的研究旨在追踪货物的生产和消费地区，从而厘清贸易品中所隐含的碳排放的来源和去向，本书在构建中国省级 MRIO 模型时引入了无转口贸易的假定。

三　数据基础

（一）省级单区域投入产出表

由国家统计局发布的中国省级单区域投入产出表[181-184]是构建中国省级多区域投入产出模型的基础。虽然 2002 年、2007 年、2012 年和 2017 年均为 42 个部门，但部门分类不一致，含义也有所调整（详见附录 1）。该表涵盖中国大陆所有省、自治区、直辖市（由于经济规模小，西藏只编制了 2012 年和 2017 年的单区域投入产出表）。

值得说明的是，各省份 SRIO 表中的贸易数据（即所谓的"四列贸易数据"，包括出口、省际调出、进口及省际调入）并不一致，这是构建中国省级 MRIO 模型要解决的首要问题。贸易数据的不一致主要体现在两个方面。一是数据条目不一致。仅在 2012 年和 2017 年的省级 SRIO 表中，几乎所有省份均提供了四列贸易数据。早期的 SRIO 表中只有部分省份和年份具有完整的四列贸易数据，其中有些省份含有两列贸易数据（总流出量，代表国际出口和省际调出之和；总流入量，代表国际进口和省际调入之和），另外一些省份仅有一列净流出或净流入（详见表 4.1）。二是省际贸易数据不平衡，即每个部门的各省份省际调入之和不等于各省份省际调出之和，但从理论上来说，由于每一笔省际调出必有对应的调入省份，因而两者应该是平衡的。即使是有完整的四列贸易数据的 2012 年和 2017 年，每个部门的省际调入总和也不等于相应部门的省际调出总和。

表 4.1　2002～2017 年省级 SRIO 表中贸易数据概况

省份	2002 年	2007 年	2012 年	2017 年	省份	2002 年	2007 年	2012 年	2017 年
北京	4	4	4	4	湖北	2	2	2	4
天津	4	4	4	4	湖南	2	2	4	4
河北	4	4	4	4	广东	4	4	4	4

续表

省份	2002 年	2007 年	2012 年	2017 年	省份	2002 年	2007 年	2012 年	2017 年
山西	2	2	4	4	广西	4	4	4	4
内蒙古	2	2	2	4	海南	4	4	4	4
辽宁	4	4	4	4	重庆	1	4	4	4
吉林	2	2	4	4	四川	1	2	4	4
黑龙江	1	2	4	4	贵州	1	2	4	4
上海	4	4	4	4	云南	2	4	4	4
江苏	4	4	4	4	西藏	–	–	4	4
浙江	4	4	4	4	陕西	2	2	4	4
安徽	4	4	4	4	甘肃	2	4	4	4
福建	2	4	4	4	青海	4	4	2	4
江西	2	2	4	4	宁夏	2	4	4	4
山东	1	4	4	4	新疆	4	4	4	4
河南	2	2	4	4					

注：表中数字代表贸易数据的项目数，"1"代表只有一列净流出或净流入，"2"代表有总流出和总流入，"4"代表有完整的四列贸易数据——出口、省际调出、进口及省际调入。

（二）国民核算数据

在投入产出表的编制中，为使其行、列平衡，会对初始数据进行调整，国民核算项也不例外，从而导致投入产出表中的国民核算数据往往与统计局直接公布的国民核算数据[5]有一定差异。因此，在构建中国省级 MRIO 模型的过程中，本书以统计局直接公布的国民核算数据为基准对各省份投入产出数据进行调整，以期在省际贸易达到平衡的同时，使投入产出表中的国民核算数据最大限度地与统计局直接公布的国民核算数据相吻合。

（三）海关数据

海关进出口数据是估计完整四列贸易数据的一个重要数据基础。该数据依照《商品名称及编码协调制度》（The Harmonized Commodity Description and Coding System，HS），根据境内货源地—目的地进行统计，其中 2002 年为 8 位码数据，2007 年为 4 位码数据，2012 年为 6 位码数据，2017 年为 8 位码数据，包含中国大陆 31 个省份。通过将海关 HS 码数据与投入产出部门相匹配，能够得到各年 31 个省份根据境内货源地—目的地进行统计的分部门进出口数据。

（四）铁路货物运输数据

铁路货物运输数据是估计分部门省际贸易流量的数据基础。本书收集了中国大陆 31 个省份之间的粮食、煤、石油、焦炭、金属矿石、非金属矿石、矿物性建筑材料、钢铁、化肥及农药的铁路货物运输数据，以此为基础估计引力模型，作为估计详细的省际贸易流量的依据。该数据的来源为《全国铁路统计资料汇编》[185-188]。

四 省级 MRIO 模型构建方法

遵循上述原则，基于现有数据基础，本书在已有研究的基础上[66,67]改进设计了中国省级 MRIO 表的编制方法。首先，对各省份 SRIO 表中的国际和省际贸易数据进行标准化和平衡调整。其次，通过估计省际贸易流量将省级 SRIO 表连接起来，并在此基础上构建中国省级 MRIO 表。最后，将不同年份的部门分类协调一致，并将现价 MRIO 表转换为不变价 MRIO 表。

（一）省级 SRIO 表中的贸易数据的标准化

如上文数据基础中所述，国家统计局出版的省级 SRIO 表中的贸易数据（国际进出口、省际调入和调出）并不一致，不同年份、不同省份采用了不相一致的统计项。因此，为编制 MRIO 表，首先应对省级 SRIO 表中的贸易数据进行标准化——区分四列贸易数据，并平衡省际调入和调出，使各部门所有省份的省际调入之和与省际调出之和相等。

1. 国际贸易的估计

本书使用货源地—目的地口径的海关数据以及其他几个辅助数据集

来估算国际进出口贸易。对于货物部门，首先将海关 HS 码与投入产出部门相匹配，从而可将海关数据合并到投入产出部门，由此可得各省份分部门的海关进出口数据。进而利用所得海关进出口数据补充及修正省级 SRIO 表中的国际贸易数据。具体地，若官方投入产出表中只有总流入和总流出，或仅包含一列净流出，则直接将海关进出口数据用作 SRIO 表中的进口和出口。在一些情况下，海关进出口数据大于国家统计局省级 SRIO 表中的总流入/总流出，这主要是由投入产出表的平衡及转口贸易引起的。如上一节所述，本书遵循无转口贸易的原则，因此，在这种情况下，本书选择采用货源地—目的地的海关数据作为国际贸易数据。若官方投入产出表中有四列贸易数据，则海关进出口数据仅用于调整 SRIO 表中存在转口贸易的国际贸易数据。

对于建筑和服务部门，由于没有可直接使用的统计数据，本书采用其他几个辅助数据集来估算其国际贸易数据。所估计的建筑业和服务业贸易数据仅用于没有标准四列贸易数据的情形。根据数据可得性的不同，本书采用三种途径估计各省份建筑和服务部门的国际贸易。

途径一：借助相似统计指标进行估计，这也是本书估计各省份建筑和服务部门进出口的主要途径。具体地，选取与该部门产品相关度较高的统计指标，假设各省份相应部门的投入产出数据占全国投入产出数据的比重与各省份这一相似指标占全国的比重相等，从而可通过拆分全国表相应数据得到各省份国际贸易数据［见式（4－1）］。这种方法适用于建筑部门出口（选取指标为"对外承包工程营业额"）、教育部门出口（选取指标为"各省份来华留学生数"）和旅游相关部门出口（选取指标见表4.2）。

$$ex(im)_k^i = ex(im)_k^{national} \cdot \frac{idx_k^i}{\sum_i idx_k^i} \tag{4-1}$$

式中，$ex(im)_k^i$ 代表省份 i 的部门 k 的出口或进口，$ex(im)_k^{national}$ 代表全国表中部门 k 的出口或进口，idx_k^i 表示省份 i 部门 k 的相似指标的值。

表4.2　估计省际贸易所选用的相似指标

投入产出数据		相似指标	数据来源
建筑部门出口		对外承包工程营业额	《中国贸易外经统计年鉴》[189]
教育部门出口		各省份来华留学生数	《中国教育统计年鉴》[190]
旅游相关部门出口	交通运输及仓储	旅游外汇收入：长途交通＋市内交通	《中国旅游年鉴》[191]
	邮政	旅游外汇收入：邮电通信	
	信息传输、计算机服务和软件：信息传输	旅游外汇收入：邮电通信	
	批发和零售	旅游外汇收入：商品销售	
	住宿和餐饮	旅游外汇收入：住宿、餐饮	
	租赁和商务服务：旅游	旅游外汇收入：游览	
	居民服务和其他服务	旅游外汇收入：其他服务	
	文化、体育和娱乐	旅游外汇收入：娱乐	

注：各省份旅游外汇收入不含细分项目，这里依据全国旅游外汇收入结构拆分各省旅游外汇收入。

途径二：对于那些没有可用相似统计指标的部门，利用回归模型来估计国际贸易。具体地，将同年具有四列贸易数据的 SRIO 表中的国际贸易数据作为因变量，将相关经济统计指标（如地区生产总值、外国直接投资、对外贸易依存度等）作为自变量，逐部门估计进口/出口的回归模型，进而利用所估计的回归模型估算待估省份对应部门的进口/出口。这种方法主要用于旅游相关部门进口、金融服务的进口和出口、研究与试验发展服务的进口、教育的进口等。

途径三：当上述两种途径均不适用时，则使用简单分配的方法，将全国投入产出表中的进出口数据，借助省级 SRIO 表中相应部门增加值的比例分配到各省份。

值得注意的是，此步骤所估计的国际贸易仅为初始值，还将在后续步骤中做进一步调整。

2. 省际贸易的估计

与国际贸易不同，省际贸易的估计缺乏相关统计数据的支撑，因此，只能根据有限的数据进行估算。这里依然按照省级 SRIO 表中贸易数据的不同，分情况加以讨论。

首先，在原省级 SRIO 表有总流入和总流出两列贸易数据的情况下，可以通过将前文所估计的国际贸易数据从总流入和总流出中扣除的方法来获得省际贸易数据。如果扣除后省际贸易出现负值，则负值将置为零，这一做法主要基于 SRIO 表中的总流入／总流出及前文估计的国际贸易数据具有更好的数据支撑的考虑。

其次，在只有一列净流出的情况下，本书假设待估省份待估部门的省际调入／调出贸易依存度（某部门省际贸易依存度 = 该部门省际贸易／该部门总产出）与上一个投入产出年（每隔 5 年，逢尾数 2、7 为投入产出年）相同，由此可以利用上一投入产出年的省际贸易依存度来估计待估年份的省际贸易。

特别地，各省份建筑业省际调出是通过额外的统计指标——当年"建筑业外省完成产值"[192] 来估计的。具体地，假设 SRIO 表中建筑业省际调出与建筑业总产出之比与该省份"外向度"（外向度 = 建筑业外省完成产值／建筑业总产值）相等，进而利用这一比例及 SRIO 表中的建筑业总产出来估计待估年份的建筑业省际调出。

同样值得注意的是，该估计值仅为省际贸易的初始值，将在后续步骤中进一步平衡和调整。

标准化完成后，每个省级 SRIO 表将包括标准的四列贸易数据（见图 4.1），标准化后的投入产出表记为 IOT - A。

（二）省级 SRIO 表中的省际调入和调出的平衡

对标准化后的贸易数据进行平衡基于两个原因。其一，在理论上，一个闭合系统内要素之间物质、信息等的交流应该平衡，在本书的研究中，所有省份的省际贸易流量即可视为一个闭合系统，这就意味着每个部门各省份省际调入总量应与省际调出总量相平衡。但实际上，由于各省份独立编制其省级 SRIO 表，且前文对贸易数据进行标准化时亦分省

投入＼产出		中间使用			最终使用			进口	省际调入	总产出
		部门1	......	部门m	......	出口	省际调出			
中间投入	部门1	$\overline{Z^r}$			$\overline{Y^r}$	$\overline{ex^r}$	$\overline{pex^r}$	$\overline{im^r}$	$\overline{pim^r}$	$\overline{x^r}$
	⋮									
	部门m									
增加值		$\overline{V^r}$								
总投入		$\overline{x^r}$								

注：阴影部分整体为$\overline{Y^r}$，包括$\overline{ex^r}$和$\overline{pex^r}$。

图 4.1　包含完整四列贸易数据的省级 SRIO 表式（IOT－A）

份处理，因而各部门所有省份省际调出的总量不等于省际调入的总量。其二，在前文对贸易数据进行标准化的过程中，将估计过程出现的负值置为零，因而一些部门标准化后的省级 SRIO 表变得不再平衡。

本书使用最小交叉熵方法[180]来平衡省际贸易。正如前文构建原则所述，构建中国省级 MRIO 模型的一个主要原则是最大限度保留国家统计局所公布省级 SRIO 表中的原始信息。因此，在借助对其他项的调整来平衡省际调入和调出时，本书尽最大努力不改变省级 SRIO 表中的中间使用和增加值，而仅调整最终使用、进口和省际调入。但是，在某些情况下（例如 2012 年和 2017 年，参见下文详细解释），所构建平衡模型的可行域为空，则会将中间使用和增值矩阵纳入调整范围。同时，在调整最终需求矩阵时，以国民核算数据作为基准。

这里以 2012 年为例说明平衡模型可行域为空的情况。中国 2012 年各省份单区域投入产出表是构建中国省级 MRIO 模型的数据基础[181]。

2012 年，中国大陆的 31 个省、自治区、直辖市均编制了包含 42 个部门的投入产出表。各省份投入产出表中的贸易数据也较为完备，除内蒙古、青海、湖北三省份仅具有总流出和总流入数据外[①]，其他各省份均具备完整的四列贸易数据（出口、省际调出、进口及省际调入），这为构建省级 MRIO 模型带来了便利。然而，由于各省份独立编表，且对省际贸易的量化往往缺乏统计或调查基础，这使 2012 年各省份省际调入之和比省际调出之和高出约 3.7%。在部门层面，省际调入和省际调出的关系各不相同，有些部门省际调入总和高出省际调出总和的 1 倍以上，有些部门则反之。这又为编制 2012 年 MRIO 表带来了困难，使通过仅调整第 II 象限的数据（最终使用、调入调出及其他）实现省际调入调出之间的平衡显得不合实际，甚至在数值上不可能。

具体来说，在平衡省际调入与省际调出的时候，对于那些省际调入之和远大于省际调出之和的部门，若仅通过最终使用各项去消纳省际调入之和与省际调出之和之间的差值，将会导致最终使用各项与国民统计数据产生较大偏差，这是不合实际的；而对于几个问题更加突出的部门（非金属矿和其他矿采选产品，金属冶炼和压延加工品，废品废料，金属制品、机械和设备修理服务，水的生产和供应等），其省际调入总和与省际调出总和的差值甚至大于最终使用各项的总和（即最终消费、资本形成总额以及出口之和），这意味着最终使用各项在数值上无法消纳省际调入之和与省际调出之和之间的差值，因而即使不考虑合理性问题，在数值上也无法实现平衡。因此在编制 2012 年的 MRIO 表时，将中间使用也纳入调整。

（三）平衡省际贸易的基础模型

平衡省际贸易的基础模型的基本思路是仅将省际调入和调出作为变

[①] 国家统计局原始表中以出口、进口或国内省外流出、国内省外流入来表示，但实质上是总流出和总流入。

量，对每个部门单独进行建模。单个部门的模型构建如式（4 - 2）至
（4 - 7）所示。

$$\min\Big[\sum_i \sum_j h_{ij}(\ln h_{ij} - \ln \bar{h}_{ij}) \Big] \tag{4 - 2}$$

$$\text{s. t.}$$

$$\sum_i h_{ij} = 1(i = 1,2,\cdots,n;j = 1,2) \tag{4 - 3}$$

$$0 \leqslant h_{ij} \leqslant 1(i = 1,2,\cdots,n;j = 1,2) \tag{4 - 4}$$

$$H \cdot q_{ctrl} + tz + tc + tp + ex - im + err = x \tag{4 - 5}$$

$$|err| \leqslant 0.05 \cdot x \tag{4 - 6}$$

$$ex + pex \leqslant x(pex = H_{\cdot,1} q_{ctrl1}) \tag{4 - 7}$$

设 q_{ij} 表示 i 省份的省际调出/调入，其中，$i = 1,2,\cdots,n$，n 表示省份
数目；$j = 1,2$，其中，"1" 代表省际调出，"2" 代表省际调入。通过
将 q_{ij} 归一化，能够得到 i 省份的省际调出/调入的份额（h_{ij}），即 $h_{ij} =$
$q_{ij}/\sum_i q_{ij}(i = 1,2,\cdots,n;j = 1,2)$。$\bar{h}_{ij}$ 是 h_{ij} 的初始值，利用 IOT - A 中标
准化后的省际贸易量计算得出。式（4 - 5）用于平衡投入产出表，其中
tz、tc、tp、ex、im、x 和 err 的值均保持不变，分别代表中间使用合计、
最终消费合计、资本形成总额合计、出口、进口、总产出及误差项，其
中除误差项以外，其他值均取自 IOT - A（图 4.1）。q_{ctrl} 代表省际调入/调
出总量的控制量，是一个元素互为相反数的 2×1 维的向量，其值取
IOT - A 中对应部门的省际调入总量与调出总量的平均值，由此保证省际
贸易的平衡。从而可知 $H \cdot q_{ctrl}$ 为省际净调出（省际调出 - 省际调入）。
式（4 - 6）用于控制误差项的大小，其值不应超出该部门各省份总产出
的 $\pm 5\%$。式（4 - 7）表示无转口贸易，即各省出口（ex）与省际调
出（pex）的和不应大于其总产出。

然而上述基础模型只能用于理想情况，即所构建的模型对于每个部
门都能找到（局部）最优解。但实际中较为常见的情况是，即使将其他

非省际贸易的项（中间使用除外）纳入模型中，一些部门也找不到最优解。或者在不改变中间使用的情况下没有可行解（即可行域为空）。为了应对这两种情况，本书在基础模型的基础上构建了两个扩展方法。

1. 平衡省际贸易的扩展方法一

第一种扩展方法针对所有部门的基础模型都有可行解，但只有部分部门可以找到最优解的情况。这一方法的基本思想是将省际贸易之外的项也纳入待调整项（中间使用除外），但由于除省际贸易之外的各待调整项具有较好的数据基础，为保证各地区其他待调整项的部门结构（每一项中各部门产品的占比）尽可能小地发生改变，应对其部门结构做一定的约束。具体做法如下。

步骤一：不区分部门，即把各地区所有部门加总为一个部门，利用基础模型对省际贸易进行平衡，从而为产业和部门层面的平衡提供约束。该模型的构建同基础模型，此处不再赘述。不同之处在于此模型中变量的取值均为所有部门的加总，应对 IOT – A 中的数据进行合并。

步骤二：以第一步的平衡值为总量约束，在部门聚合程度较高的层面（三大产业层面）进行整体建模，以期为部门层面的平衡提供约束值。具体模型构建如下。

$$\min\Big[\sum_k \sum_j \sum_i h_{kji}(\ln h_{kji} - \ln \overline{h}_{kji}) \Big] \qquad (4-8)$$

s. t.

$$\sum_k h_{kji} = 1(k = 1,2,\cdots,m;j = 1,2,\cdots,6;i = 1,2,\cdots,n) \qquad (4-9)$$

$$0 \leqslant h_{kji} \leqslant 1(k = 1,2,\cdots,m;j = 1,2,\cdots,6;i = 1,2,\cdots,n) \qquad (4-10)$$

$$H \cdot Q_{ctrl} + TZ + ERR = X \qquad (4-11)$$

$$|ERR| \leqslant 0.05 \cdot X \qquad (4-12)$$

$$EX + PEX \leqslant X(EX = H_{\cdot,6} \cdot Q_{ctrl6,\cdot}, PEX = H_{\cdot,7} \cdot Q_{ctrl7,\cdot}) \qquad (4-13)$$

模型中，H 代表各省份每个待调整项的部门结构，是一个 $m \times 9 \times n$

的三维数组，其中，m 为部门数目，n 代表省份数目，9 为待调整项的数目；H 的元素 $h_{kji} = q_{kji} / \sum_k q_{kji}$ $(k = 1, 2, \cdots, m; j = 1, 2, \cdots, 9; i = 1, 2, \cdots, n)$，$j$ 的取值 1，2，$\cdots$，9 分别指农村居民消费、城市居民消费、政府消费、固定资本形成、存货增加、出口、省际调出、进口和省际调入，q_{kji} 是三维数组 Q 的元素，代表 i 省份 k 部门 j 项目的数值；在目标函数 [式（4－8）] 中，$\bar{h}_{kji}$ 代表 h_{kji} 的初始值，其值根据 IOT－A 中的数据求得。式（4－11）用于重新平衡投入产出表，其中 Q_{ctrl} 是包含各省份各待调整项部门之和控制数的 $9 \times n$ 维矩阵，每列代表每个省份的部门之和的控制数，其各项取值为：利用上一步所得解进行各省份省际调出/调入总量的控制（调入总量为负），其他项则与 IOT－A 中相应的初始值之和相同。这里定义三维数组（$m \times 9 \times n$）与矩阵（$9 \times n$）之间的乘法为，将三维数组的每个面板（$m \times 9$）与矩阵的每列（9×1）相乘，其结果组成一个 $m \times n$ 维的矩阵。TZ 是一个 $m \times n$ 的矩阵，代表各省份的中间使用总量，在求解过程中不发生改变。误差（ERR）依然控制在总产出（X）的 $\pm 5\%$ 以内 [式（4－12）]。式（4－13）用于确保无转口贸易。值得注意的是，当存货增加中存在负值时，将负值提出形成单独一项，并视为一个待调整项，与其他项做相同处理。

步骤三：以所得三大产业的省际贸易平衡值为约束，在部门层面对三大产业分别建模，从而平衡各部门的省际贸易。在每个产业中，对其所包含的所有部门进行整体建模。每个产业的模型与产业层面的整体建模类似 [式（4－8）至（4－13）]，这里不再赘述。需要强调的是，各产业待调整项的约束值均为步骤二中所得的解，而不再从 IOT－A 中取得。

2. 平衡省际贸易的扩展方法二

另外一种扩展方法用于不调整中间使用时可行域为空的情况。其基本思路为：为平衡省际贸易，将不得不改变中间使用，进而亦须改变增加值，因此除平衡省际贸易外，还须重新平衡整个投入产出表（横向以及纵向）。同时为保证投入产出数据尽可能小地发生改变，应对各调整项的省际加和做一定的约束，具体方法如下。

步骤一：在全国层面平衡省际贸易，即将标准化后的省级投入产出表（IOT‑A）按省份加和，得到一个准全国表，对此表中的省际贸易进行平衡。在这一模型中，中间使用合计、消费（含农村居民消费、城镇居民消费、政府消费）、资本形成（固定资本形成总额、存货变动）、出口、省际调出、进口及省际调入等均被纳入待调整项，由此能够为后续部门层面的平衡调整提供约束量。该模型的构建如式（4 – 14）至（4 – 20）所示。

$$\min\Big[\ \sum_k\ \sum_j h_{kj}(\ln h_{kj}-\ln\bar{h}_{kj})\ \Big] \tag{4-14}$$

$$\text{s. t.}$$

$$\sum_k h_{kj}=1(k=1,2,\cdots,m;j=1,2,\cdots,10) \tag{4-15}$$

$$0\leqslant h_{kj}\leqslant 1(k=1,2,\cdots,m;j=1,2,\cdots,10) \tag{4-16}$$

$$H\cdot q_{ctrl}+err=x \tag{4-17}$$

$$|err|\leqslant 0.05\cdot x \tag{4-18}$$

$$pex-pim=0(pex=H_{\cdot,8}\ q_{ctrl8},pim=-H_{\cdot,9}\ q_{ctrl9}) \tag{4-19}$$

$$ex+pex\leqslant x(ex=H_{\cdot,7}\ q_{ctrl7}) \tag{4-20}$$

其中，矩阵 H 为待调整矩阵 Q 的按列归一化，其元素 $h_{kj}=q_{kj}/\sum_k q_{kj}$；$\bar{h}_{kj}$ 为 h_{kj} 的初始值；Q 是一个 42×10 维的矩阵（42 为部门数目，10 为待调整项数目）；Q 的初始值取 IOT‑A 中相应项的加总；q_{ctrl} 是待调整矩阵 Q 的列和约束；q_{ctrl} 中消费和资本形成各项的值以国民核算数据为主要依据，其他项以 IOT‑A 中相应项的加总为主要依据，其中省际调出/调入仍与基础模型的处理一致，取 IOT‑A 中各部门省际调入总量与调出总量的平均值，且互为相反数。式（4 – 17）用于平衡投入产出表，err 为误差项，其取值控制在总产出 x 的 $\pm5\%$ 以内［式（4 – 18）］。式（4 –

19）中，pex 和 pim 分别表示省际调出和省际调入向量，表示各部门的省际调出等于省际调入。ex 为出口，其与省际调出 pex 的和不应超过总产出 x，即不存在转口贸易 [式（4-20）]。

步骤二：将第一步的结果作为总和控制，逐部门平衡投入产出表。该模型类似于基本模型，不同之处在于待调整项纳入了中间使用、所有最终需求和贸易。以下是单一部门的一般模型。

$$\min\left[\sum_i \sum_j h_{ij}(\ln h_{ij} - \ln \bar{h}_{ij})\right] \qquad (4-21)$$

$$\text{s. t.}$$

$$\sum_i h_{ij} = 1(i = 1,2,\cdots,n; j = 1,2,\cdots,10) \qquad (4-22)$$

$$0 \leqslant h_{ij} \leqslant 1(i = 1,2,\cdots,n; j = 1,2,\cdots,10) \qquad (4-23)$$

$$H \cdot q_{ctrl} + err = x \qquad (4-24)$$

$$|err| \leqslant 0.05 \cdot x \qquad (4-25)$$

$$ex + pex \leqslant x(ex = H_{\cdot,7}\, q_{ctrl7}, pex = H_{\cdot,8}\, q_{ctrl8}) \qquad (4-26)$$

其中，矩阵 H 为待调整矩阵 Q 的按列归一化，其元素 $h_{ij} = q_{ij}\big/ \sum_i q_{ij}$；$\bar{h}_{ij}$ 为 h_{ij} 的初始值；Q 是对应于某部门的一个 $n \times 10$ 维的矩阵（n 为省份数目，10 为待调整项数目）；Q 的初始值取标准化后的 IOT-A 中对应部门的值。q_{ctrl} 是待调整矩阵 Q 的列和约束；其值取自第一步平衡结果中对应部门的值。模型中各约束条件的含义与基础模型一致：err 为误差项，其取值控制在总产出 x 的 ±5% 以内 [式（4-25）]；式（4-26）表示无转口贸易。

至此已经达到了平衡省际贸易的目的，但由于按照部门调整且改变了中间使用，各省份的地区生产总值发生了一些偏离，同时，各省份投入产出表的列向也不再平衡。因此，与基础模型和扩展方法一不同，扩展方法二增加了两个额外步骤：一是在省际贸易达到平衡之后，须进一步以国民核算数据为依据，对除省际贸易之外的其他项再次加以调整，以使各省份投入产出表中的地区支出法生产总值与国民核算数据更加吻合；二是在平衡后的中间使用合计及增加值的约束下，调整中间使用矩阵和增加值矩阵，以使各省份投入产出表列向再平衡。具体做法如步骤三和步骤四所示。

步骤三：依据国民核算数据调整各省份投入产出表中的支出法生产总值。这一调整分为两步进行。首先在省份层面进行平衡，确定各省份各调整项的总量约束；其次在所得总量约束下逐省份进行调整，达到纠正地区支出法生产总值的目的。

（1）在省份层面进行调整，以确定各省份各调整项不区分部门的总量约束。省际贸易不再做调整；模型调整项包括中间使用合计、消费（含农村居民消费、城镇居民消费、政府消费）、资本形成（固定资本形成总额、存货变动）、出口及进口。模型构建如下：

$$\min\left[\sum_i \sum_j h_{ij}(\ln h_{ij} - \ln \overline{h}_{ij})\right] \tag{4-27}$$

s. t.

$$\sum_i h_{ij} = 1(i = 1,2,\cdots,n; j = 1,2,\cdots,8) \tag{4-28}$$

$$0 \leqslant h_{ij} \leqslant 1(i = 1,2,\cdots,n; j = 1,2,\cdots,8) \tag{4-29}$$

$$H \cdot q_{ctrl} + pex - pim + err = x \tag{4-30}$$

$$H \cdot q_{ctrl} - tz + err = g(tz = H_{.,1} \ q_{ctrl1}) \tag{4-31}$$

$$|err| \leqslant 0.05 \cdot x \tag{4-32}$$

$$ex + pex \leqslant x(ex = H_{.,7} \ q_{ctrl7}) \tag{4-33}$$

式（4-30）是为保证投入产出表平衡的约束，省际贸易不做调整。式（4-31）是对地区生产总值的约束。其中，矩阵 H 为待调整矩阵 Q 的按列归一化，其元素 $h_{ij} = q_{ij}/\sum_i q_{ij}$；$\overline{h}_{ij}$ 为 h_{ij} 的初始值；Q 是一个 $n \times 8$ 维的矩阵（n 为省份数目，8 为待调整项数目）；其初始值取步骤二中平衡省际贸易后的各省份投入产出数据之和，q_{ctrl} 是待调整矩阵 Q 的列和约束，其值与步骤一中对应项的约束相同；tz 代表中间使用合计；g 代表各省支出法地区生产总值，其值取自国民账户。err 为误差项，其取值控制在总产出 x 的 $\pm 5\%$ 以内 [式（4-32）]。ex 代表出口，其与省际调出 pex 的和不应超过总产出 x，即不存在转口贸易 [式（4-33）]。

（2）在得到各省份各待调整项地区生产总值的总量约束之后，进一步逐省份进行地区生产总值的调整，同样不再对省际贸易值做调整。模型调整项包括中间使用合计、消费（含农村居民消费、城镇居民消费、政府消费）、资本形成（固定资本形成总额、存货变动）、出口及进口。对每个省份独立建模，单个省份的模型构建如下：

$$\min\left[\sum_k \sum_j h_{kj}(\ln h_{kj} - \ln \bar{h}_{kj})\right] \tag{4-34}$$

s. t.

$$\sum_k h_{kj} = 1(k = 1,2,\cdots,m;j = 1,2,\cdots,8) \tag{4-35}$$

$$0 \leq h_{kj} \leq 1(i = 1,2,\cdots,n;j = 1,2,\cdots,8) \tag{4-36}$$

$$H \cdot q_{ctrl} + pex - pim + err = x \tag{4-37}$$

$$|err| \leq 0.05 \cdot x \tag{4-38}$$

$$ex + pex \leq x(ex = H_{.,7}\ q_{ctrl7}) \tag{4-39}$$

其中，矩阵 H 为待调整矩阵 Q 的按列归一化，其元素 $h_{kj} = q_{kj}/\sum_k q_{kj}$；$\bar{h}_{kj}$ 为 h_{kj} 的初始值；Q 是对应于某个省份的一个 $m \times 8$ 维的矩阵（m 为部门数目，8 为待调整项数目）；其初始值取自步骤二中平衡省际贸易后的各省份投入产出数据。q_{ctrl} 是待调整矩阵 Q 的列和约束；其值取自上一步所得调整结果中相应省份的值。err 为误差项，其取值控制在总产出 x 的 $\pm 5\%$ 以内 [式（4-38）]。ex 代表出口，其与省际调出 pex 的和不应超过总产出 x，即不存在转口贸易 [式（4-39）]。

经过上述平衡和调整，得到了满足省际贸易平衡、地区生产总值与国民核算较为吻合这两个条件的第Ⅱ象限（最终使用及省际调入）的值。

步骤四：在平衡后的中间使用合计及增加值的约束下，调整中间使用矩阵和增加值矩阵，以纵向平衡投入产出表。这一调整也分两步进行。首先在省份层面求得平衡后各省份增加值四个分项的值，其次在此约束下逐省份调整中间使用矩阵和增加值矩阵。

（1）首先在省份层面借助最小交叉熵模型调整得到各省份新的增加值，为下一步逐省份调整中间使用矩阵和增加值矩阵提供增加值部分的约束值。模型调整项包括劳动者报酬、生产税净额、固定资产折旧、营业盈余。模型构建如下：

$$\min\left[\sum_i \sum_j h_{ij}(\ln h_{ij} - \ln \bar{h}_{ij})\right] \tag{4-40}$$

s. t.

$$\sum_i h_{ij} = 1(i = 1,2,3,4;j = 1,2,\cdots,n) \tag{4-41}$$

$$0 \leqslant h_{ij} \leqslant 1(i = 1,2,\cdots,n;j = 1,2,\cdots,8) \tag{4-42}$$

$$H \cdot q_{ctrl} = v \tag{4-43}$$

其中，矩阵 H 为待调整矩阵 Q 的按列归一化，其元素 $h_{ji} = q_{ji}/\sum_j q_{ji}$；$\bar{h}_{ji}$ 为 h_{ji} 的初始值；Q 是一个 $4 \times n$ 维的矩阵（4 为待调整项数目，n 为省份数目）；Q 的初始值取原始投入产出表中相应的数值。q_{ctrl} 是待调整矩阵 Q 的列和约束，其值为步骤二平衡省际贸易后各省份新的增加值总和，即总投入（未做调整）与调整后的中间投入的差值，即收入法地区生产总值。v 代表平衡省际贸易后各省份增加值之和，是一个维度为 4 的列向量（4 为待调整项数目）；在增加值结构不变的约束下，v 的值为将各省份新的增加值总和按原加总表的增加值结构进行分配的结果。

（2）在平衡后的中间使用合计以及上步所得各省份增加值的约束下，逐省份调整中间使用矩阵和增加值矩阵。在调整中，尽可能少地改变各省份、各部门的中间投入率。对每个省份独立建模，单一省份的模型构建如下：

$$\min\left[\sum_{u}\sum_{j}h_{uj}(\ln h_{uj}-\ln\bar{h}_{uj})\right] \qquad (4-44)$$

$$\text{s. t.}$$

$$\sum_{u}h_{uj}=1(u=1,2,\cdots,m+4;j=1,2,\cdots,m) \qquad (4-45)$$

$$0\leqslant h_{uj}\leqslant 1(i=1,2,\cdots,n;j=1,2,\cdots,8) \qquad (4-46)$$

$$H\cdot q_{ctrl}=\left(\frac{tz}{v}\right) \qquad (4-47)$$

$$\sum_{k}H_{k,\cdot}+d=\sum_{k}\bar{H}_{k,\cdot}(k=1,2,\cdots,m) \qquad (4-48)$$

$$|d|\leqslant 0.05\cdot\sum_{k}H_{k,\cdot} \qquad (4-49)$$

其中，矩阵 H 为待调整矩阵 Q $[(m+4)\times m$ 维$]$ 的按列归一化，其元素 $h_{uj}=q_{uj}/\sum_{u}q_{uj}$；$\bar{h}_{uj}(\bar{H})$ 为 $h_{uj}(H)$ 的初始值，m 为部门数目，4 为增加值分项数目；Q 的初始值取原始投入产出表中相应的数值。q_{ctrl} 是待调整矩阵 Q 的列和约束，其值为总产出（总投入）。tz 为平衡省际贸易之后的中间使用合计。v 代表增加值，其值为上一步省份层面调整增加值的结果。式（4-48）和式（4-49）为对中间投入率的约束，目的在于使中间投入率的变化不超过原中间投入率的 $\pm 5\%$。其中，$\sum_{k}H_{k,\cdot}$ 代表矩阵 H 前 m 行（即直接消耗矩阵）的列和，即中间投入率；d 代表调整后中间投入率的偏差，其值不超过原中间投入率的 $\pm 5\%$。

至此完成了省级 SRIO 表中省际调入与调出的平衡，得到了各省份省际贸易平衡的投入产出表 IOT-B，其表式与 IOT-A 类似，见图 4.2。

（四）省际贸易流量的估计

基于 IOT-B 中平衡的省际调入与调出，本小节将介绍估算详细的省际贸易流量的方法，即将 IOT-B 中的省际调入与调出进一步按照调入地和调出地进行分解。详细的省际贸易流量能够显示各省份各部门的省际调出去向哪个省份，以及各省份各部门的省际调入来自哪个省份，从而将单区域投入产出表连接起来。

投入＼产出		中间使用			最终使用			进口	省际调入	总产出
		部门1	……	部门m	……	出口	省际调出			
中间投入	部门1	Z^r			Y^r	ex^r	pex^r	im^r	pim^r	x^r
	⋮									
	部门m									
增加值		V^r								
总投入		x^r								

注：阴影部分整体为Y^r，包括ex^r和pex^r。

图 4.2　省际调入与调出相平衡的省级 SRIO 表式（IOT－B）

1. 初始省际贸易流量矩阵的估计

本书采用两种方法估算各省份之间的贸易流量矩阵，以引力模型[193]为主，辅以备选方法。引力模型用于估算除建筑、公用事业和服务之外的投入产出部门的省际贸易流量。具体地，使用铁路货物运输数据估算九种大宗商品的引力模型，并根据产品的相似性将投入产出部门对应到这九种商品，从而利用九种商品的引力模型估计省际贸易流量矩阵。备选方法用于不具备可用于构建引力模型的详细贸易数据的建筑、公用事业和服务的投入产出部门，将省际调出按一定比例分解至调入地。

（1）引力模型

本书所建立的引力模型如式（4－50）所示，假设部门k的产品从省份s到省份r的贸易流量与省份s对国内市场k部门产品的供给、省份r

对国内市场 k 部门产品的需求，以及两个省份的地区生产总值在国内生产总值中的份额呈正比，同时与两省份之间的距离呈反比。

$$\bar{f}_k^{s,r} = e^\alpha\,(SP_k^s)^{\beta_1}\,(DM_k^r)^{\beta_2}\,\frac{(GS^s)^{\beta_3}\,(GS^r)^{\beta_4}}{(d^{s,r})^{\beta_5}} \qquad (4-50)$$

模型中，$\bar{f}_k^{s,r}$ 表示省份 s 流向省份 r 的 k 部门产品量的初始估计值；SP_k^s 表示省份 s 部门 k 产品对国内市场的总供给；DM_k^r 为省份 r 部门 k 产品对国内市场的总需求；GS^s 和 GS^r 分别代表省份 s 和省份 r 的地区生产总值占国内生产总值的比重；$d^{s,r}$ 表示省份 s 与省份 r 之间的距离。

对式（4-50）两边同时取对数可将其转换为线性方程，从而能够利用线性回归估得参数 α、β_1、β_2、β_3、β_4、β_5 的估计值。

$$\ln\bar{f}_k^{s,r} = \alpha + \beta_1 \ln SP_k^s + \beta_2 \ln DM_k^r + \beta_3 \ln GS^s + \beta_4 \ln GS^r - \beta_5 \ln d^{s,r} \qquad (4-51)$$

根据铁道部公布的统计数据，可以获取粮食、煤、石油、焦炭、金属矿石、非金属矿石、矿物性建筑材料、钢铁、化肥及农药这九种商品的省际铁路运输实物量。将此运输量数据作为省际贸易流量，能够利用引力模型得出影响这九种商品省际贸易流量的主要因素，估计出其引力方程。然后依据产品的相似性，估算产品性质类似的部门的省际贸易流量，产品与投入产出部门对应关系见表4.3。

采用截面数据估计各种产品的引力方程，根据中国省份数据的特征，估计引力模型所采用的数据如下。

● 某产品的省际贸易流量——采用中国铁路行政区域间货物运输数据[185-187]。

● 某省份某部门对国内市场的产品总供给及总需求——利用 IOT-B 中对应部门的数据（对应规则见表4.3，以2012年为例，其他年份大同小异，不再赘述）进行计算，方法如下：

对国内市场的总供给 = 总产出 - 出口

对国内市场的总需求 = 中间使用 + 最终消费 + 资本形成 - 进口

特别地，粮食的总供给和总需求取自《中国粮食年鉴》[194]和各省份统计年鉴[195]，数据不全的省份采用投入产出数据进行估算。

• 某地区国内生产总值占全国国内生产总值的比重——利用《中国统计年鉴》[196]中相应数据计算。

• 地区之间的距离——采用省会城市之间的铁路运输最短距离，对于缺少此数据的年份，采用省会城市间的球面距离。

表 4.3   铁路运输货物与投入产出部门对照关系（2012）

铁路运输商品种类	对应投入产出部门	铁路运输商品种类	对应投入产出部门
粮食	农林牧渔产品和服务 * 食品和烟草	矿物性建筑材料	非金属矿物制品 * 纺织品 纺织服装鞋帽皮革羽绒及其制品 木材加工品和家具 造纸印刷和文教体育用品 其他制造产品 废品废料 金属制品、机械和设备修理服务
煤	煤炭采选产品 *		
石油	石油和天然气开采产品 *	钢铁	金属冶炼和压延加工品 * 金属制品 通用设备 专用设备 交通运输设备 电气机械和器材 通信设备、计算机和其他电子设备 仪器仪表
焦炭	石油、炼焦产品和核燃料加工品 *		
金属矿石	金属矿采选产品 *		
非金属矿石	非金属矿和其他矿采选产品 *	化肥及农药	化学产品 *

注：*指货物运输商品与投入产出部门直接匹配。

（2）备选方法

备选方法主要针对其余那些同铁路运输商品之间既不直接对应又不具有相似性的，且产品性质较为特殊的部门，包括建筑业、电、气、水以及服务部门。该方法直接利用各省份的省际调入调出数据进行估计，估计的基本思想是将某省份某部门产品的省际调出总量按照一定的比例向其他省份分配，这一分配比例采用其他各省份该部门产品的省际调入占全国该部门产品的省际调入累计值的比重。如，部门 k 的初始贸易流量矩阵计算公式如下：

$$\bar{f}_k^{s,r} = pex_k^s \frac{pim_k^r}{\sum_i pim_k^i} \qquad (4-52)$$

其中，pex_k^s 表示省份 s 部门 k 的省际调出，pim_k^r 则表示省份 r 部门 k 的省际调入。

2. 省际贸易流量矩阵的平衡

上述所得初始的省际贸易流量矩阵的和与 IOT－B 中的省际调出、省际调入数据并不吻合，因此，须以 IOT－B 中的省际贸易数据（省际调入、省际调出）为约束，再次利用最小交叉熵模型进行调整，使得省际贸易流量矩阵的行（列）和与相应省份、相应部门的省际调出（入）相等，从而获得最终省际贸易流量矩阵。这里采用逐部门调整的方法，以下是单一部门的模型，其他部门与之类似。

$$\min\left[\sum_s \sum_r h_{s,r}(\ln h_{s,r} - \ln \bar{h}_{s,r})\right] \qquad (4-53)$$

s. t.

$$\sum_s h_{s,r} = 1 \qquad (4-54)$$

$$0 \le h_{s,r} \le 1 \qquad (4-55)$$

$$H \cdot pim = pex \qquad (4-56)$$

其中，$\bar{h}_{s,r} = \bar{f}_{s,r}/\sum_s \bar{f}_{s,r}$，是 $h_{s,r}$ 的初始值；$\bar{f}_{s,r}$ 表示省份 s 到省份 r 的某部门产品的贸易流量。pim、pex 分别表示该部门的省际调入和省际调出向量，取 IOT－B（图4.2）中的值作为行和及列和的约束，并保持不变。

表4.4　部门 k 的省际贸易流量示意

	北京	天津	河北	…	新疆	总流出
北京	－	$f_k^{1,2}$	$f_k^{1,3}$	…	$f_k^{1,n}$	pex_k^1
天津	$f_k^{2,1}$	－	$f_k^{2,3}$	…	$f_k^{2,n}$	pex_k^2

	北京	天津	河北	...	新疆	总流出
河北	$f_k^{3,1}$	$f_k^{3,2}$	–	...	$f_k^{3,n}$	pex_k^3
⋮	⋮	⋮	⋮	⋱	⋮	⋮
新疆	$f_k^{n,1}$	$f_k^{n,2}$	$f_k^{n,3}$	...	–	pex_k^n
总流入	pim_k^1	pim_k^2	pim_k^3	...	pim_k^n	–

通过上述一系列工作，得到详细的中国省际贸易流量数据。表 4.4 给出了部门 k 的省际贸易流量示意。

（五）基于列系数模型的中国省级 MRIO 的构建

进一步将上文所估计的贸易流量矩阵以及 IOT – B 中的进口数据分解到更具体的部门和省份，从而将各省份 SRIO 表中的中间使用和最终使用区分为本地、省际调入和国际进口。换言之，要厘清省份 s 到省份 r 的 k 部门产品的贸易流量（f_k^r）在调入省份 r 的各部门和最终需求间是如何分配的。这里采用列系数模型（详见第二章），即假设对于调入省份的每个部门和最终需求，省际调入和国际进口的某产品在每个部门和最终需求对该产品的使用总量中的占比与该省份所调入（进口）的该产品在该省份对该产品的总使用量中所占的比例相同。在此假设下，首先根据无转口贸易的原则，计算每个省份对每个产品的使用总量中省际调入和国际进口的份额 [见式（4 – 57）和式（4 – 58）]。

$$\alpha_k^{s,r} = \frac{pim_k^{s,r}}{z_k^r + y_k^r} \tag{4 – 57}$$

$$\alpha_k^{g,r} = \frac{im_k^r}{z_k^r + y_k^r} \tag{4 – 58}$$

其中，$\alpha_k^{s,r}$ 表示省份 r 从省份 s 调入的 k 部门产品（$pim_k^{s,r}$）在省份 r 的中间使用和最终需求所使用的 k 部门产品中所占的比例。$\alpha_k^{g,r}$ 则表示省份 r 所进口的 k 部门产品（im_k^r）在省份 r 的中间使用和最终需求所使用的 k 部门产品中所占的比例。z_k^r 表示省份 r 对 k 部门产品的中间使用；y_k^r 表

示省份 r 对 k 部门产品的最终需求，根据无转口贸易的假定，y_k^r 不包含出口和省际调出。各变量的数据取自 IOT – B 和 "（四）省际贸易流量的估计"的结果。

使用上述份额，利用式（4 – 59）和式（4 – 60）分别将中间使用和最终需求按照产品来源分解为本地、省际调入和进口。

$$Z^{s,r} = \text{diag}(\alpha^{s,r}) \, Z^r \,, \; Z^{m,r} = \text{diag}(\alpha^{m,r}) \, Z^r \,, \; Z^{r,r} = Z^r - \sum_s Z^{s,r} - Z^{m,r} \quad (4 – 59)$$

$$Y^{s,r} = \text{diag}(\alpha^{s,r}) \, Y^r \,, \; Y^{m,r} = \text{diag}(\alpha^{m,r}) \, Y^r \,, \; Y^{r,r} = Y^r - \sum_s Y^{s,r} - Y^{m,r} \quad (4 – 60)$$

其中，$Z^{s,r}$、$Z^{m,r}$ 和 $Z^{r,r}$ 分别代表中间使用来源于国内其他省份（省际调入）、境外其他国家和地区（进口）、本省份（本地）的部分；$Y^{s,r}$、$Y^{m,r}$ 和 $Y^{r,r}$ 则分别代表最终需求来源于国内其他省份（省际调入）、境外其他国家和地区（进口）、本省份（本地）的部分。$\text{diag}(\alpha^{s,r})$ 和 $\text{diag}(\alpha^{m,r})$ 分别为 $\alpha^{s,r}$ 和 $\alpha^{m,r}$ 的对角矩阵。Z^r 和 Y^r 代表省份 r 的中间使用和最终需求（不含出口和省际调出）。至此得到了当年价格中国省级 MRIO 模型，为使其具有年间可比性，须将其转换为不变价，并统一部门分类。

（六）现价 MRIO 向不变价 MRIO 的转换

为了使中国省级 MRIO 模型在年间具有价格上的可比性，本书使用双重缩减（Double-Deflation）的方法将现价 MRIO 缩减为 2007 年不变价 MRIO[197] 及前一年不变价 MRIO。采用双重缩减法的原因有三。第一，双重缩减法所需要的价格指数较少，因而比较适合中国缺乏区分中间使用、最终使用和增加值的详细缩减指数的现状。第二，通过使用双重缩减法，不需要对 MRIO 表进行重新平衡，因此可以在很大程度上避免再平衡带来的额外的不确定性。第三，双重缩减法的主要缺点在于它借由缩减后的总投入与中间投入之差获得缩减的增加值，但由于本书不使用增加值数据，因而可规避由再平衡带来的额外不确定性。

由于数据限制，本书假设各省份的价格指数与同年国家层面价格指数相同，利用国家层面的缩减指数调整中国省级 MRIO 数据。本书遵循

Pan 等 （2017）[151] 提出的方法获得缩减指数。国家层面分部门的链式价格指数取自《中国价格统计年鉴》[198]、《中国统计年鉴》[199] 以及国家统计局在线数据库[5]。对于非服务业部门，采用生产者价格指数（Producer Price Index，PPI）推算缩减指数，但建筑部门例外，使用固定资产投资价格指数。然而，PPI 不适用于服务业部门，因而，对于服务业部门，采用消费者价格指数（Consumer Price Index，CPI）推算其缩减指数。特别地，将商品零售价格指数用于批发和零售部门，将第三产业的增加值指数用于那些无 CPI 产品与之对应的服务部门。

双重缩减法包含两个步骤。

首先，将中间使用矩阵（Z）、最终需求矩阵（Y）和总产出向量（x）缩减为不变价格，如式（4-61）和式（4-62）所示。

$$Z_b = \hat{d} Z_t, Y_b = \hat{d} Y_t, x_b = \hat{d} x_t \tag{4-61}$$

$$d^k = \frac{1}{\prod_{\theta=b+1}^{t} (p_\theta^k / 100)} \tag{4-62}$$

其中，下标"b"代表不变价量，即缩减为 2007 年不变价的量值；下标"t"代表现价量，即缩减之前以当年价格衡量的量。d 为缩减指数，为一个包含 n 份国家层面缩减指数的向量。其具体推算方法如式（4-62）所示，k 部门的缩减指数（d^k）由该部门从 $b+1$ 年到 t 年的链式价格指数（上年 =100）推算而来。由于价格指数的部门分类（53 个部门）与投入产出数据的部门分类不尽相同，须进一步将其与各年 MRIO 模型的部门相匹配。特别地，如果一个投入产出部门与两个或多个价格指数部门相匹配，则以国家投入产出表（部门分类更加详细）中的总产出为权重，用所匹配的两个或多个部门价格指数的加权平均值作为该投入产出部门的缩减指数。

其次，借由缩减后的中间使用与总投入之差得到增加值的不变价量 [见式（4-63）]，这一处理方式保证了 MRIO 模型的平衡，从而避免了对其进行再平衡。

$$v_b = (x_b)^T - \partial \cdot Z_b \qquad (4-63)$$

其中，v_b 代表缩减后的不变价增加值，Z_b 代表不变价的中间使用，∂ 为相应维度的矩阵求行和算子，x_b 则代表不变价的总产出（等同于总投入）。

（七）部门分类的年间协调

如前文所述，由于各年投入产出表的部门分类不一致，本书根据各年投入产出部门分类[181-183]的详细解释，逐年进行部门匹配，以协调各年份 MRIO 表的部门分类。协调后有 37 个部门，最终部门列表如表 4.5 所示。

表 4.5　协调后的投入产出部门分类

序号	部门名称	序号	部门名称
1	农林牧渔产品和服务	20	仪器仪表
2	煤炭采选产品	21	其他制造产品
3	石油和天然气开采产品	22	废品废料
4	金属矿采选产品	23	电力、热力的生产和供应
5	非金属矿和其他矿采选产品	24	燃气生产和供应
6	食品和烟草	25	水的生产和供应
7	纺织品	26	建筑
8	纺织服装鞋帽皮革羽绒及其制品	27	交通运输、仓储和邮政
9	木材加工品和家具	28	批发和零售
10	造纸印刷和文教体育用品	29	住宿和餐饮
11	石油、炼焦产品和核燃料加工品	30	信息传输、软件和信息技术服务
12	化学产品	31	金融
13	非金属矿物制品	32	房地产
14	金属冶炼和压延加工品	33	租赁和商务服务
15	金属制品	34	教育
16	通用、专用设备制造	35	卫生、社保和公共管理
17	交通运输设备	36	文化、体育和娱乐
18	电气机械和器材	37	其他服务
19	通信设备、计算机和其他电子设备		

至此完成了中国省级多区域投入产出模型的构建，其形式如图 4.3 所示。

产出／投入	中间使用 省份1 部门1	…	中间使用 省份1 部门m	…	中间使用 省份n 部门1	…	中间使用 省份n 部门m	最终使用 省份1 农村居民消费	…	最终使用 省份1 存货变动	…	最终使用 省份n 农村居民消费	…	最终使用 省份n 存货变动	出口	总产出
中间投入 省份1 部门1 ⋮ 部门m	$Z^{1,1}$			…	$Z^{1,n}$			$Y^{1,1}$			…	$Y^{1,n}$			ex^1	x^1
⋮	⋮	⋮	⋮	⋱	⋮	⋮	⋮	⋮	⋮	⋮	⋱	⋮	⋮	⋮	⋮	⋮
中间投入 省份n 部门1 ⋮ 部门m	$Z^{n,1}$			…	$Z^{n,n}$			$Y^{n,1}$			…	$Y^{n,n}$			ex^n	x^n
进口 部门1 ⋮ 部门m	IM^{1Z}			…	IM^{nZ}			IM^{1Y}			…	IM^{nY}				
增加值	V^1			…	V^n			—				—				
总投入	x^1			…	x^n			—				—				

图 4.3　中国省级 MRIO 模型

五　本章小结

本章介绍了构建中国省级多区域投入产出模型的原则、数据基础和详细方法。在保留原始可靠信息、"自下而上"、比照国民核算数据以及无转口贸易的原则下，基于国家统计局发布的省级单区域投入产出表，利用国民核算数据、海关数据、铁路运输数据等非投入产出数据集，通过标准化贸易数据、再平衡投入产出表、估计贸易流量等步骤，构建基于列系数模型的各年省级 MRIO 表。并进一步将现价表转换为不变价表，协调不同年份的部门分类，最终得到中国省级 2002 年、2007 年、2012 年和 2017 年价格可比、部门分类一致的多区域投入产出模型，模型覆盖了中国大陆 31 个省份（因数据限制，2002 年和 2007 年不含西藏自治区）、37 个产品部门。

第五章

中国省份二氧化碳排放的核算

一　引言

中国省份二氧化碳排放是研究二氧化碳排放结构变化和驱动因素的核心数据。中国各省份的发展阶段、资源禀赋差别较大，作为二氧化碳排放主要来源的能源消费也存在明显不同——能源消费量、能源消费结构、能源消费强度等均存在明显的区域差异。以 2016 年为例，能源消费量明显高于其他省份的 4 个省份——山东、广东、江苏、河北占到了所有省份总能源消费量的 28.70%。能源消费强度也呈现明显差异。可见，对省份二氧化碳排放进行准确核算是研究中国省份碳排放相关问题的关键。

现有对于中国二氧化碳排放量的研究多聚焦于国家层面，如中国政府所发布的《中国温室气体清单研究》[200]《2005 中国温室气体清单研究》[201]《中华人民共和国气候变化第一次两年更新报告》[202] 分别研究了 1994 年、2005 年和 2012 年的国家层面温室气体排放清单。一些国际组织也定期发布国家温室气体或二氧化碳排放清单，如欧盟全球大气研究排放数据库[203]（Emission Database for Global Atmospheric Research，ED-GAR）、美国二氧化碳资讯分析中心[204]（Carbon Dioxide Information A-nalysis Center，CDIAC）、全球碳计划[205]（Global Carbon Project，GCP）等。仅有个别研究者关注省份层面，如 Shan 等（2016，2018）[206,207]。

由于相关基础数据统计不够完善，对中国二氧化碳排放尤其是中国省份分部门二氧化碳排放的研究不得不引入一些假设，这就不可避免地增加了研究结果的不确定性。本书在现有研究的基础上对2002年、2007年、2012年和2017年的省份分部门二氧化碳排放进行核算，引入了一些新的能源消费数据和排放因子数据，改进了核算方法的细节处理，以期尽可能地降低核算的不确定性。

二 数据基础

（一）核算范围

根据政府间气候变化专门委员会（Intergovernmental Panel on Climate Change，IPCC）的建议以及国家发展改革委员会对中国实际情况的考量，中国二氧化碳排放的范围主要包括能源活动、工业生产过程、土地利用变化和林业、废弃物处置四个部分[201]。但根据2005年国家发展改革委员会所编制的中国二氧化碳排放清单，除水泥生产以外的工业生产过程、土地利用变化和林业、废弃物处置仅占中国总二氧化碳排放量的 -4.71%①。可见，能源活动和水泥生产过程的二氧化碳排放是中国碳排放的主要构成部分。同时，考虑到中国省份数据可获得性的局限，本书将核算范围确定为各省份能源活动（化石燃料燃烧）和水泥生产过程（水泥熟料生产）的二氧化碳排放。核算可用的基础数据尤其是能源消费数据较为有限，以下对数据基础进行说明。

（二）化石燃料消费数据

部门层面化石燃料燃烧所产生的二氧化碳排放量来自终端化石燃料燃烧和能源加工转换活动的化石燃料燃烧两部分，其核算需要两个数据集：工业分部门的终端能源消费量（标准量），用于核算工业分部门终

---

① 此比例为负的原因是，2005年中国森林和其他木质生物质生物量碳储量变化表现为净碳汇（吸收二氧化碳），即森林生长超过收获和毁林的总生物量损失。

端化石燃料燃烧活动的 CO_2 排放；但并不是所有的化石燃料都用于燃烧，因此需要借助能源平衡表（标准量）进行调整，同时利用其核算能源加工转换过程的 CO_2 排放。

《中国能源统计年鉴》[208] 提供了国家以及各省份能源平衡表（实物量）；各省份的统计年鉴[195] 提供了工业分部门的终端能源消费量，但仅有部分省份、部分年份可得，且省份间、年间统计标准不一致，例如部门分类、能源类型、能源消费阶段（消费或终端消费）、单位（标准量或实物量）、统计企业的覆盖范围（规模以上或所有工业企业）等不一致。

本书对于各省份化石燃料消费量的核算基于四个数据集。①各省份统计年鉴中可得的部分省份、部分年份的工业分部门能源消费数据；②2008年《中国经济普查年鉴》[209] 中 2008 年各省份工业分部门能源消费量（实物量）；③《中国能源统计年鉴》中的各省份各年份能源平衡表（实物量）；④中国碳核算数据库 CEADs 碳排放账户和数据库① 的分省份部门能源消费数据库（仅 2017 年）。

（三）水泥熟料产量数据

水泥熟料产量数据的可得性也有一定限制。本书从《中国水泥年鉴2008》[210] 直接获得 2007 年各省份的水泥熟料产量数据。2012 年和 2017年各省份的水泥熟料产量从中国水泥研究院② 获取[211]。对于 2002 年，由于不具有可直接获取的统计数据，本书对其水泥熟料产量进行估计，具体估计方法见下一小节的详细介绍。

三　省份二氧化碳排放核算方法

（一）化石燃料燃烧的二氧化碳排放

1. 省份化石燃料消费量

根据基础数据信息量的不同情况，本书针对不同情形采取不同的估

---

① 数据库网址：https://www.ceads.net.cn/data/input_output_tables/。
② 中国水泥研究院，现更名为水泥大数据研究院。

计方法。下文对三种情形及所采用的方法——进行介绍。

（1）对于省份统计年鉴中有分部门、分能源类型消费量的省份（规模以上工业企业），假设其规模以下工业企业的能源消费与规模以上工业企业的能源消费具有相同的部门结构，将核算聚焦于部门分类、能源类型、能源消费阶段和单位不一致的问题上。

步骤一：协调部门分类并匹配能源类型。将从省份统计年鉴中获取的能源消费数据统一为 37 个工业部门和 17 种化石燃料[①]。

步骤二：处理不一致的能源消费阶段。如果省份统计年鉴中的能源数据是能源消费而不是终端能源消费，须将能源消费量利用分部门的消费—终端消费系数（CFF）转换为终端能源消费，本书利用国家层面的能源消费量和终端能源消费量来估算 CFF［式（5-1）］。这一转换基于如下假设：在同一年份，各省份的 CFF 与整个国家相同。由于所研究年份省份统计年鉴中能源数据均为实物量，因此，仅须根据基于实物量的 CFF 进行转换。

$$en_{final,prov}^{i,n} = en_{cons,prov}^{i,n} \cdot cff_{natl}^{i,n} \tag{5-1}$$

其中，$en_{final,prov}^{i,n}$ 代表某省份的部门 i、能源品种 n 的终端能源消费量。$en_{cons,prov}^{i,n}$ 表示某省份的部门 i、能源品种 n 的能源消费量。$cff_{natl}^{i,n}$ 即为国家层面部门 i、能源品种 n 的消费—终端消费系数，其计算方法见式（5-2）。

$$cff_{natl}^{i,n} = en_{final,natl}^{i,n} / en_{cons,natl}^{i,n} \tag{5-2}$$

其中 $en_{final,natl}^{i,n}$ 代表国家层面部门 i、能源品种 n 的终端能源消费量，而 $en_{cons,natl}^{i,n}$ 则代表国家层面部门 i、能源品种 n 的能源消费量。

步骤三：处理不一致的单位。若能源数据为实物量，则须将其转换为标准量。这一转换通常基于化石燃料的低位发热量，由于各部门所使用的燃料质量存在差异，因而部门间的低位发热量可能不同。然而部门

[①] 2012 年宁夏例外，有 27 个化石燃料品种。为最大化利用信息，使核算更加精确，本书未对其进行合并。

层面的低位发热量数据无从获取，因此，本书利用国家层面的部门能源统计数据以及能源平衡表来估算实物量—标准量转换系数（PEF），并基于同一年份各省份与国家相应的部门具有相同 PEF 的假设，将该系数用于省份能源消费数据的转换，见式（5-3）。

$$en_{std,prov}^{i,n} = en_{phsc,prov}^{i,n} \cdot pef_{natl}^{i,n} \qquad (5-3)$$

其中，$en_{std,prov}^{i,n}$ 代表某省份的部门 i、能源品种 n 的终端能源消费标准量。$en_{phsc,prov}^{i,n}$ 表示该省份部门 i、能源品种 n 的终端能源消费实物量。$pef_{natl}^{i,n}$ 则代表国家层面的实物量—标准量转换系数，该系数利用式（5-4）来计算。

$$pef_{natl}^{i,n} = en_{std,natl}^{i,n} \Big/ en_{phsc,natl}^{i,n} \qquad (5-4)$$

其中，$en_{std,natl}^{i,n}$ 和 $en_{phsc,natl}^{i,n}$ 分别代表国家层面部门 i、能源品种 n 的终端能源消费标准量和实物量。

步骤四：调整工业终端能源消费总量。以省份能源平衡表中分能源品种的工业终端能源消费总量为标准（亦利用 PEF 转换为标准量），调整上述估计结果，使其与能源平衡表相符。由此可得这些省份分工业部门、分能源品种的终端能源消费标准量。

（2）对于其省份统计年鉴中没有任何工业分部门能源数据的省份，本书使用 2008 年《中国经济普查年鉴》中的工业分部门能源消费数据进行估算，该数据的统计范围为 2008 年各省份规模以上工业企业能源消费总量（实物量）。

步骤一：从省份能源平衡表中取得待估年份分能源品种的工业总能源消费实物量。其值为工业终端能源消费量与加工转换能源消费量之和〔见式（5-5）〕。

$$en_{cons} = en_{trans} + en_{final} \qquad (5-5)$$

其中，en_{cons} 代表某省份分能源品种工业总能源消费实物量，en_{trans} 代表其分能源品种加工转换能源消费量（实物量），en_{final} 代表其分能源品种终端能源消费量（实物量）。

步骤二：估计工业分部门能源消费实物量。借鉴已有相关研究[83,207]，本书假设待估年份工业部门能源消费的部门结构与 2008 年相同，从而通过分解步骤一中所得工业总能源消费量来估算工业分部门能源消费实物量。

$$EN_{cons,t} = EN_{cons,2008} \cdot \mathrm{diag}(en_{cons,2008})^{-1} \cdot en_{cons,t} \qquad (5-6)$$

其中，$EN_{cons,t}$ 代表某省份第 t 年（待估年份）的工业分部门能源消费（实物量）矩阵。$EN_{cons,2008}$ 为 2008 年的工业分部门能源消费（实物量）矩阵，其与该省份 2008 年的工业总能源消费实物量 $\mathrm{diag}(en_{cons,2008})$ 之比即为该省份 2008 年工业能源消费实物量的部门结构，diag 代表对角矩阵。$en_{cons,t}$ 则表示第 t 年的工业总能源消费实物量。

步骤三：利用前文所述的 CFF 将上一步所得的省份工业分部门能源消费实物量转换为省份工业分部门终端能源消费实物量。

步骤四：利用前文所述的 PEF 将省份工业分部门终端能源消费实物量转换为省份工业分部门终端能源消费标准量。由此可得这些省份的工业分部门、分能源品种的终端能源消费标准量。

（3）对于其省份统计年鉴中仅有分部门能源消费合计（不分能源品种）或煤合计的省份，本书使用双比例平衡法（RAS 法）[212]估算分能源品种的分部门终端能源消费标准量。

步骤一：将省份统计年鉴中的分部门能源消费合计或煤合计协调为与 2008 年《中国经济普查年鉴》的能源消费数据相一致的工业部门。

步骤二：处理能源消费合计。对于分部门能源消费合计（标准量），本书首先利用前文所述的 CFF（不区分能源品种）将能源消费合计转换为终端能源消费。然后采用 RAS 方法估计分能源品种的终端能源消费量。具体地，以上述分部门的终端能源消费合计作为行和约束，以相应能源平衡表中分能源品种的工业终端能源消费量（利用 PEF 将实物量转换为标准量）作为列和约束，以第（2）种情形中由 2008 年《中国经济普查年鉴》所估得相应省份、相应年份分能源品种的终端能源消费量作为初始矩阵做 RAS 调整，从而得到行和、列和与可靠数据相吻合的分能源品种、分部门的工业终端能源消费标准量。

$$EN = \text{diag}(r) \cdot EN_{ini} \cdot \text{diag}(s) \tag{5-7}$$

$$\text{s. t.}$$

$$\sum_i en^{i,n} = en^n_{EBT} \tag{5-8}$$

$$\sum_n en^{i,n} = en^i_{PSY} \tag{5-9}$$

其中，EN 代表某省份调整后的工业终端能源消费矩阵，EN_{ini} 为 EN 的初始矩阵。r 是前乘因子，s 是后乘因子。通过模型求解得到适合的 r 和 s，使 EN 的列和等于能源平衡表中分能源品种的工业终端能源消费量 [en^n_{EBT}，式（5-8）]，同时其行和等于省份统计年鉴中分部门的终端能源消费合计 [en^i_{PSY}，式（5-9）]。

步骤三：处理煤合计消费量。对于分部门的煤合计消费量同样采用 RAS 法进行调整。具体地，以煤合计消费量作为行和约束，以能源平衡表中分品种的煤及煤产品工业终端消费量为列和约束，对第（2）种情形中由 2008 年《中国经济普查年鉴》所估得的煤及煤产品的消费量进行调整，求得行和、列和与能源平衡表和分部门煤合计消费量相符合的分部门、分品种的煤及煤产品工业终端消费量。继而利用 PEF 将所得结果从实物量转换为标准量。

$$EN_{coal} = \text{diag}(r) \cdot EN_{coal,ini} \cdot \text{diag}(s) \tag{5-10}$$

$$\text{s. t.}$$

$$\sum_i en^{i,n}_{coal} = coal^n_{EBT} \tag{5-11}$$

$$\sum_n en^{i,n}_{coal} = coal^i_{PSY} \tag{5-12}$$

其中，EN_{coal} 是某省份调整后的煤及煤产品终端消费矩阵，$EN_{coal,ini}$ 为其初始矩阵，数值为情形（2）中所估计的相应省份的煤及煤产品消费矩阵。与式（5-7）至（5-9）类似，r 和 s 分别是前乘因子和后乘因子。通过模型求解得到适合的 r 和 s，使得 EN_{coal} 的列和等于能源平衡表中分品种的煤及煤产品工业终端能源消费量 $[\ coal_{EBT}^n$，式（5-11）]，行和等于省份统计年鉴中分部门的煤及煤产品终端消费合计 $[\ coal_{PSY}^i$，式（5-12）]。然后，依照式（5-4）将步骤二、步骤三中所得实物量转换为标准量。至此得到了这些省份分部门、分能源品种的工业终端能源和煤及煤产品消费量。

研究至此得到了 2002 年、2007 年、2012 年及 2017 年中国 30 个省份共 42 个产业部门（2017 年为 44 个）、2 个家庭消费部门、17 种化石燃料（2012 年为 27 种）的终端能源消费标准量。具体能源种类列表以及各年份、各省份、各部门、各能源种类消费量的估计途径见附录 2。

2. 省份化石燃料燃烧的二氧化碳排放量

利用各种化石燃料的含碳量及碳氧化率可得各省份分部门化石燃料燃烧的二氧化碳排放量。为更精确地反映中国各省份燃料燃烧的二氧化碳排放水平，本书从《2005 中国温室气体清单研究》[201]中取得各燃料最新的、符合中国实际的含碳量及碳氧化率。

（1）估计终端能源消费的二氧化碳排放。基于前文所得各省份分部门终端能源消费量（标准量）以及能源平衡表（利用 PEF 转换为标准量）估计各省份各部门终端能源消费所产生的二氧化碳排放。首先应对非能源用途（用作材料、原料）消费量、损失量进行处理，其次利用燃料的含碳量及碳氧化率得到这部分能源消费的二氧化碳排放量。

步骤一：处理非能源用途消费量。依据《2005 中国温室气体清单研究》，并非所有的非能源消费均不产生二氧化碳，因此首先应计算不产生二氧化碳排放的非能源消费量，估计方法如式（5-13）所示。

$$ne_s = ne \cdot p_{ne} \tag{5-13}$$

其中，ne 表示非能源消费总量，数据取自各省份能源平衡表的"用作材料、原料"项。p_{ne} 表示非能源消费量中不产生二氧化碳排放部分的比例，这一比例取自《2005 中国温室气体清单研究》。ne_s 则表示不产生二氧化碳排放的非能源消费量。

其次，须将所得不产生二氧化碳排放的非能源消费量从相关部门的终端能源消费量中扣减。本书按照下述能源品种与工业部门的对应关系进行扣减，扣减量在相关部门的分配比例与各部门终端能源消费的比例一致。这一对应关系的确定基于两点：①大多数非能源消费用于化工部门[200]；②避免扣减造成负值或其他不合理的值。

对于煤、煤产品、其他焦化产品、其他石油制品（含 2010 年起单独核算的石脑油、润滑油、石蜡、溶剂油、石油沥青及石油焦），将其从所有工业部门的终端能源消费中按比例扣减。

对于其他化石燃料，将其从"石油加工、炼焦及核燃料加工业""化学原料及化学制品制造业""医药制造业""化学纤维制造业""橡胶制品业及塑料制品业"中扣减。

步骤二：处理损失量。能源损失量是指"能源在经营管理和生产、输送、分配、储存等过程中发生的损失以及由于自然灾害等客观原因造成的损失量"[213]。由于除煤炭外，大多数能源损失会产生二氧化碳排放，因此须将其添加至相应部门。能源品种与部门的对应关系依据《能源统计知识手册》[213] 所述"损失量按行业分摊原则：煤矿原煤损失量划归煤炭采选业；油、气田原油和天然气损失量摊入石油和天然气开采业中；原油、成品油、天然气运输损失量摊入交通运输业中相应的运输方式中。"与此不同的是，本书不将煤和洗煤添加至"煤炭开采和洗选业"，这主要是考虑到煤炭的损失可能是亏吨、自燃、被水冲等原因造成的，其中仅自燃部分会产生二氧化碳排放，但自燃的比例无从知晓。因此，若将所有煤和煤产品的损失量添加至"煤炭开采和洗选业"，对于该部门终端煤炭消费量很小的省份，将可能导致极大的二氧化碳强度，2007 年的海南省就会出现这种情况。此外，国家层面煤炭的损失量为零，虽然中国国家层面的能源消费数据与其省份之间存在差距[214]（尽管已有所缩小[215]），但国家层面煤炭损失量为零的情况至少说明这部分损失量非常小，因此，认为其所产生的二氧化碳排放不会对碳排放核算造成实质性差异。具体对应关系如下：

对于原油和天然气，将其按部门终端消费比例添加至"石油和天然气开采业"、"交通、仓储及邮政业"（服务业部门）；

对于其他石油制品和天然气产品，将其添加至"交通、仓储及邮政业"（服务业部门）；

步骤三：利用燃料的低位热值含碳量和碳氧化率核算二氧化碳排放。排放因子取自《2005 中国温室气体清单研究》。特别地，对于煤炭（不包括型煤、焦炭和煤气）的排放因子，本书利用 IPCC 建议的方法 3[216]（区分部门和设备）进行推算。其他燃料的排放因子在部门间一致。二氧化碳的计算公式如下：

$$e_{final}^{i,j} = en_{final}^{i,j} \cdot ef_{final}^{i,j} \cdot or_{final}^{i,j} \cdot \frac{44.0095}{12.0107} \tag{5-14}$$

其中，$en_{final}^{i,j}$ 代表能源品种 j 部门 i 经非能源使用和损失量调整后的终端消费量，$ef_{final}^{i,j}$ 为部门 i 能源品种 j 的低位热值含碳量，$or_{final}^{i,j}$ 为部门 i 能源品种 j 的碳氧化率，值 44.0095 和 12.0107 分别为二氧化碳和其所含碳的分子量。

（2）估计能源加工转换过程的二氧化碳排放。这部分估算基于转换为标准量的各省份能源平衡表，为使核算更加精确，本书利用碳损失量的思路估计能源加工转换过程的二氧化碳排放。

步骤一：计算每个加工转换过程的碳损失量。每个加工转换过程所使用的排放因子取该加工转换过程所对应的工业部门的排放因子的值（见表5.1）。特别地，火力发电和供热所用煤炭采用《2005 中国温室气体清单研究》中所提供的排放因子。碳损失量的计算方法如式（5-15）所示。

$$c_{lost}^{k} = \sum_{i} en_{i}^{k} \cdot ef_{i}^{k} - \sum_{j} en_{j}^{k} \cdot ef_{j}^{k} \tag{5-15}$$

其中，c_{lost}^{k} 为加工转换过程 k 的碳损失量。en_i^k 代表该加工转换过程所投入的 i 种燃料的消费量，ef_i^k 代表燃料 i 的低位热值含碳量，而 $\sum\limits_{i} en_i^k \cdot ef_i^k$ 表示该加工转换过程所投入的能源的总含碳量。类似地，$\sum\limits_{j} en_j^k \cdot ef_j^k$ 表示该加工转换过程所产出的能源的总含碳量。

步骤二：计算能源加工转换过程的二氧化碳排放量，并将其添加到相应部门（见表 5.1）。采用目标部门碳氧化率来计算各加工转换过程的二氧化碳排放量，如式（5-16）所示。

$$e_{trans}^{k} = c_{lost}^{k} \cdot or^k \cdot \frac{44.0095}{12.0107} \tag{5-16}$$

其中，e_{trans}^{k} 表示加工转换过程 k 的碳损失量，由步骤一中所得该过程的碳损失量（c_{lost}^{k}）、该过程所对应的碳氧化率（or^k）及二氧化碳与其所含碳的分子量（44.0095 和 12.0107）求得。

表 5.1　能源加工转换过程所对应的部门

加工转换过程	目标部门
火力发电	电力、热力的生产和供应业
供热	电力、热力的生产和供应业
洗选煤	煤炭开采和洗选业
炼焦	石油加工、炼焦及核燃料加工业
炼油及煤制品	石油加工、炼焦及核燃料加工业
制气	燃气生产和供应业
天然气液化	石油和天然气开采业
煤制品加工	工艺品及其他制造业
回收能	黑色金属冶炼及压延加工业

至此，本书得到了 2002 年、2007 年、2012 年及 2017 年中国 30 个省份共42 个产业部门（2017 年为 44 个）、2 个家庭消费部门的二氧化碳排放量。

3. 化石燃料燃烧碳排放核算的不确定性

如上所述，由于中国省份能源消费数据和省份排放因子的官方统计数据不足，本书采用了一些估计能源消费和排放因子的惯用假设来核算化石燃料燃烧产生的二氧化碳排放。以下从两个维度讨论这些假设可能引起的不确定性：在时间维度上，数据不足省份能源消费的部门结构在所研究年份中稳定的假设；在空间维度上，省份化石燃料排放因子与同年国家排放因子相同的假设。

从时间维度来看，由于统计数据不足，本书假设对于那些没有任何来自省份统计年鉴的部门层面能源消费数据的省份，工业能源消费的部门结构与 2008 年一致，即假设工业能源消费的部门结构在所研究的年份间是稳定的。这个假设在已有研究中已有所采用[83,207]，在其基础上，本书通过使用可额外获取的一些省份的煤合计消费量和能源合计消费量来削弱这一假设。这已是在目前所有公开数据的基础上可以做出的最合理假设，但仍然不够——随着时间的推移，省份能源消费的部门结构将随其产业结构、能源消费结构和能源消费强度等的变化而变化，因此上述假设可能引起部门层面化石燃料消费的不确定性，进而可能对二氧化碳排放的核算带来不确定性。因此，本书在解释所得研究结果时，始终考虑到这些不确定性。同时，为保证研究的透明性，本书在附录 2 中展示了各省份、各年、各能源品种的终端能源消费量所采用估算方法的详细信息。

从空间维度来看，由于缺乏省份能源消费数据和排放因子数据，本书采用了以下几个假设。在将消费量转化为终端消费量时，本书假设在同一年，中国各省份的 CFF 与国家层面相同。在将能源消费从实物量转换为标准量时，本书假设在同一年，中国各省份的 PEF 与国家层面相应部门相同。此外，为了估算化石燃料消费产生的二氧化碳排放量，本书假设在同一年，中国各省份的二氧化碳排放因子与国家层面的排放因子相同。这些假设也可能对化石燃料燃烧的二氧化碳排放的核算带来不确定性，但是，考虑到这些转化因子在各省份之间的差异较小，其所造成的不确定性不会对核算结果产生大的影响。

（二）水泥生产过程的二氧化碳排放

1. 省份水泥熟料产量

水泥生产过程的二氧化碳排放发生在水泥熟料的生产过程中。熟料是水泥生产的中间产品，其生产过程中产生二氧化碳的化学变化为石灰石（主要成分为碳酸钙，亦含少量碳酸镁）被加热煅烧成石灰（主要成分为氧化钙）[201]。

本书直接利用各省份水泥熟料产量来估计这部分二氧化碳排放。各省份的熟料产量数据来自中国水泥年鉴和中国水泥研究院（见表5.2）。

表 5.2 2002～2012 年省份水泥熟料产量数据来源

年份	获取或估计水泥熟料产量数据的途径
2002	利用 2005 年的省份水泥熟料产量数据（$p_{clinker,prov}^{2005}$）和 2002 年国家层面的水泥熟料产量数据（$p_{clinker,natl}^{2002}$）进行估算，数据来自《中国水泥年鉴 2001－2005》[217]。假设 2002 年水泥熟料产量的省份间比例与 2005 年相同，则其估计方法如下 $$p_{clinker,prov}^{2002} = p_{clinker,prov}^{2005} \cdot p_{clinker,natl}^{2005}{}^{-1} \cdot p_{clinker,natl}^{2002} \qquad (5-17)$$
2007	数据来自《中国水泥年鉴 2008》[210]
2012	数据来自中国水泥研究院[211]

2. 省份水泥生产过程的二氧化碳排放

本书遵循 IPCC 方法 2[218] 来核算各省份水泥生产过程中二氧化碳排放量。《2005 中国温室气体清单研究》中提供了分地区的水泥熟料二氧化碳排放因子（华北区、东北区、华东区、中南区、西南区和西北区）以及水泥窑尘（CKD）的排放修正因子。这一过程中二氧化碳排放量的计算方法如式（5-18）所示。

$$e_{cement} = p_{clinker} \cdot ef_{clinker} \cdot f_{CKD} \qquad (5-18)$$

其中，e_{cement} 表示水泥生产过程中二氧化碳排放量，$p_{clinker}$ 代表熟料排放产量，$ef_{clinker}$ 和 f_{CKD} 分别为熟料排放因子和 CKD 排放修正因子。

将水泥生产过程所产生的二氧化碳排放量加至"非金属矿物制品

业"部门，即完成了中国省份分部门二氧化碳排放量的核算。本书附录3展示了 2002 年、2007 年、2012 年及 2017 年各省份分部门碳排放量的估计结果。

此外，为与投入产出数据相匹配，须将家庭消费以外的二氧化碳排放数据的部门分类匹配到投入产出数据的部门分类。若出现一个排放部门对应多个投入产出部门的情况，则假设这些投入产出部门具有相同的二氧化碳排放强度。

四 省份二氧化碳排放特征

(一) 二氧化碳排放的地域特征

本书对中国省份二氧化碳排放的核算结果进行了分析。2002 ~ 2007 年，中国的二氧化碳排放量迅速增长，由 2002 年的 3938 Mt 增长到了 2007 年的 7572 Mt，增长率高达 92.3%。这期间，所有省份的碳排放量均有所增长。表 5.3 显示了 2002 年、2007 年和 2012 年各省份的二氧化碳排放量及排序，观察数据发现，每一年排名前 8 位的省份的碳排放量约占当年全国总排放量的一半，因此以此作为讨论的标定。与 2002 年相比，2007 年内蒙古取代山西加入了前 8 位的队列，且排序有所变化——山东超越河北成为排放量最大的省份，江苏、河南的排序均有所升高，而广东则略有下降。这一时期，增长量最高的 5 个省份依次为山东、河南、江苏、河北和内蒙古（见表 5.4），其中山东的增长量高达 449.0 Mt二氧化碳，比排名第 2 的河南高出 167.9 Mt 二氧化碳。除内蒙古之外，西北省份的增长量普遍较低，这与其经济体量和发展阶段不无关系。

表 5.3　2002 ~ 2012 年省份二氧化碳排放量及排序

单位：Mt CO$_2$

省份	2002 年		2007 年		2012 年	
	排放量	排序	排放量	排序	排放量	排序
北京	81.89	19	112.97	25	104.64	28

省份	2002 年		2007 年		2012 年	
	排放量	排序	排放量	排序	排放量	排序
天津	75.68	23	113.96	24	163.11	25
河北	309.74	1	562.59	2	714.31	2
山西	238.08	5	355.55	9	467.55	8
内蒙古	139.43	12	369.40	7	643.06	3
辽宁	228.00	6	375.05	6	503.74	7
吉林	105.73	15	196.61	17	238.60	19
黑龙江	130.54	14	207.10	14	270.75	14
上海	140.39	11	203.06	15	205.57	22
江苏	247.30	4	510.90	3	637.45	4
浙江	180.53	8	359.78	8	377.85	10
安徽	162.80	10	245.19	12	352.88	11
福建	78.97	21	184.93	18	240.57	18
江西	70.86	25	139.45	23	172.34	24
山东	295.34	2	744.37	1	891.35	1
河南	200.22	7	481.38	4	530.19	6
湖北	166.83	9	285.93	10	393.67	9
湖南	102.92	16	255.90	11	302.00	13
广东	250.34	3	458.29	5	530.35	5
广西	63.40	27	143.96	22	212.85	21
海南	13.45	30	24.43	30	38.81	30
重庆	77.49	22	112.94	26	175.79	23
四川	136.67	13	232.55	13	343.02	12
贵州	99.14	17	197.10	16	247.30	17
云南	81.54	20	177.12	19	219.27	20
陕西	82.31	18	160.50	20	264.19	16
甘肃	65.79	26	109.47	27	156.73	26
青海	17.44	29	29.22	29	45.59	29
宁夏	21.47	28	76.82	28	133.80	27
新疆	73.98	24	145.59	21	265.59	15

注：由于《中国能源统计年鉴》中缺少西藏的数据，故本研究未核算其二氧碳排放量。

2007～2012 年，中国二氧化碳排放量的增长速度有所放缓，2012 年比 2007 年增长了 30.0%，排放了 9842.9 Mt 二氧化碳。这一时期，虽然大多数省份的二氧化碳排放量仍在增长，但增长速度明显减缓，其中北京的排放量甚至出现了负增长（见表 5.4），上海的非家庭直接排放量也呈现负增长。从排放量来看，2012 年，内蒙古和山西的排放量排序有所上升，山西取代浙江进入了前 8 位（见表 5.3）。总体上来说，排放量较大的仍然是一些工业、资源大省。这一时期，各省份二氧化碳排放增长量总体上有所降低，增长幅度最大的内蒙古也仅增长了 273.7 Mt 二氧化碳，远低于前一时期山东的 449.0 Mt 二氧化碳；与大多数排放大省相反，西北地区的排放增长量较前一时期有所增加，新疆的增长量更是排到了第 6 位；变化尤为惊人的是河南省，其排放增长量由前一时期的 281.2 Mt 二氧化碳、第 2 位下降到了 48.8 Mt 二氧化碳、第 20 位。

表 5.4　2002～2012 年各省份二氧化碳排放增长量及排序

单位：Mt CO_2

2002～2007 年			2007～2012 年		
排序	省份	增长量	排序	省份	增长量
1	山东	449.0	1	内蒙古	273.7
2	河南	281.2	2	河北	151.7
3	江苏	263.6	3	山东	147.0
4	河北	252.8	4	辽宁	128.7
5	内蒙古	230.0	5	江苏	126.5
6	广东	208.0	6	新疆	120.0
7	浙江	179.2	7	山西	112.0
8	湖南	153.0	8	四川	110.5
9	辽宁	147.0	9	湖北	107.7
10	湖北	119.1	10	安徽	107.7
11	山西	117.5	11	陕西	103.7
12	福建	106.0	12	广东	72.1
13	贵州	98.0	13	广西	68.9

2002～2007 年			2007～2012 年		
排序	省份	增长量	排序	省份	增长量
14	四川	95.9	14	黑龙江	63.6
15	云南	95.6	15	重庆	62.9
16	吉林	90.9	16	宁夏	57.0
17	安徽	82.4	17	福建	55.6
18	广西	80.6	18	贵州	50.2
19	陕西	78.2	19	天津	49.2
20	黑龙江	76.6	20	河南	48.8
21	新疆	71.6	21	甘肃	47.3
22	江西	68.6	22	湖南	46.1
23	上海	62.7	23	云南	42.2
24	宁夏	55.3	24	吉林	42.0
25	甘肃	43.7	25	江西	32.9
26	天津	38.3	26	浙江	18.1
27	重庆	35.5	27	青海	16.4
28	北京	31.1	28	海南	14.4
29	青海	11.8	29	上海	2.5
30	海南	11.0	30	北京	-8.3

（二）二氧化碳排放的部门特征

二氧化碳排放的部门结构也发生了一些值得关注的变化。为便于观察，将 30 个省份划分为 4 大区域①。同时，将所有部门划分为 8 个产业部门（见表 5.5）及家庭消费。

2002～2007 年，几乎所有区域、所有部门的二氧化碳排放均显著增长（东部的建筑业略有下降），总体来看，西部省份的二氧化碳排放量虽然较少，但其增长速度最快（104.3%），其次是东部省份（95.7%）

---

① 东部地区：北京、天津、河北、上海、江苏、浙江、福建、山东、广东、海南。中部地区：山西、安徽、江西、河南、湖北、湖南。西部地区：内蒙古、广西、重庆、四川、贵州、云南、陕西、甘肃、青海、宁夏、新疆。东北地区：辽宁、吉林、黑龙江。

表 5.5　产业部门划分方法

合并的部门	细分部门	合并的部门	细分部门
农业	农林牧渔产品和服务	技术密集型制造业	电气机械和器材
采矿业	煤炭采选产品		通信设备、计算机和其他电子设备
	石油和天然气开采产品		仪器仪表
	金属矿采选产品	电气水生产供应业	电力、热力的生产和供应
	非金属矿和其他矿采选产品		燃气生产和供应
劳动密集型制造业	食品和烟草	建筑业	水的生产和供应
	纺织品	服务业	建筑
	纺织服装鞋帽皮革羽绒及其制品		交通运输、仓储和邮政
	木材加工品和家具		批发和零售
	造纸印刷和文教体育用品		住宿和餐饮
	其他制造产品		信息传输、软件和信息技术服务
	废品废料		金融
资本密集型制造业	石油、炼焦产品和核燃料加工品		房地产
	化学产品		租赁和商务服务
	非金属矿物制品		教育
	金属冶炼和压延加工品		卫生、社保和公共管理
	金属制品		文化、体育和娱乐
技术密集型制造业	通用、专用设备制造业		其他服务业
	交通运输设备		

和中部省份（87.3%），增长速度最慢的是东北三省（67.7%），如表5.6所示。相比较而言，制造业、服务业和电气水生产供应业的二氧化碳排放增速较快，农业、采矿业和建筑业的增速较慢。2007～2012年则有较多地区和部门的二氧化碳排放量出现了下降，下降率较高的有中部省份的劳动密集型制造业（-28.3%）、东北地区的建筑业（-13.5%）及中部地区的技术密集型制造业（-10.4%）。这一时期，4个地区劳动密集型制造业的二氧化碳排放均有所下降，这可能与国际市场需求及中国产业

结构等的变化有关。

表 5.6　2002～2012 年分地区分部门二氧化碳排放增长率

	2002～2007 年					2007～2012 年			
部门	西部	中部	东部	东北	部门	西部	中部	东部	东北
农业	49.1%	19.5%	19.9%	47.7%	农业	27.4%	35.8%	10.5%	7.7%
采矿业	73.5%	89.1%	77.2%	8.1%	采矿业	64.5%	13.8%	－8.9%	14.3%
劳动密集型制造业	50.1%	90.4%	80.9%	130.7%	劳动密集型制造业	－7.0%	－28.3%	－8.7%	－7.0%
资本密集型制造业	106.2%	93.1%	108.9%	96.9%	资本密集型制造业	70.0%	27.5%	19.4%	46.4%
技术密集型制造业	24.7%	89.5%	114.8%	55.3%	技术密集型制造业	31.3%	－10.4%	1.4%	42.9%
电气水生产供应业	140.7%	98.2%	96.4%	57.5%	电气水生产供应业	39.2%	20.4%	15.2%	15.2%
建筑业	35.4%	66.6%	－4.6%	55.9%	建筑业	71.4%	82.8%	65.6%	－13.5%
服务业	124.1%	102.2%	107.5%	77.1%	服务业	86.0%	81.1%	46.7%	67.0%
家庭消费	9.9%	12.8%	43.4%	41.8%	家庭消费	58.6%	35.0%	51.3%	38.4%
总排放	104.3%	87.3%	95.7%	67.7%	总排放	54.3%	25.8%	19.2%	30.1%

　　各地区二氧化碳排放的部门结构亦发生了一些较为明显的变化。

　　第一，家庭直接二氧化碳排放的占比先显著降低，后略有上升。2002 年，家庭直接排放的占比较高，尤其是西部省份，占到西部总二氧化碳排放量的 10%（见图 5.1 中"家庭消费"）。2002～2007 年，各地区家庭直接排放的增长率远低于其总排放量增长率，家庭直接排放占比显著降低。2007～2012 年，除东北地区外，家庭直接排放的增长率较上一时期显著提高，且高于总排放量的增长率，各地区家庭直接排放的占比略有上升。这些变化暗示了 2002～2012 年中国家庭能源消费水平的变化。

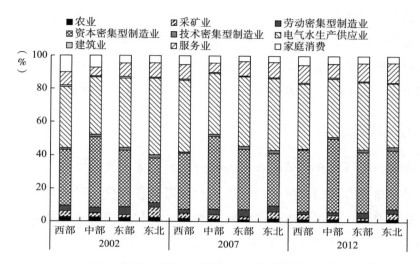

图 5.1　2002～2012 年分地区二氧化碳排放部门结构

第二，服务业二氧化碳排放的占比持续上升。各区域在两个时期的增长率均高于总排放的增长率，2012 年，除中部地区外，其他地区的服务业排放均占到了其总排放的 10% 以上。观察细分部门的排放变化发现，服务业排放占比的上升主要来源于交通运输、仓储和邮政业，以及批发和零售业。

第三，制造业整体上二氧化碳排放占总排放的比例变化较小，但分别观察劳动密集型制造业、资本密集型制造业和技术密集型制造业可发现趋势不同。劳动密集型制造业的排放占比在整个研究期略有下降；而资本密集型制造业与之相反，在整个研究期内略有上升；技术密集型制造业的排放占比则基本上没有变化。

第四，电气水生产供应业排放占比在 2002～2007 年有所上升（东北地区除外），而在 2007～2012 年有明显下降。这与中国在第二阶段发电效率的提高和节能措施不无关系。"十一五"期间，为提高发电效率，中国在关停小火电机组的同时，对发电效率较高的火电机组实行优先上网[219,220]。可再生能源得到大力发展——2007～2015 年，非化石能源发电量所占比例增长了 10 个百分点[5]。

第五，整体看，采矿业二氧化碳排放的比重持续下降，建筑业和农业的排放占比也有所下降。这些变化可能与研究期内各地区产业结构的变化和技术水平的变化有关。农业和建筑业虽有类似趋势，但其背后的原因可能有所不同。具体原因有待在后续研究中进一步挖掘。

五　本章小结

本章首先详细介绍了核算中国省份二氧化碳排放的方法。通过收集和填补各省份分部门分品种的能源消费量以及各省份水泥熟料产量，对化石燃料燃烧以及水泥生产过程所产生的二氧化碳排放进行核算，最终得到了中国大陆除西藏以外 30 个省份、37 个生产部门及 2 个家庭消费部门在 2002 年、2007 年及 2012 年的二氧化碳排放量。

然后，对核算所得中国省份二氧化碳排放的特征进行了地域和部门两个维度的分析。发现 2002 ~ 2007 年，各地区二氧化碳排放量迅速增长，山东、河南、江苏、河北、内蒙古等省份的排放量较其他省份增长幅度更为显著；西部省份虽然排放增长量较低，但增长速度最快；制造业和服务业的排放增速较快。2007 ~ 2012 年，大多数地区二氧化碳排放的增长速度大幅放缓，内蒙古、山西等工业、资源大省排放量的增长依然显著；不同于其他地区，西北地区的排放增量比前一时期更大，而河南省的排放增量大幅下降；劳动密集型制造业的二氧化碳排放有所下降，各部门所产生的排放在总排放中的占比也呈现不同的变化趋势。这些特征和变化可能与产业结构、生产技术、需求等多个因素相关，在本书的后续章节将进行深入探讨。

第六章

中国省份碳排放结构演变特征

一　引言

如绪论所述，中国二氧化碳减排形势严峻，同时，作为减排政策落实者的省级行政单位的资源禀赋、发展阶段、经济水平、产业结构等差异较大。这些差异使各省份生产活动所产生的二氧化碳排放量显著不同。以往许多有关国际情形的研究发现，通过国际贸易转移的碳排放有助于发达国家生产活动碳排放的减缓甚至负增长，但导致这些出口到发达国家的产品和服务的生产国——发展中国家的生产活动碳排放快速增长[19,21,23]。这一发现引起了人们对发达国家和发展中国家之间隐含于贸易的碳排放转移和"碳泄漏"[22]的担忧，以及对全球碳排放转移与气候政策之间相互作用的讨论[221-225]。考虑到中国各省份之间存在较大差异，一些针对中国的研究表明，与国际情形类似，中国各省份之间有着大量的碳排放转移[89,90,99,105,143,226]。这些研究引发了对中国内部经济较为发达和经济欠发达地区之间如何公平、有效地分配减排任务[90,99,143]，以及借助区域间贸易减排的潜在方法[227,228]的讨论。

过去十年，中国经济及其碳排放发生了较大变化。一方面，继2002~2007年的变化之后，中国的产业结构继续发生着改变——东部省份的总产出占全国的份额下降，特别是采矿和制造部门。而中西部省份的总产出占全国的份额则有所增加，其中以中部省份的技术密集型制造业及西部省份的采矿业和建筑业的变化最为显著。另一方面，近年来，中国出口隐含碳排放已趋于稳定[145,151]，这对省际碳排放转移的模式也具有潜在的影响。这些变化表明中国省级二氧化碳排放及省际碳排放转移的模式可能已经发生了变化。在当前的经济形势和全球气候政策的压力下，有必要探究 2007 年以后中国省际碳排放转移的特点，并在更长的时期内讨论其政策启示。多区域投入产出模型是研究碳排放转移问题的主要方法[229]，然而由于缺乏可靠的省际贸易统计数据，利用 MRIO 模型所做的中国研究要么涵盖较短的时间段[83,90,143]，要么采用了数据源不一致的 MRIO 表[105]。

鉴于此，本章在所构建和估计的中国省级 MRIO 模型以及省份二氧化碳排放数据的基础上，采用环境扩展的多区域投入产出模型（EEMRIO），探究 2002～2012 年中国省份二氧化碳排放及省际碳排放转移的结构变化，包括省份结构、需求结构及部门结构的变化。研究将首先估算 2002～2012 年中国各省份生产侧和消费侧的二氧化碳排放，其次分析研究期的省际碳排放转移，并将其分解到最终需求和详细的转移路径，最后结合研究背景、经济形势以及其他相关研究讨论其政策含义。

二　研究方法和数据

（一）研究方法

1. 环境扩展的多区域投入产出模型

本书采用 EEMRIO 模型研究中国省份二氧化碳排放及其省际转移。EEMRIO 能够测算区域经济活动对环境所造成的影响，在本书中即指各省份经济活动的环境影响。该方法已被广泛应用于区域间碳排放转移的研究[12,15,83,99,229-232]。由于本书聚焦于中国的碳排放，因此不考虑进口中所隐含的碳排放。EEMRIO 的数学表达式如下：

$$q = \mathrm{diag}(f)\,(I - A)^{-1}y = \mathrm{diag}(f)Ly \qquad (6-1)$$

其中，q 是一个列向量，表示为生产最终需求 y 各省份各部门所排放的二氧化碳。f 是各省份部门层面二氧化碳排放强度（f）的行向量，$\mathrm{diag}(f)$ 表示其对角矩阵；f 的构成元素——省份 s 部门 i 的二氧化碳排放强度 $f_i^s = c_i^s / x_i^s$，其中 c_i^s 和 x_i^s 分别表示省份 s 部门 i 的二氧化碳排放量和总产出。$(I-A)^{-1}$ 为列昂惕夫逆矩阵（L）；其中 A 如基础理论中所述，代表直接消耗矩阵，由省际直接消耗矩阵构成，能够展现各省份各部门之间的经济联系，其元素 $a_{i,j}^{s,r} = z_{i,j}^{s,r} / x_j^r$，$z_{i,j}^{s,r}$ 和 x_j^r 分别为中间使用矩阵（Z）和总产出向量（x）的元素，其中，上标 s 和 r 代表省份，下标 i 和 j 代表部门；I 则代表与 A 维度相同的单位矩阵。y 表示最终需求，可以是任意省份的消费、资本形成、出口或最终需求合计（$y^{*,r}$）。具体地，将 EE-MRIO 模型表达为分块矩阵的形式如下：

$$
\begin{pmatrix} q^1 \\ q^2 \\ \vdots \\ q^n \end{pmatrix} = \begin{bmatrix} \mathrm{diag}(f^1) & 0 & \cdots & 0 \\ 0 & \mathrm{diag}(f^2) & \cdots & 0 \\ \vdots & \vdots & \ddots & \vdots \\ 0 & 0 & \cdots & \mathrm{diag}(f^n) \end{bmatrix} \left[\begin{pmatrix} I_m & 0 & \cdots & 0 \\ 0 & I_m & \cdots & 0 \\ \vdots & \vdots & \ddots & \vdots \\ 0 & 0 & \cdots & I_m \end{pmatrix} - \begin{pmatrix} A^{1,1} & A^{1,2} & \cdots & A^{1,n} \\ A^{2,1} & A^{2,2} & \cdots & A^{2,n} \\ \vdots & \vdots & \ddots & \vdots \\ A^{n,1} & A^{n,2} & \cdots & A^{n,n} \end{pmatrix} \right]^{-1} \begin{pmatrix} y^1 \\ y^2 \\ \vdots \\ y^n \end{pmatrix}
$$

$$
= \begin{bmatrix} \mathrm{diag}(f^1) & 0 & \cdots & 0 \\ 0 & \mathrm{diag}(f^2) & \cdots & 0 \\ \vdots & \vdots & \ddots & \vdots \\ 0 & 0 & \cdots & \mathrm{diag}(f^n) \end{bmatrix} \begin{pmatrix} L^{1,1} & L^{1,2} & \cdots & L^{1,n} \\ L^{2,1} & L^{2,2} & \cdots & L^{2,n} \\ \vdots & \vdots & \ddots & \vdots \\ L^{n,1} & L^{n,2} & \cdots & L^{n,n} \end{pmatrix} \begin{pmatrix} y^1 \\ y^2 \\ \vdots \\ y^n \end{pmatrix} \tag{6-2}
$$

其中，q^s 表示省份 s 各部门为生产相应最终需求所排放的二氧化碳（n 为省份的数目）。f 的含义与式（6-1）相同。I_m 是一个 $m \times m$ 的单位矩阵（m 为部门数目）。$A^{s,r}$ 和 $L^{s,r}$ 分别表示省份 r 对省份 s 的直接消耗系数矩阵和完全需求系数矩阵。y^s 表示省份 s 所提供的某种最终需求。

2. 地区间碳排放转移

碳排放转移是指在一个地区产生但在另一个地区消费的产品中所隐含的碳排放，也称为贸易隐含碳排放或碳排放的空间溢出，是生产侧碳排放和消费侧碳排放之间的桥梁。在上述基础模型下，省份 s 到省份 r 的碳排放转移测算公式如式（6-3）所示：

$$q^{s,r} = f^s L^{s,*} y^{*,r} \quad (s \neq r) \tag{6-3}$$

式中，上标 s 和 r 分别表示省份 s 和省份 r，$*$ 表示所有省份。$q^{s,r}$ 代表省份 s 到省份 r 的碳排放转移总量。f^s、$L^{s,*}$ 和 $y^{*,r}$ 的含义与上文一致。将其表达为矩阵形式如下：

$$q^{s,r} = (f_1, f_2, \cdots, f_m) \begin{pmatrix} l_{1,1}^{s,1} & l_{1,2}^{s,1} & \cdots & l_{1,m}^{s,1} \\ l_{2,1}^{s,1} & l_{2,2}^{s,1} & \cdots & l_{2,m}^{s,1} \\ \vdots & \vdots & \ddots & \vdots \\ l_{m,1}^{s,1} & l_{m,2}^{s,1} & \cdots & l_{m,m}^{s,1} \end{pmatrix} \cdots \begin{pmatrix} l_{1,1}^{s,n} & l_{1,2}^{s,n} & \cdots & l_{1,m}^{s,n} \\ l_{2,1}^{s,n} & l_{2,2}^{s,n} & \cdots & l_{2,m}^{s,n} \\ \vdots & \vdots & \ddots & \vdots \\ l_{m,1}^{s,n} & l_{m,2}^{s,n} & \cdots & l_{m,m}^{s,n} \end{pmatrix} \begin{pmatrix} y^{1,r} \\ y^{2,r} \\ \vdots \\ y^{n,r} \end{pmatrix}, (s \neq r)$$

$$\tag{6-4}$$

式中，f_i 表示碳排放流出省份 s 的 i 部门的碳排放强度。$l_{i,j}^{s,r}$ 为列昂惕夫逆矩阵的元素，表示省份 r 的 j 部门对省份 s 的 i 部门的完全需求系数。$y^{s,r}$ 表示省份 s 对省份 r 的最终需求投入。

3. 生产侧和消费侧碳排放

生产侧碳排放（Production-Based Emissions）是指一个地区的地域范围内所有生产活动所产生的碳排放。贸易的发生使得商品和服务的生产地和消费地发生了分离，贸易品的生产过程中所产生的碳排放称为贸易隐含碳排放。部分生产侧碳排放是为了满足其他地区所消费的商品或服务，从而引出了消费侧碳排放（Consumption-Based Emissions），即一个地区所消费的商品及服务的生产过程中所产生的碳排放，这意味着消费侧碳排放的实际排放地可能是任何地区。消费侧碳排放的值等于生产侧碳排放减去总流出产品（含出口和省际调出）所隐含的碳排放，加上总流入产品（含进口和省际调入）所隐含的碳排放。根据生产侧碳排放和消费侧碳排放的含义，可以利用式（6-5）和式（6-6）对其进行测算：

$$q_{pb}^s = q^{s,s} + \sum_{r, r \neq s} q^{s,r} \tag{6-5}$$

$$q_{cb}{}^{r} = q^{r,r} + \sum_{s,s \neq r} q^{s,r} \qquad (6-6)$$

式中，$q_{pb}{}^{s}$ 和 $q_{cb}{}^{r}$ 分别代表省份 s 的生产侧碳排放和省份 r 的消费侧碳排放。前者包含省份 s 本地生产、本地消费的二氧化碳排放（本地排放，$q^{s,s}$）及其转移到其他省份的碳排放（省际调出排放，$\sum_{r,r \neq s} q^{s,r}$）；后者包含省份 r 本地生产、本地消费的二氧化碳排放（$q^{r,r}$）及其他省份转移到该省份的碳排放（省际调入排放，$\sum_{s,s \neq r} q^{s,r}$）。

4. 碳排放转移的产业链分解

本书进一步将省际碳排放转移 $q^{s,r}$ 分解到产业链层面，从而能够识别两省份之间碳排放转移的具体路径，源自哪个部门，隐含于哪类产品。分解式如下：

$$Q^{s,r} = \mathrm{diag}(f^{s})L^{s,*}\,\mathrm{diag}(y^{*,r})\delta,(s \neq r) \qquad (6-7)$$

式中，上标 s 和 r 分别表示省份 s 和省份 r，* 表示所有省份。$Q^{s,r}$ 代表省份 s 到省份 r 的碳排放转移的产业链分解，是一个 $m \times m$ 的矩阵。f^{s}、$L^{s,*}$ 和 $y^{*,r}$ 的含义与上文一致。δ 是求和算子，其值表示为 $\delta = e \otimes I_{m}$，其中 e 代表一个元素为 n 个 1 的列向量，I_{m} 是一个 $m \times m$ 的单位矩阵，"$\otimes$" 表示克罗内克积（Kronecker Product）。详细地，可将式（6 − 7）表达为矩阵形式如下：

$$Q^{s,r} = \begin{pmatrix} q_{1,1}^{s,r} & q_{1,2}^{s,r} & \cdots & q_{1,m}^{s,r} \\ q_{2,1}^{s,r} & q_{2,2}^{s,r} & \cdots & q_{2,m}^{s,r} \\ \vdots & \vdots & \ddots & \vdots \\ q_{m,1}^{s,r} & q_{m,2}^{s,r} & \cdots & q_{m,m}^{s,r} \end{pmatrix}$$

$$= \begin{pmatrix} f_{1}^{s} & 0 & \cdots & 0 \\ 0 & f_{2}^{s} & \cdots & 0 \\ \vdots & \vdots & \ddots & \vdots \\ 0 & 0 & \cdots & f_{m}^{s} \end{pmatrix} \begin{pmatrix} l_{1,1}^{s,1} & l_{1,2}^{s,1} & \cdots & l_{1,m}^{s,1} \\ l_{2,1}^{s,1} & l_{2,2}^{s,1} & \cdots & l_{2,m}^{s,1} \\ \vdots & \vdots & \ddots & \vdots \\ l_{m,1}^{s,1} & l_{m,2}^{s,1} & \cdots & l_{m,m}^{s,1} \end{pmatrix} \cdots \begin{pmatrix} l_{1,1}^{s,n} & l_{1,2}^{s,n} & \cdots & l_{1,m}^{s,n} \\ l_{2,1}^{s,n} & l_{2,2}^{s,n} & \cdots & l_{2,m}^{s,n} \\ \vdots & \vdots & \ddots & \vdots \\ l_{m,1}^{s,n} & l_{m,2}^{s,n} & \cdots & l_{m,m}^{s,n} \end{pmatrix}$$

$$\begin{bmatrix} \text{diag}(y^{1,r}) & 0 & \cdots & 0 \\ 0 & \text{diag}(y^{2,r}) & \cdots & 0 \\ \vdots & \vdots & \ddots & \vdots \\ 0 & 0 & \cdots & \text{diag}(y^{n,r}) \end{bmatrix} \begin{pmatrix} I_m \\ I_m \\ \vdots \\ I_m \end{pmatrix}, (s \neq r) \qquad (6-8)$$

式中，$q_{i,j}^{s,r}$ 表示省份 s 的 i 部门的碳排放隐含于省份 r 所消费的 j 部门产品的转移。f_i^s 表示碳排放流出省份 s 的 i 部门的碳排放强度。$l_{i,j}^{s,r}$ 为列昂惕夫逆矩阵的元素，表示省份 r 的 j 部门对省份 s 的 i 部门的完全需求系数。$\text{diag}(y^{s,r})$ 表示 $y^{s,r}$ 的对角矩阵。

（二）研究数据

1. 中国省级多区域投入产出表

本章所使用的中国省级多区域投入产出模型来自本书第三章所构建的投入产出表数据库。数据共涵盖 2002 年、2007 年、2012 年三个年份，包含中国除西藏及香港、澳门、台湾以外的 30 个省份，37 个产品部门。有两点需要说明。一是虽然 2012 年的多区域投入产出表中包含西藏，但由于其缺少可靠的二氧化碳排放数据[233]，本章未将其纳入分析。二是研究发现，2002 年的中国电力体制改革[234]会对基于中国投入产出数据的研究造成显著影响，因此本书对投入产出模型中电力部门对自身的投入做出了调整。由于其主要影响碳排放驱动因素的结构分解分析，因此，具体的讨论和调整方法将在后续章节中进行详细的解释说明。

2. 省份二氧化碳排放数据

本章所使用的中国省份二氧化碳排放数据来自本书第四章所核算的二氧化碳排放数据库。与投入产出数据相统一，该数据库同样包括 2002 年、2007 年、2012 年三个年份，30 个省份，以及 37 个产品部门。二氧化碳排放包含化石燃料燃烧所产生的排放以及水泥生产过程所产生的排放。

三 省份生产侧和消费侧碳排放的结构变化

2002～2012 年，各省份生产侧和消费侧二氧化碳排放的区域分布发生了较为明显的变化。图 6.1 显示了 2002 年、2007 年和 2012 年各省份生产侧和消费侧碳排放总量及其按照最终需求（消费、资本形成、出口）和来源去向的分解。图 6.1 左上角的图例中，从左至右的三列分别代表本地排放、省际调出排放和省际调入排放，由此可知从左数第一列和第二列之和代表生产侧碳排放，而从左数第二列和第三列之和代表消费侧碳排放。又将各部分排放分为消费、资本形成和出口三部分。为便于观察，各省份参照地理位置排列。

观察图 6.1 可以发现，生产侧碳排放量较高的省份大多位于东部，但其中一些省份的增长率在 2007~2012 年有所下降。自 2007 年以来，东部个别省份（北京、山东、浙江）的生产侧碳排放量已经趋于平缓，其中上海的排放量甚至出现下降。与生产侧碳排放不同，除上海和浙江外，大多数东部省份的消费侧排放量有所增加。观察中部省份发现，2002~2012 年，消费侧碳排放量总体上有所增加，2012 年，几乎所有省份（湖南除外）都成为净碳排放调出地（省际调出排放量超过省际调入排放量）。西部省份的绝对碳排放量则较低，但其生产侧和消费侧排放量，尤其是内蒙古，在 2002~2012 年强劲增长。在西部省份中，西南地区的省份在 2002~2007 年主要为净碳排放调出地，但在 2012 年转变为净碳排放调入地（贵州除外）。西北各省份则相反，2002~2012 年，逐渐从净碳排放调入地转变为净碳排放调出地，至 2012 年，西北各省份均已成为净碳排放调出地。

四 省际碳排放转移的结构变化

（一） 省际碳排放转移总量

首先对 2002~2012 年中国省际碳排放转移总量进行分析。结果表明，2002~2007 年，中国省际碳排放转移量增长速度较快，从 2002 年的 1469 Mt CO_2 增长至 2007 年的 3549 Mt CO_2，增长率高达 141.59%。同时，省际碳排放转移在中国碳排放总量中的占比上升了 7 个百分点。

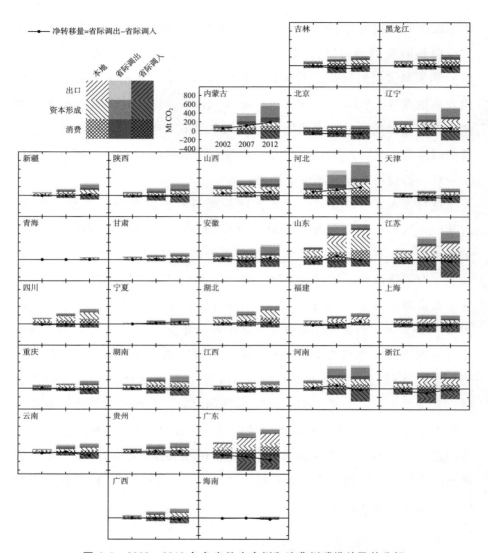

图 6.1　2002～2012 年各省份生产侧和消费侧碳排放及其分解

2007～2012 年，虽然增长速率比 2002～2007 年有所下降，省际碳排放转移量在中国总碳排放量中的占比仍有所升高，从 2007 年的 44% 上升到 2012 年的 46%，几乎达到中国碳排放总量的一半。

（二）省际碳排放转移的区域分解

碳排放转移是生产侧和消费侧碳排放之间的桥梁，本书将其按照流

出地和流入地进行分解，来追踪上述变化背后的经济联系。图 6.2 是对
2002 年、2007 年、2012 年三年的省际碳排放转移按照流入地和流出地
的分解。每个子图被划分为西部、中部、东部及东北，并按照地理位置
排列。子图中最小的色块代表相连两省份之间的碳排放转移，例如第 3
行第 2 列的色块代表辽宁到广西的碳排放转移；颜色越深表示数值越大。
灰色的气泡代表这一地区所有省份之间的碳排放转移之和。

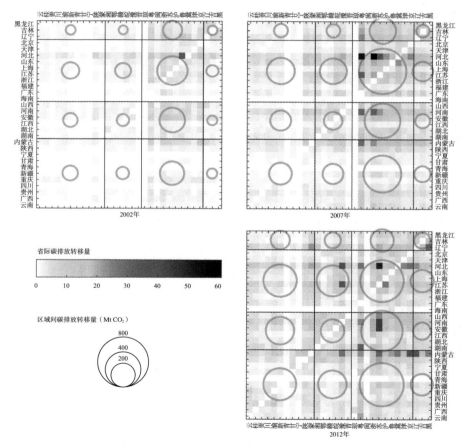

图 6.2　2002 ~ 2012 年中国省际碳排放转移

中国省际碳排放转移在 2002 ~ 2007 年迅速增长，其中资本形成引起
的转移占总增长量的 52%，其次是与出口相关的转移（25%）和与消费
相关的转移（23%）。这一时期，东部省份之间的碳排放转移最为活跃，

101

这部分碳排放转移多与出口和资本形成相联系。2007～2012年，尽管省际碳排放转移仍在增加，但增长率较前一时期明显放缓，这主要是由于与资本形成相关的碳排放转移的增加（占总增长的99%），尤其是中西部省份，抵消了与出口相关的碳排放转移的反转变化，其中以东部省份之间的碳排放转移尤甚——继2002～2007年增加了287%之后，2007～2012年，东部省份之间与出口相关的碳排放转移减少了37%。进一步的分析表明，2007～2012年，东部省份之间碳排放转移的减少主要是由于从河北和山东流出的碳排放量降低，同时流入广东和浙江的碳排放量也有所降低。在此期间，江苏、广东等东部省份从西部和中部省份调入了更多的碳排放，部分解释了这一时期后者的生产侧碳排放的增加。除此之外，西部和中部省份也从东部（主要是河北和江苏）调入更多的碳排放，拉动了西部和中部省份消费侧碳排放的增加。

（三）省际碳排放转移的产业链分解

为深入了解中国省际碳排放转移的主要变化，本书将碳排放转移进一步在部门层面分解到详细的产业链路径。如前文分析所得，省际碳排放转移的一个重大变化是东部省份之间转移格局的变化，这一变化主要与河北、山东、浙江及广东有关。为了解其背后的深层原因，本书将这几条转移路径分解到更详细的产业链层面（见图6.3）。图6.3为2002～2012年东部省份之间碳排放转移的产业链分解，其横轴表示消费侧的部门碳排放（聚合为大类），即隐含于碳排放流入地所消费的产品中的碳排放。每个部门的消费侧碳排放又沿纵轴分解到碳排放流出地中实际产生这些排放的部门（仅显示每个子图中排放量最大的5个部门），每个部门标示其主要产品。

分析结果表明，2002～2007年，广东和浙江所消费的制造业产品特别是技术密集型制造业产品，对东部省份之间碳排放转移的增加起重要作用。具体地，主要导致了河北的钢铁生产及山东的电力生产所产生的碳排放的增加。2007～2012年，东部省份之间的碳排放转移量有所减少，其主要原因为河北的钢铁生产、山东的电力生产为东部省份制造业产品的消费所贡献的碳排放转移减少，特别是广东和浙江所消费的技术密集型制造业产品。虽然广东的建筑消费所拉动的碳排放转移有所增加，但浙江省建筑业消费所拉动的碳排放转移的减少仍进一步强化了东部省份之间碳排放转移的下降趋势。

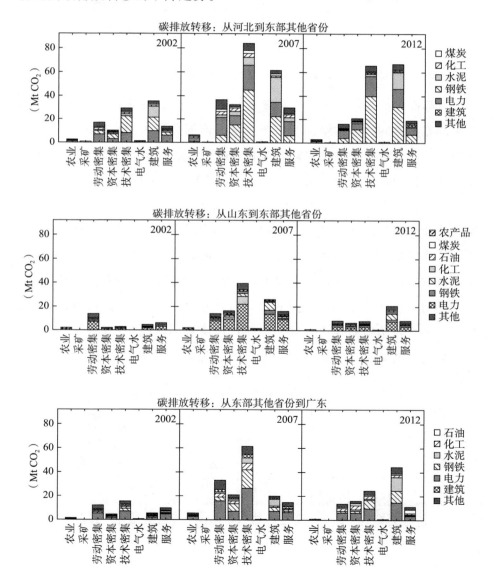

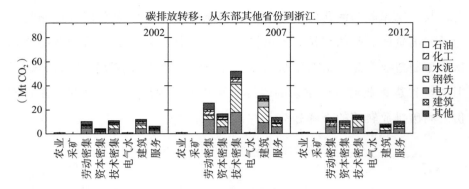

图 6.3　2002～2012 年东部省份之间碳排放转移的产业链分解

省际碳排放转移的另一个重要变化是西部和东部省份之间以及中部和东部省份之间转移的增加。在产业链层面的分解表明，这三个地区特别是东部省份所消费的技术密集型制造业产品是造成其在 2002～2007 年碳排放转移增加的主要因素（见图 6.4，与图 6.3 设计相同）。这一变化可能与中国在 2002 年加入世界贸易组织有关。2007～2012 年，技术密集型制造业引起的碳排放转移继续增加，其中以东部向中部省份转移量的增长最为突出。在此期间，或许与中国应对 2008～2009 年全球金融危机所采取的措施有关，建筑业也成为导致碳排放转移发生变化的重要部门，特别是对于流入东部省份的碳排放以及从东部省份向西部省份转移的碳排放。与产业结构的变化一致，东部省份消费的建筑业产品所引发的来自中部省份的碳排放转移主要源于中部省份非金属矿物产品的生产，这

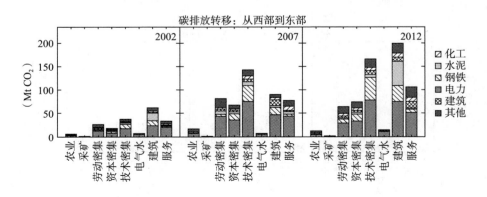

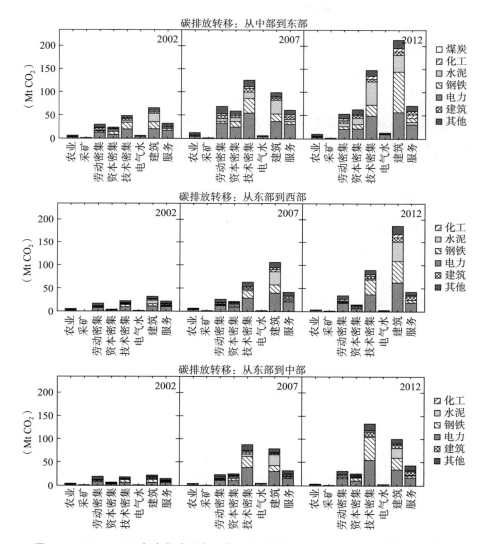

图 6.4　2002～2012 年东部省份与西部、中部省份之间碳排放转移的产业链分解

一部门的总产出中有近一半为水泥和水泥产品；而东部省份消费的建筑业产品所引发的来自西部省份的碳排放转移则主要来源于电力热力生产。

五　结果讨论和政策启示

梳理以上分析发现，2007～2012 年，由东部省份推动的与出口相关的碳排放转移在继 2002～2007 年 262% 的增长之后，减少了 17%，与此同时，投资（资本形成）相关的排放转移占据了省际碳排放转移增加量的 99%。在部门层面，东部省份和西部省份的建筑业所引发的碳排放转移，以及与投资主要相关的中部地区的技术密集型制造业所引发的碳排放转移成为 2007～2012 年所增加的碳排放转移的主要组成部分，分别占碳排放转移增加量的 23%、21% 和 10%。这些研究结果表明，2007～2012 年，中国省际碳排放转移已由 2002～2007 年的出口、投资驱动转变为投资主要驱动。

（一）投资驱动的省际碳排放转移讨论

结合这一时期的全球经济背景以及中国经济发展情况等，本书对中国省际碳排放转移转变为投资驱动的潜在原因加以讨论。

首先，政策主导的投资可能在碳排放转移的结构变化中发挥了作用。从需求方面来看，中国应对 2008～2009 年全球金融危机的一系列投资导向性措施可能助力了投资在省际碳排放转移中的主导作用。同时，外部需求的减少使与出口相关的碳排放转移量下降，又加强了投资的主导作用。从供应方面来看，2007～2012 年，由中部省份流入东部省份而源于中部省份的水泥生产的二氧化碳排放有所增加，可能与 2006 年启动的"中部崛起"战略有关，这一战略的实施刺激了中部省份水泥生产的增加：2005～2012 年，中部省份的水泥产量增长了 147%[5]。此外，"西电东送"项目的实施能够部分地解释西部省份输往东部省份的电力生产的碳排放量的增加。"西电东送"项目始于 21 世纪初，数据表明，2002～2012 年，通过该项目所传输的电力中所隐含的碳排放从 17 Mt 二氧化碳增加到了 81 Mt 二氧化碳，在西部省份输往东部省份的电力隐含碳排放中的占比由 2002 年的 18% 增加到了 2012 年的 28%（见表 6.1）。

其次，由生产成本驱动的投资可能助力了碳排放转移结构的变化。从东部省份到中部省份碳排放转移的增加很好地佐证了这一点。2007～2012 年，中部省份 43% 的新增固定资产投资用于制造业[5]，这期间，其

表 6.1 2002～2012 年"西电东送"项目输电量的隐含碳排放

项目	2002 年	2007 年	2012 年
"西电东送"输电量（TWh）	20	86	124
电力生产的二氧化碳排放强度（Mt CO$_2$/TWh）	0.82	0.78	0.65
"西电东送"输电的隐含碳排放（Mt CO$_2$）	17	67	81
西部到东部的源于电力的隐含碳排放（Mt CO$_2$）	92	259	285
"西电东送"隐含碳排放占比（%）	18	26	28

资料来源："西电东送"输电量数据取自《中国电力年鉴》[235]；电力生产的二氧化碳排放强度由中国能源平衡表[208]推算；西部到东部的电力隐含碳排放为本书的计算结果。

制造业特别是技术密集型制造业快速增长。这一增长与东部地区生产生活成本的上升和中部地区生产生活成本的下降不无关系。第一，东部地区的劳动力成本高于中部地区，2007～2012 年，虽然相对差异有所减小，但绝对差异持续增加（见表 6.2）。第二，土地成本的上升导致房地产价格上涨，加之服务业价格的上涨，使得东部省份的生活与社会成本上升[236,237]。第三，近年来，东部省份的环境保护法规不断加强，相比较而言，中西部省份的环保法规则较为宽松。第四，基础设施的大幅度改善降低了中西部地区的运输及通信成本，从而降低了其贸易成本。

表 6.2 2007～2012 年东部地区与中部地区的平均工资对比

年份	东部（元）	中部（元）	绝对差异（元）	相对差异
2007	29419	20477	8942	44%
2008	34269	23764	10505	44%
2009	37349	26624	10725	40%
2010	41887	30515	11372	37%
2011	47929	35002	12927	37%
2012	53213	39147	14066	36%

资料来源：国家统计局（http://data.stats.gov.cn/），访问时间：2018 年 6 月。

以上对于导致投资驱动碳排放转移增加的潜在因素的讨论带来以下启示。第一，应注意经济政策的实施对环境和气候变化的潜在影响，以及反过来，地区间不统一的气候政策将如何与省份之间的经济联系相互作用。第二，生产成本的变化可以作为引导产业转移以及与之相关的碳排放转移的途径，如环境准入法规、碳税以及碳交易等。第三，对于产业转移可能导致的省份之间的"碳泄漏"[23]，如从东部省份向中部省份的转移，可以通过采取对区域碳排放的核算进行具有政策导向性的调整[224,225]，或通过技术转移等政策杠杆来抵消潜在的"碳泄漏"。

（二）中西部省份的重要性讨论

由于向东部省份的出口导向型排放转移已显著改变，又因对中西部省份的投资相关的碳排放转移增加，未来，中西部省份可能在中国的二氧化碳减排中发挥重要作用。本书分析讨论中西部碳排放及其转移的潜在变化，并尝试提出一些政策措施。

对于中部省份来说，由于其制造业持续增长，加之政策上的导向——促进中部地区崛起的"十三五"规划强调促进中部地区成为先进制造业中心，中部地区的制造业以及新的制造业投资可能继续增长。除了已经发生的二氧化碳排放的增长，与投资相关的主要关注点是"承诺的排放"[238,239]，中部地区制造业的增长以及潜在的制造业增长将导致其能源，特别是电力需求的进一步增长，这将引起更多的碳排放及碳排放转移。同时，随着制造业的增长，中部地区劳动力的收入也将有所增加，这将进一步导致其消费侧碳排放量的增加。承诺的碳排放和消费侧碳排放量的潜在增长意味着，未来中部地区是否将只是接替东部地区成为主要的二氧化碳排放地，很大程度上取决于中部省份能否实现低碳化——不仅是其本地生产的低碳化，还应关注其产业链的低碳化。本书提出几个可能避免或减缓这一趋势的措施。第一，通过改进生产技术降低其本地生产的二氧化碳排放强度，如从东部省份转移先进技术到中部地区。第二，从源头上减少碳排放，并将减排效果通过产业链进行传导，如用可再生能源发电取代火力发电。第三，目前已经建立的碳交易系统可以扩展到更多行业，以推动更多企业减排。

对于西部省份来说，西北省份和西南省份的情况有类似之处，但由于其资源禀赋和产业发展侧重点等的不同，将在中国的碳减排中扮演不同的角色。过去几年中，西南和西北省份均对交通基础设施进行了大量投资，"一带一路"倡议将进一步加强西部地区的交通基础设施投资。其中，西北地区将成为"带"的重要组成，把中国同与其西北部接壤的国家相连接，而西南地区则将成为"带"与"路"之间的桥梁。考虑到西部省份之间及西部省份与其他地区之间的交通联系的加强，以及西部地区丰富的劳动力和自然资源禀赋[240]，对其交通基础设施的投资一方面会引起交通运输业承诺的碳排放，另一方面也将增加西部省份的消费侧碳排放和碳排放转移。从长远来看，由于西部地区的交通基础设施投资可能继续增长，有必要采取相应措施来避免或削弱其碳排放和碳排放转移的增加，对此本书提出几个可能的措施。第一，由于公路运输承诺碳排放量占世界交通运输业的 2/3[239]，因此，用电动汽车取代燃料汽车是削减交通运输承诺碳排放的首要步骤。第二，近年来，西北地区因具有丰富的风能和太阳能资源，其大部分投资用于能源生产项目。因此，改善输电网络和储能系统将不仅有助于减少西北地区的生产侧碳排放，也将减少整个产业链中的碳排放。

六 本章小结

本章利用第三、第四章研究所得的中国省级多区域投入产出模型和省份二氧化碳排放数据，采用环境扩展的多区域投入产出模型，探究了中国 2002~2012 年生产侧、消费侧碳排放及省际碳排放转移的结构变化。

分析发现，2002~2007 年，随着中国加入世界贸易组织，中国沿海导向的省际碳排放转移有所增加。东部省份之间主要由出口引起的碳排放转移最为活跃，同时，由中部省份和西部省份向东部沿海省份的碳排放转移很高。在此期间，省际碳排放转移增加量的约 50% 与投资有关，其次是与出口和消费有关的碳排放转移。部门层面碳排放的转移主要由制造业产品特别是技术密集型制造业产品引起。2007 年之后，由于中国出口隐含碳排放量趋于稳定甚至有所下降，中国省份之间由出口引起的碳排放转移出现下降。尤其是东部省份所拉动的碳排放转移，继 2002 ~ 2007 年增长 262% 后在 2007 ~ 2012 年下降了 17%。2007 ~ 2012 年，省际碳排放转移的持续增长主要与投资相关（99%）。随着东部省份之间的碳排放转移的减弱，东部省份与中西部省份之间的碳排放转移有所增长，这一增长主要源于东部和西部省份建筑业相关碳排放转移的快速增长，以及中部省份多与投资相关的技术密集型制造业碳排放转移的增长（占增长量的 10%）。

在数据分析的基础上，本书结合研究期的经济政策背景对省际碳排放转移结构变化的政策启示进行了讨论。2007 年以后，中国省际碳排放转移转变为投资驱动，这与政策的驱动及生产成本的变化有关。一方面，应对金融危机的举措以及"中部崛起"、"西部大开发"（"西电东送"）等政策刺激了投资的增长以及与投资相关的碳排放转移的增长；另一方面，东部地区的生产生活成本的上升促使企业向成本相对较低的中西部省份转移。这启示我们应关注气候政策与经济政策，以及气候变化与经济发展之间的相互影响。此外，随着与中西部省份碳排放转移的增长，未来中西部省份可能在中国的碳减排中扮演重要角色。中部省份应关注其制造业新增投资承诺的碳排放以及消费侧碳排放的增长。而西部省份则应关注其新增交通基础设施可能带来的碳排放的增长，同时利用日益改善的交通基础设施以及能源基地的角色，加强与其他地区的经济联系，从源头上减少整个产业链的碳排放。

第七章

区域平衡视角下的中国省份碳排放

一 引言

改革开放以来，中国一直实行出口导向型战略，出口已成为拉动中国经济高速增长的重要动力。出口贸易在推动经济增长、创造就业等方面发挥着十分重要的作用，也对我国生态环境造成了一定影响[241]。同时，这些影响也通过价值链的传导牵动着多个地区和部门。2018年以来中美贸易摩擦以及全球新冠疫情等事件的发生，导致国际形势的不确定性急剧增加，对全球价值链造成了巨大冲击，也对深度参与其中的我国的出口贸易的规模及结构造成了较大影响。这又为出口贸易的重要性赋予了新的含义。

我国已进入高质量发展阶段，发展具有多方面优势和条件，但与此同时，发展不平衡不充分问题仍然突出。高质量发展遵循创新、协调、绿色、开放、共享的发展理念，对出口贸易及其社会与环境效应的区域间传导问题的研究正是开放与协调、绿色与共享的综合体现。因此，在推进高质量发展的进程中，面对剧烈变化的外部环境，如何衡量出口对我国社会、环境等各方面的相对影响，协调出口贸易与我国区域间平衡发展，实现出口贸易的高质量转型，成为一个新的重要议题。

针对这一议题，笔者认为有这样几个方面值得探讨。一是出口贸易所创造的经济效应，即出口所拉动的我国各省份、各产业的增加值创造。

二是出口贸易通过价值链传导所引起的社会效应，即出口的货物和服务的生产链条所直接及间接引起的社会效应。这其中，首先值得关注的就是与人民美好生活直接相关的就业创造，它既是实现经济发展成果由人民共享的必要途径，也与社会和谐稳定及协调发展密切相关。三是出口贸易通过价值链传导所引起的环境效应，即出口的货物和服务的生产链条所直接或间接产生的环境效应，比如与出口相关的温室气体排放、污染物排放、生态破坏等。四是出口贸易的经济、社会与环境效应在价值链上的传导对我国区域平衡发展的影响效应，即出口所拉动的经济、社会与环境效应之间是否平衡，以及其是否存在区域间不平衡现象。

因此，本书以价值链传导为踪，以就业这一与民生紧密相关的指标和首要温室气体——二氧化碳的排放为研究对象，借助社会—环境拓展的多区域投入产出模型，尝试回答三个问题：一是出口贸易为我国各省份带来了怎样的就业与碳排放效应？二是出口对我国省份就业与碳排放的相对贡献之间是否存在不平衡？三是出口对我国各省份就业与碳排放的相对贡献是否存在区域间的不平衡？并在此基础上尝试探讨在推进高质量发展的进程中，出口贸易与我国区域平衡发展之间的关系，提出我国出口贸易持续高质量转型可能的政策着力点，为协调出口贸易与区域平衡发展提出政策建议。

二 文献综述

国际贸易对于一国经济发展具有举足轻重的作用，出口作为经济增长动能之一更是备受关注。针对我国出口贸易的研究非常丰富，尤其是我国加入世界贸易组织以来，出口的迅速增长对我国经济、社会、环境等多个方面带来了重大影响，针对这些问题的研究也成为焦点。

（一）区域不平衡发展研究现状

随着我国经济由高速增长阶段转向高质量发展阶段，区域不平衡发展与人民日益增长的美好生活需要之间的矛盾引起了诸多探讨。总体来看，我国区域发展不平衡的问题广泛存在，不仅是省份之间存在发达与欠发达的分化，省份内部也存在发展不平衡的现象；不仅经济发展上存在不平衡，环境发展方面也存在不平衡。

大多数研究聚焦于区域经济发展的不平衡，其原因和内在机理受到关注，分析视角主要集中在区位条件、政策优惠、资源禀赋、要素流动等方面。在资源与要素禀赋方面，刘贯春等（2017）[242]分析了全要素生产率、要素禀赋和资源配置效率对区域不平衡发展的影响，发现全要素生产率对区域不平衡发展的影响最大。孙志燕和侯永志（2019）[243]从劳动生产率、经济增长活力、要素空间流动以及发展能力四个维度对区域发展不平衡问题进行了分析，并通过对其内在机理的剖析，提出了政策建议。Liu等（2018）[244]探讨了要素分配对区域不平衡发展的影响，其研究结果强调要素禀赋的重要性。从产业集群和城市化的角度，程启智和李华（2013）[245]从要素聚集、产业集群和城市化等方面探讨了区域经济不平衡发展的内在机理。基于中心—外围模型，陈长石和刘晨晖（2015）[246]采用加权变异系数法研究了区域发展不平衡问题，发现中心城市与外围城市内部的发展差异是导致地区发展不平衡的主要原因。张治栋和吴迪（2019）[247]以长江经济带为例探究了区域发展不平衡的影响因素，发现产业集聚在一定程度上导致了区域不平衡发展，资本和技术要素能够缩小区域差距，劳动力要素反之。一些研究关注了环境维度的区域发展不平衡。Sun等（2017）[248]关注长江经济带所涵盖地区之间可持续发展的不平衡性。Zhou等（2018）[107]和Sun等（2018）[249]分别探讨了我国省份之间碳排放与能源消耗的不平衡。

在对区域不平衡发展原因进行探索的基础上，部分研究尝试探讨了改善区域发展不平衡现状的可能途径，[250]指出保持国内市场一体化、加强区域间合作等措施有助于平衡我国区域的发展。苏庆义（2018）[251]通过建立多区域多部门的李嘉图模型，分析了国内市场分割对区域不平衡发展的影响，通过数值分析发现，降低市场分割能够解决区域发展不平衡的问题。唐兆涵和陈璋（2020）[252]则从技术进步转型的视角探讨了经济增长与区域不平衡发展之间的关系，发现仅当技术进步完全转变为依靠技术创新时才能够缓解区域发展的不平衡。

（二）出口贸易的社会与环境效应

随着全球产业分工的不断深化，我国各省份已经不同程度地融入了全球产业链，国内区域间产业分工作为全球产业链的重要组成部分，已经成为促进我国区域发展的重要动能[157]，对区域经济、社会与环境发展造成了复杂而深远的影响。

出口的增长为出口国创造了大量的就业。在国家层面，一些研究基于投入产出模型探讨了出口对我国就业的贡献[253-256]。Los 等（2015）[257]、Lin 等（2018）[258]、葛阳琴和谢建国（2019）[259]利用能够区分贸易伙伴的全球 MRIO 模型探讨了国外需求对我国就业的影响。随着对价值链关注度的日益提升，我国在全球价值链中的分工与位置为分析出口的就业效应提供了一个新的视角，Los 等（2012）[260]、李磊等（2017）[261]、杨继军等（2017）[262]、刘会政和丁媛（2017）[263]等就从这一视角分析了参与全球价值链为我国创造的就业。

通过区域间产业分工，一个地区或部门的经济发展效应将传导到与之相关的其他地区和部门。石敏俊等（2006）[264]分析了我国各区域的经济增长动力及其在区域之间的传导。这一传导效应表现为区域间经济影响的溢出效应与反馈效应，潘文卿和李子奈（2007）[265]等对此做出了研究。作为全球产业链的重要环节，我国国内区域间产业分工成为研究国际贸易的重要切入点。通过国内区域间直接与间接经济关联，出口贸易对我国各区域产业结构的影响有所不同[266,267]。Wu 等（2016）[268]亦从区域间产业分工的视角分析了出口对我国省份经济发展的影响。段玉婉等（2018）[269]则区分了加工贸易和一般出口，探讨了不同国际贸易方式对我国区域经济发展的影响。随着价值链理论的兴起，有学者将全球价值链的理论推广到国内区域之间，对以我国区域为主体的国内价值链做出了分析[162,163]，是对我国区域间产业分工的经济效应相关研究的重要补充。

环境污染、气候变化等问题引起了人们对出口环境效应的审视。出口中所隐含的二氧化碳排放受到了很多学者的关注，利用投入产出模型，刘红光等（2011）[270]、Xia 等（2015）[176]、Su 和 Thomson（2016）[271]、Pan 等（2017）[151]、潘安（2017）[272]、Mi 等（2018）[145]、吕越和吕云龙（2019）[273]等皆对此问题进行了探讨，并发现出口总量和结构对我国出口的碳排放效应有较大影响；顾阿伦等（2010）[274]利用投入产出方法研究了我国参与全球价值链的能源及碳排放效应。也有学者针对出口对能源消耗及污染物排放的影响做出了分析，如许冬兰和孙璇（2012）[275]采用能源投入产出模型分析了我国对外贸易的能源成本，发现加入世界贸易组织之后，我国出口中隐含的能源消耗大幅上升；何洁（2010）[276]、彭水军和刘安平（2010）[277]、代丽华（2017）[278]、余娟娟（2017）[279]等则研究了我国出口所拉动的污染物排放。

少数研究对出口的多个效应做了联合考察。如姚愉芳等（2008）[280]利用投入产出模型分析了出口对我国经济、就业以及能源等多方面的影响，认为我国出口结构须向轻型调整。陆旸（2012）[241]在全球化背景下对环境与就业、贸易与环境、贸易与经济等多个议题进行了综述性分析。Tang 等（2016）[281]对我国出口的隐含能源与就业进行了权衡分析。更多非单一效应研究集中在对出口的经济与环境效应之间的矛盾上，如李善同和何建武（2009）[282]、李锴和齐绍洲（2011）[283]、周杰琦和汪同三（2013）[284]、王美昌和徐康宁（2015）[285]、Zhang 等（2019）[286]等。

（三）出口贸易的社会与环境效应的省际传导

出口贸易的经济效应通过区域间产业关联传导的同时，与之相关的碳排放、能源消费、污染物排放等也随之转移。宋马林等（2012）[287]等基于省级面板数据研究了对外贸易与区域环境效率之间的关系，发现其存在空间异质性，在一定程度上反映了出口的环境效应存在区域不平衡。而气候变化问题的严峻性促使学者对我国区域间碳排放转移做了大量研究，如 Meng 等（2013）[90]、Tian 等（2014）[91]、Zhang（2017）[105]、Mi 等（2017）[83]、Zhou 等（2018）[107]、Chen 等（2018）[108]、Wu 等（2018）[109]以及 Pan 等（2018）[84]等基于多个年份展开了时空探讨，发现我国区域间碳排放转移大量存在并呈现上升趋势，由此引发了对于区域间碳不公平的讨论。从价值链的角度，余丽丽和彭水军（2018）[288]审视了我国区域碳排放，发现国内价值链是区域碳排放转移的主要路径。

近几年，少量文献开始关注更为系统的多种效应的省间传导。Zhao 等（2016）[289]综合评估二氧化硫、氮氧化物、$PM_{2.5}$等多种大气污染物及碳排放，探讨了京津冀出口的环境与经济效应的权衡，指出应关注产业结构和出口结构的调整。Wang 等（2020）[290]探讨了我国可持续发展目标的实现路径，综合考察了就业、能源及碳排放等要素，提出通过调整产业结构来实现可持续发展目标之间的平衡。

由以上文献梳理可以看出，目前有关中国出口的社会与环境问题研究存在两个特征。一是现有研究中考虑社会或环境单一效应的研究比较丰富，也有一些研究将其中一个效应，尤其是环境效应与经济效应结合起来加以分析，但同时考虑社会与环境效应的研究较为欠缺。二是在价值链分工视角下，从区域层面系统考虑出口的社会与环境效应的研究尚显不足。为此，本书将在省份层面，从价值链分工的视角系统分析我国出口拉动的就业与碳排放效应，以期在一定程度上补充出口对中国省份社会与环境效应相关研究的不足。

三 研究方法与数据

（一）研究方法

1. 出口的就业与碳排放效应

环境拓展的投入产出模型已被广泛应用于经济活动的环境效应研究，将该模型推广到社会领域，也可用于研究经济活动的社会效应[291]。本书利用该模型，在省份层面研究出口的就业与碳排放效应，并将推广后

的模型称为社会—环境拓展的多区域投入产出模型。基于该模型，出口
的就业与碳排放总效应的计算方法如下：

$$q = f \cdot L \cdot e \tag{7-1}$$

$$f = [f^1, f^2, \cdots, f^n], f_j^s = em_j^s / x_j^s \tag{7-2}$$

$$L = (I - A)^{-1}, A = \begin{bmatrix} A^{1,1} & A^{1,2} & \cdots & A^{1,n} \\ A^{2,1} & A^{2,2} & \cdots & A^{2,n} \\ \vdots & \vdots & \ddots & \vdots \\ A^{n,1} & A^{n,2} & \cdots & A^{n,n} \end{bmatrix} \tag{7-3}$$

$$A^{s,r} = \begin{bmatrix} a_{1,1}^{s,r} & a_{1,2}^{s,r} & \cdots & a_{1,n}^{s,r} \\ a_{2,1}^{s,r} & a_{2,2}^{s,r} & \cdots & a_{2,n}^{s,r} \\ \vdots & \vdots & \ddots & \vdots \\ a_{n,1}^{s,r} & a_{n,2}^{s,r} & \cdots & a_{n,n}^{s,r} \end{bmatrix}, a_{i,j}^{s,r} = z_{i,j}^{s,r} / x_j^r \tag{7-4}$$

$$e = [e^1, e^2, \cdots, e^n]^T \tag{7-5}$$

其中，q 代表出口（e）所拉动的就业或碳排放总效应，即隐含于出
口中的就业人数或碳排放。f 为就业或碳排放强度，由各省份分部门就业
或碳排放强度向量 f^s 构成，是一个 $m \times n$ 维行向量（m 代表部门数，n 代
表省份数）；如式（7-2）所示（上标表示省份，下标表示部门，下同），
其元素 f_j^s 为省份 s 部门 j 的就业人数或碳排放（em_j^s）与相应总产出（x_j^s）
之比[1]。L 为列昂惕夫逆矩阵，又称完全需求矩阵，是一个 $m \times n$ 阶方阵，
由直接消耗系数矩阵（A）推算而来［式（7-3）］；其中，A 由省份间
直接消耗系数矩阵 $A^{s,r}$ 构成，其元素 $a_{i,j}^{s,r}$ 为省份 s 的部门 i 对省份 r 的部门
j 的投入（$z_{i,j}^{s,r}$）与省份 r 的部门 j 的总投入（x_j^r，与相应的总产出相等）

---

[1]　在本书实证研究中，由于 2016 年农业、建筑业及服务业的总产出不可得，无法计算其就业和
　　碳排放强度，故假设 2016 年农业、建筑业、服务业的就业和碳排放强度与 2012 年相同；此
　　外，由于无法使用与其他省份相一致的方法核算西藏的碳排放数据，故借用同年云南的碳
　　排放强度。

之比。出口 e 由各省份分部门出口向量 e^r 构成，是一个 $m \times n$ 维列向量。

对上述公式中的矩阵形式稍加变换，即可得出口对中国各省份的就业与碳排放效应：

$$Q = \begin{bmatrix} Q^{1,1} & Q^{1,2} & \cdots & Q^{1,n} \\ Q^{2,1} & Q^{2,2} & \cdots & Q^{2,n} \\ \vdots & \vdots & \ddots & \vdots \\ Q^{n,1} & Q^{n,2} & \cdots & Q^{n,n} \end{bmatrix} = \widehat{f} \cdot L \cdot \widehat{e} \tag{7-6}$$

$$Q^{s,r} = \begin{bmatrix} q_{1,1}^{s,r} & q_{1,2}^{s,r} & \cdots & q_{1,n}^{s,r} \\ q_{2,1}^{s,r} & q_{2,2}^{s,r} & \cdots & q_{2,n}^{s,r} \\ \vdots & \vdots & \ddots & \vdots \\ q_{n,1}^{s,r} & q_{n,2}^{s,r} & \cdots & q_{n,n}^{s,r} \end{bmatrix} = \widehat{f} \cdot L^{s,r} \cdot \widehat{e^r} \tag{7-7}$$

$$q^{s,\cdot} = \theta_r \cdot \begin{bmatrix} Q^{s,1} & Q^{s,2} & \cdots & Q^{s,n} \end{bmatrix} \cdot \theta_c \tag{7-8}$$

其中，Q 为就业或碳排放效应矩阵，是一个 $m \times n$ 阶方阵，$\widehat{f}$ 与 $\widehat{e}$ 分别为 f 和 e 的对角矩阵；Q 的子块为出口的各省份内和省份间就业或碳排放效应矩阵（$Q^{s,r}$），当 s 与 r 相等时，表示某省份自身出口所拉动的自身就业或碳排放［式（7-6）］；$Q^{s,r}$ 由省份 r 的部门 j 的出口所拉动的省份 s 的部门 i 的就业或碳排放效应（$q_{i,j}^{s,r}$）构成［式（7-7）］。出口对省份 s 的就业或碳排放效应则为国内所有省份的出口对该省份就业或碳排放的拉动效应之和，见式（7-8）；其中，上角标"$s,\cdot$"表示其他所有省份对省份 s 的拉动效应；θ_r 和 θ_c 分别为行求和算子与列求和算子，θ_r 是一个 m 维的全"1"行向量，θ_c 是一个 $m \times n$ 维的全"1"列向量。

2. 出口对省份就业与碳排放效应分解

为追溯出口对某省份就业与碳排放效应的影响路径，本书进一步将出口对省份的就业与碳排放效应（$q^{s,\cdot}$）按照地区和部门两个维度进行分解。

按照地区维度分解如下：

$$q^{s,\cdot} = \sum_{r=1}^{n} q^{s,r} = \sum_{r=1}^{n} \left(\sum_{i=1}^{m} \sum_{j=1}^{m} q_{i,j}^{s,r} \right) \tag{7-9}$$

按照部门维度分解如下：

$$q^{s,\cdot} = \sum_{i=1}^{m} q_{i,\cdot}^{s,\cdot} = \sum_{i=1}^{m} \left(\sum_{r=1}^{n} \sum_{j=1}^{m} q_{i,j}^{s,r} \right) \qquad (7-10)$$

其中，$q^{s,r}$ 表示省份 r 的出口所拉动的省份 s 的就业或碳排放；$q_{i,\cdot}^{s,\cdot}$ 则表示出口所拉动的省份 s 的部门 i 的就业或碳排放；$q_{i,j}^{s,r}$ 为出口的就业或碳排放效应矩阵（$Q^{s,r}$）的元素。为清楚起见，将出口所拉动的某省份的就业或碳排放效应分解为图 7.1。

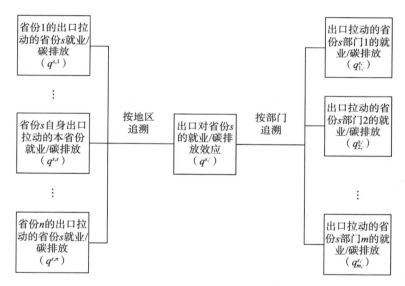

图 7.1　出口对省份就业与碳排放效应的分解图示

3. 出口对省份就业与碳排放的贡献率

为识别出口对各省份就业与碳排放影响效应的不平衡性，本书引入出口对省份的就业贡献率和碳排放贡献率两个指标，即出口拉动的就业或碳排放在相应省份就业或碳排放总量中的占比，如式（7-11）所示：

$$c^s = q^{s,\cdot} / em^s \qquad (7-11)$$

其中，c^s 代表出口对省份 s 的就业贡献率或排放贡献率，em^s 代表省份 s 的就业总量或碳排放总量，$q^{s,\cdot}$ 的含义同式（7-9）。

4. 出口增加值及其在省份与部门层面的分解

出口增加值是指省份通过直接或间接参与出口产品的生产所获得的增加值，将上述社会—环境拓展的多区域投入产出模型中的就业或碳排放强度替换为增加值率，即可得出口增加值的核算方法：

$$V^{s,r} == \hat{fv^s} \cdot L^{s,r} \cdot \hat{e^r} \tag{7-12}$$

$$fv_j^s = va_j^s / x_j^s \tag{7-13}$$

$$v^{s,\cdot} = \sum_{r=1}^{n} v^{s,r} = \theta \cdot V^{s,r} \cdot \theta^T \tag{7-14}$$

$$v_{i,\cdot}^{s,\cdot} = \sum_{r=1}^{n} \sum_{j=1}^{m} v_{i,j}^{s,r} \tag{7-15}$$

与出口拉动的就业和碳排放效应类似，其中 $V^{s,r}$ 表示省份 r 的出口所拉动的省份 s 的增加值，fv^s 表示省份 s 的增加值率行向量，为该省份各部门增加值（va_j^s）与相应总投入（x_j^s）之比［式（7-13）］。相应地，有省份 s 的出口增加值 $v^{s,\cdot}$［式（7-14）］及其部门 i 的出口增加值 $v_{i,\cdot}^{s,\cdot}$［式（7-15）］。

（二）数据资料

1. 中国省级多区域投入产出表

目前，我国省级多区域投入产出表只更新到 2012 年。因此，本书采用国务院发展研究中心编制的 2012 年中国省级多区域投入产出表[292]作为核心数据，并在此基础上借助其他相关统计数据补充 2016 年所需投入产出变量。

对于 2016 年各省份工业部门总产出数据（X），主要借助《中国工业统计年鉴 2017》中的工业销售总产值来估计。考虑到投入产出模型中的总产出与工业销售总产值概念内涵的差异，研究借助 2012 年投入产出模型的总产出与工业销售总产值的比例关系推算 2016 年的总产出，即 $(x_j^s)_{2016} = [(x_j^s)_{2012} / (sx_j^s)_{2012}] \times (sx_j^s)_{2016}$，其中 x_j^s 表示相应年份省份 s 部

门 j 的总产出，sx_j^s 表示相应年份省份 s 部门 j 的工业销售总产值。对于列昂惕夫逆矩阵（L），考虑到 2012 年的中间投入结构数据基于投入产出调查，可靠性较高，且中间投入结构在 4 年间发生显著变化的可能性较低，因此本书假设 2016 年的列昂惕夫逆矩阵与 2012 年一致，借用 2012 年的列昂惕夫逆矩阵。2016 年分省份分部门的出口向量来自中国商务部。

2. 中国各省份分部门就业人数

各省份分部门就业人数需根据相应年份的《中国劳动统计年鉴》及各省份统计年鉴的就业数据进行估计。各省份均不具备与本书所采用的省级多区域投入产出表的部门分类层级相当的分部门就业数据，且基本情况各有不同——有些省份具有部门划分较粗的分部门就业人数（约 19 个部门），有些省份仅具有三次产业的就业人数，但所有省份都具有部门划分较粗的"私营企业和个体分行业就业人数"（7 个部门）以及部门划分较为详细的"城镇单位分行业就业人数"（57 个部门）。基于此，本书首先利用"城镇单位分行业就业人数""私营企业和个体分行业就业人数""第一产业就业人数"等信息估得与投入产出部门划分一致的各省份就业人数部门结构，进而根据各省份基础数据的不同情况进行拆分。对于有分行业（19 部门）就业数据的，利用上述细分的部门结构拆分各省份总体分行业就业人数；对于有三次产业就业人数数据的，利用上述细分的部门结构对三次产业就业人数进行拆分；对于只具有就业总人数的，利用上述细分的部门结构拆分各省份总就业人数。

3. 中国各省份分部门碳排放量

各省份分部门的碳排放数据包含两个主要部分：一是化石能源燃烧所产生的 CO_2 排放；二是水泥生产过程所产生的 CO_2 排放。本书采用 Pan 等（2018）[84] 所提供的方法来估计各省份分部门的碳排放量，其中，核算化石能源燃烧所产生 CO_2 排放的基础数据取自相应年份的《中国能源统计年鉴》、各省份统计年鉴以及《中国经济普查年鉴 2008》。核算水泥生产过程所产生 CO_2 排放的基础数据来自相应年份的《中国水泥年鉴》和中国水泥研究院。

四　研究结果及分析

（一）出口对中国省份的就业效应

通过价值链的传导，出口对各省份就业的影响效应有所不同。本节将以此为着眼点，尝试从价值链分工的视角考察出口对中国各省份就业的影响效应及其路径分解。

2012～2016年，出口对各省份就业的影响效应（$q^{s,\cdot}$）总体上呈现东部省份最高、中部次之、西部最低的区域特征。2012～2016年，出口所拉动就业的区域特征基本一致。图7.2展示了出口对各省份的就业效应及其构成，可以看出，出口为东部省份带来的就业量最大，如广东、江苏、浙江、山东等。2016年，广东、浙江、江苏和山东由出口拉动的就业分别占全国由出口拉动的就业人数的19.65%、10.61%、8.90%和8.86%。其次是中部地区，以河南和安徽最为突出，河南更是于2016年进入出口拉动就业排名前五的队列，占全国出口所拉动就业人数的5.83%。相比较而言，西部省份通过参与出口拉动的价值链所获得的就业人数显著较少，而东北三省之间的差异较大，未见明显的区域特征。从2012～2016年的变化来看，出口对大多数省份就业的影响有所下降，而仅对个别省份的就业起到了较明显的拉升作用。研究期内，18个省份的就业受出口的拉动作用有所下降，尤其是东部省份，除河北以外的所有东部省份由出口拉动的就业均有所下降。其中，广东、江苏、福建等省份由出口拉动的就业均出现了较为明显的下降，下降率分别为14.93%、21.16%和27.84%。除云南以外的西南省份的出口拉动就业也均呈现下降态势。出口拉动就业增幅较为明显的为河北、山西、辽宁及云南等省份，未见显著的区域特征。但值得注意的是，西北地区大多数省份由出口拉动的就业人数有小幅上升，与西南地区呈现不同的变化特征。

从拉动力的来源地来看（$q^{s,r}$），出口对各省份就业的影响途径具有

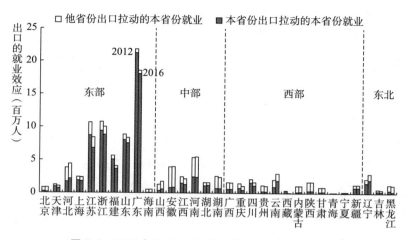

图 7.2　2012 年和 2016 年出口的就业效应及其构成

三个主要特征。一是自身经济较为发达、产业链较为完备且处于产业链下游的省份的出口拉动就业主要来源于自身的直接出口。例如东部的广东、福建、山东、浙江、江苏、上海等省份，以 2016 年为例，其自身出口所拉动的就业人数占到其出口拉动总就业人数的 70% 以上。二是省际贸易联系较弱的省份由出口拉动的就业也主要来源于自身出口，这类省份与国内其他省份经济联系不足，参与出口拉动价值链分工的程度较浅。例如西藏自治区，2016 年，仅有 15.94% 的出口拉动就业来自其他省份的间接拉动。三是经济欠发达且自身出口量较小，但与国内其他省份经济联系较强的省份，其由出口拉动的就业中有相当高的比例来源于其他省份的间接拉动。这类省份以大多数中西部省份为典型，如中部的安徽、西部的贵州等，其由出口拉动的就业中有较大比例来源于其他省份出口的间接拉动，尤其是受到广东省和长三角地区出口的拉动。

从部门层面来看（$q_k^{s,i}$），省份通过参与出口获得就业的主要部门与其自身的产业结构有关，有三类部门由出口拉动的就业较多。一类是劳动较为密集的服务业部门。大多数省份的"农林牧渔产品和服务""批发和零售"两个部门由出口拉动的就业最多。2016 年，多达 26 个省份出口拉动就业人数最多的部门是"农林牧渔产品和服务"；"批发和零售"则位居 17 个省份出口拉动就业人数的第二大部门。"交通运输、仓储和邮政"也跻身 12 个省份的出口拉动就业人数的前五部门之列。另一类是虽为技术密集或资本密集型产业，但相关省份所处的生产环节为劳动较密集环节的制造业部门。这类部门以"通信设备、计算机和其他电子设备"为代表，2016 年，该部门位居 12 个省份由出口拉动就业人数排名前五的部门，成为东部的天津、上海、广东、江苏，中部的河南，以及西南部的重庆、四川等省份排名第一或第二的部门。还有一类是出口量较大的制造业部门。典型部门有"化学产品"、"金属冶炼和压延加工品"及"纺织服装鞋帽皮革羽绒及其制品"等，这几个部门在中国的出口结构中占有较大比重。

（二）出口对中国省份的碳排放效应

出口的碳排放效应经过价值链的传导，对各省份碳排放的影响效应亦有所不同。本节将尝试从价值链分工的视角考察出口对中国各省份碳排放影响效应的大小及其路径分解。

2012～2016 年，出口拉动碳排放的主要排放地（$q^{s··}$）分布在经济体量及出口规模较大的东部沿海省份或煤矿资源较为富集的省份，中部省份次之，大多数西部省份较低，东北三省之间差异较大（见图 7.3）。2012 年，出口拉动碳排放量排名前五位的省份均位于东部，依次为广东、江苏、山东、浙江以及河北，分别占 2012 年中国出口拉动碳排放总量的 13.19%、11.23%、9.31%、7.61% 和 7.19%。2016 年，广东的出口碳排放效应降幅达 17.82%，辽宁则替代山东进入了前五名的队列。此外，西部的内蒙古，中部的河南、安徽和山西也因煤矿资源丰富而有着较高的出口拉动碳排放。其他省份由出口拉动的碳排放则显著较低，尤其是西部省份，除内蒙古以外均位于较低的排放水平。从年际变化来看，2016 年，虽然全国由出口拉动的碳排放总量略有上升，但超过半数省份的出口拉动碳排放相较于 2012 年有所下降。2012～2016 年，出口拉动碳排放有所下降的省份多位于东部地区和西南地区，其中降幅最为显著的为广东、山东、福建和重庆等省份。出口拉动排放呈现较大增幅的省份多为矿业资源富集省份，如辽宁、河北、山西等省份。中部地区的出口拉动碳排放总体上有所上升，也是上升省份的数量及比例最高的区域，仅湖北和湖南两省有极小幅度的下降。值得注意的是，西北各省份由出口拉动的碳排放总体上也有所上升，与同为西部的西南地区呈现相反的变化特征。

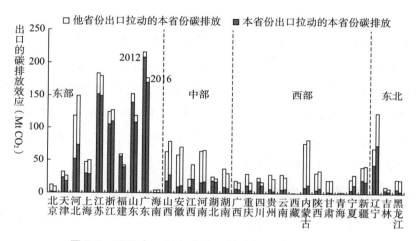

图 7.3　2012 年、2016 年出口的碳排放效应及其构成

从拉动力来源地的角度来看（$q^{s,r}$），出口对各省份碳排放的主要影响途径有所不同。以直接拉动为主要影响途径的省份主要包括东部沿海的出口大省，这些省份多处于出口产业链条的下游，其碳排放主要受到自身出口的直接拉动，且其出口往往对其他省份的碳排放有较大影响。比较典型的如江苏、浙江、广东等东部沿海省份，2016 年，其出口拉动碳排放中受自身出口直接拉动的比例均高达 80% 以上。大多数中西部省份、个别东部省份以及东北省份的出口拉动碳排放中则有较高比例受到其他省份出口的间接影响，其中大多数省份呈现这一特征的主要原因是其位于出口产业链的上游，且其中相当数量的省份以高碳排放部门为参与出口拉动价值链分工的主要方式。例如东部的河北、东北省份以及大多数中西部省份，这些省份参与出口拉动价值链的主要部门为煤炭、石油、钢铁等部门，且主要通过参与东部沿海出口大省所引领的价值链来间接地参与出口。

从部门层面来看（ q_{i*}^{r*} ），各省份出口拉动碳排放均以碳排放强度较高的部门为主，主要受到自身碳排放强度不高但产业链碳排放强度较高的部门的影响。由于几乎所有出口产品的生产过程中均有电力的投入，因此"电力、热力的生产和供应"部门成为出口拉动碳排放的第一大来源部门。2016 年，多达 23 个省份由出口拉动的碳排放第一大部门为"电力、热力的生产和供应"。此外，"金属冶炼和压延加工品"也是出口拉动碳排放的一个主要部门，该部门自身碳排放强度高，且具有较大的直接与间接出口规模；2012 年与 2016 年，分别有 9 个省份和 6 个省份以该部门为出口拉动碳排放的第一大部门，主要分布在中西部地区。除此之外，"化学产品"、"交通运输、仓储和邮政"以及"非金属矿物制品"由出口拉动的碳排放量也较为突出。

（三）出口对中国省份的就业与碳排放贡献率

通过前文的分析能够发现，出口对中国各省份就业与碳排放的影响效应有所不同，且呈现较为明显的区域差异——东部省份获得的就业相对较多，排放的 CO_2 也较高，且以自身出口的直接拉动为主；中西部省份获得就业及碳排放量相对较低，且以东部省份出口的间接拉动为主。在上述区域差异之外，一些省份又具有与所在区域其他省份不甚一致的特征。那么，考虑到经济规模、产业结构等的不同，出口对各省份就业与碳排放的贡献率有何特征？是否也存在显著区域差异？是否存在就业与碳排放贡献率之间的不平衡？这些特征与各省份参与价值链的程度及方式有何关系？这是本节将尝试回答的问题。

2012 年与 2016 年，出口对各省份就业与碳排放的贡献率总体上呈现东部省份显著较高，中部与东北省份次之，西部省份最低的特征（见表 7.1）。研究期内，出口对各省份就业与碳排放的贡献率位居前 5 位的省份几乎均位于东部地区，包括广东、浙江、江苏、福建和上海。2012 年，出口对东部各省份就业与碳排放的平均贡献率分别为 21.37% 和

24.31%，远高于全国平均贡献率——12.73%和16.63%。其次是中部和东北各省份，其中，出口对中部省份就业和碳排放贡献率较为一致，而东北三省之间则呈现较大差异。出口对西部各省份就业和碳排放的贡献率最低，2012年平均值仅分别为6.87%和11.79%。从研究期内的变化来看，2012～2016年，出口对大多数省份就业的贡献率有所下降，其中东部省份降幅最大；与此同时，出口对中国碳排放的总体贡献率微幅上升，虽然东部大多数省份及西南各省份有所下降，但几乎所有中部省份均呈现上升态势。具体分省份来看，出口对就业贡献率降幅最为显著的多为东部省份，如广东、福建、天津、上海及江苏等，这可能与加工贸易出口的下降有关——2012～2016年，加工贸易出口额在中国出口总额中的比重下降了8个百分点。对碳排放而言，首先，出口对除湖南以外的其他中部省份碳排放的贡献率均有较为显著的上升。其次，虽然出口对大多数东部省份碳排放的贡献率有所下降，其中以广东和福建最为显著，但河北和上海出现了较为明显的上升。此外，出口对西南各省份碳排放的贡献率均出现下降迹象，西北各省份未见统一态势。

表7.1　出口对中国省份的就业与碳排放贡献率（c^s）

单位：%

地区		出口对碳排放贡献率		出口对就业贡献率	
		2012 年	2016 年	2012 年	2016 年
东部	北京	11.39	9.66	7.38	6.81
	天津	19.54	16.27	15.44	11.30
	河北	16.49	20.95	9.28	10.48
	上海	22.77	25.15	21.62	17.27
	江苏	28.84	26.84	22.42	17.68
	浙江	32.97	34.58	29.15	26.66
	福建	24.82	18.59	21.89	14.51
	山东	17.10	14.10	13.50	12.59
	广东	40.72	32.88	36.59	29.58
	海南	10.30	10.97	11.04	10.00

续表

地区		出口对碳排放贡献率		出口对就业贡献率	
		2012 年	2016 年	2012 年	2016 年
中部	山西	13.55	17.94	7.18	9.24
	安徽	16.46	17.84	9.39	9.18
	江西	12.53	20.20	9.61	8.16
	河南	12.04	13.45	8.60	8.18
	湖北	6.25	6.94	4.33	4.37
	湖南	12.29	9.44	6.39	6.03
西部	广西	8.76	7.51	5.93	5.61
	重庆	16.61	9.82	9.04	6.33
	四川	6.84	5.11	4.46	3.46
	贵州	11.61	7.97	6.53	5.52
	云南	12.96	12.49	7.13	9.90
	西藏[①]	–	–	19.66	2.98
	内蒙古	11.91	14.21	8.42	7.45
	陕西	11.72	13.49	8.27	8.27
	甘肃	12.59	12.56	6.04	5.99
	青海	4.07	2.82	2.92	3.05
	宁夏	15.91	20.80	4.94	4.79
	新疆	15.02	10.90	12.85	10.36
东北	辽宁	13.75	26.66	9.12	12.71
	吉林	4.21	3.57	4.32	3.48
	黑龙江	7.80	7.17	6.25	5.70
东部平均		24.31	22.96	21.37	18.03
中部平均		12.11	14.29	7.66	7.49
西部平均		11.79	11.04	6.87	6.37
东北平均		9.91	15.79	7.00	7.88
全国平均		16.63	16.96	12.73	11.34

由上述分析能够看出，出口对中国省份就业与碳排放的贡献率存在不平衡的现象，具体表现在以下几个方面。

第一，出口对各省份就业与碳排放的贡献率有明显的区域差异，呈

---

① 如研究数据中所述，由于无法使用与其他省份相一致的方法核算西藏的碳排放数据，故此处不纳入出口对西藏的碳排放贡献率。

现东高西低、南高北低的总体特征。东部沿海省份出口地理位置优越，参与价值链分工的程度较高，作为中国的主要出口区域，出口对东部沿海省份就业和碳排放的贡献率均远高于其他区域。中西部省份虽然间接地参与了由东部省份引领的出口价值链分工，但出口对其就业和碳排放的贡献率远低于东部省份。在区域内部，尤其是西部地区内部，也出现了区域分化。出口对南北省份的就业与碳排放的贡献率呈现差异性，这与南部省份参与价值链分工的程度相对较高有关，且与近年来我国经济增速呈现南高北低的特征相吻合。

第二，出口对大多数省份就业的贡献率显著低于对碳排放的贡献率。2012～2016年，出口对几乎所有省份就业的贡献率均低于碳排放。以同期出口对省份增加值的贡献率（即出口依存度）①为参照可以发现，出口对碳排放的贡献率多高于对增加值的贡献率，而对就业的贡献率多低于对增加值的贡献率。可见，出口对中国省份就业与碳排放的贡献率有失平衡，各省份在参与出口拉动的价值链分工的过程中，所付出的碳排放量较大，而获得的就业较少。虽然这与出口企业的劳动生产率较高有关，但也反映出中国在全球价值链中的分工在一定程度上仍处于环境效率较低的位置。

第三，出口对大多数省份就业与碳排放贡献率的差异呈现扩大态势。2012年，出口对东部、中部、西部以及东北地区的平均碳排放贡献率分别为就业的1.14、1.58、1.72和1.42倍。但到了2016年，除西部地区两者的差异基本不变外，东部、中部和东北地区分别扩大至1.27、1.91和2.00倍。西部地区这一差异未扩大主要是由于出口对西南各省份就业与碳排放的贡献率均有所下降，但碳排放的下降幅度更大。

第四，出口对就业与碳排放贡献率之间的失衡也存在区域差异，在中西部省份表现更为突出。虽在2016年存在扩大态势，出口对东部省份

———————————

① 与就业碳排放类似，出口对省份增加值的贡献率（出口依存度）是指某省份的出口增加值在其地区生产总值中的占比。

的就业与碳排放贡献率的差异始终最小，而大多数中西部省份的这一差异明显大于东部省份。可见，虽然出口对各省份就业与碳排放的贡献率均存在差异，但这一差异在欠发达的中西部省份更为突出。除此之外，从各省份出口拉动的就业与碳排放绝对量的比值也能够看出，东部省份在付出更少碳排放的同时获得了更多的就业，其次是中部省份，西部的西南省份则明显高于西北。这一区域差异与中国各省份参与价值链分工的方式有关，东部省份以电子信息、化学产品、纺织服装等部门的直接参与为主（见表 7.2），碳排放强度相对较低；而中西部省份则以金属冶炼、电力生产、石油和煤炭开采等资源型部门的间接参与为主，碳排放强度相对较高。

表 7.2　各省份出口增加值的主要部门（ v_{ri}^{e} ，2016 年）

区域	省份	排名前 3 的部门	区域	省份	排名前 3 的部门
东部	北京	批零；金融；电热	西部	广西	农业；金冶；通信
	天津	通信；批零；金冶		重庆	通信；批零；金冶
	河北	金冶；农业；金采		四川	通信；化工；金冶
	上海	通信；批零；化工		贵州	煤采；电热；农业
	江苏	化工；通信；金冶		云南	农业；金冶；食品
	浙江	化工；纺织；金融		西藏	金采；农业；服装
	福建	服装；农业；通信		内蒙古	煤采；金冶；批零
	山东	化工；农业；批零		陕西	煤采；通信；石油
	广东	通信；电气；服装		甘肃	金冶；电热；石油
	海南	农业；石焦；批零		青海	石油；金冶；农业
中部	山西	煤采；交通；金冶		宁夏	煤采；电热；金冶
	安徽	金冶；农业；电气		新疆	石油；农业；服装
	江西	金冶；化工；农业	东北	辽宁	金冶；化工；农业
	河南	通信；金冶；农业		吉林	交设；农业；食品
	湖北	通信；化工；农业		黑龙江	石油；农业；批零
	湖南	金冶；农业；批零			

注：2012 年各省份出口增加值的主要部门与 2016 年差异很小，故仅展示 2016 年数据；"批零"代表"批发和零售"，"电热"代表"电力、热力的生产和供应"，"通信"代表"通信设备、计算

机和其他电子设备","金冶"代表"金属冶炼和压延加工品","农业"代表"农林牧渔产品和服务","金采"代表"金属矿采选产品","煤采"代表"煤炭采选产品","交设"代表"交通运输设备","交通"代表"交通运输、仓储和邮政","石油"代表"石油和天然气开采产品","石焦"代表"石油、炼焦产品和核燃料加工品","化工"代表"化学产品","纺织"代表"纺织品","电气"代表"电气机械和器材","服装"代表"纺织服装鞋帽皮革羽绒及其制品","食品"代表"食品和烟草"。

五 结论与讨论

通过以上对 2012～2016 年出口对我国各省份的就业与碳排放效应的分析，回答本章开篇提出的三个问题。①出口贸易为我国各省份带来了怎样的就业与碳排放效应？结果显示，东部省份作为中国出口的主要地区，在通过自身大量的直接出口获取增加值的同时，也获得了相对较多的就业，并付出了大量的碳排放；相比较而言，中西部省份通过直接或间接参与出口所获得的增加值较低，同时所获得就业及付出的碳排放量也较低，且以东部省份出口的间接拉动为主。②出口对我国省份就业与碳排放的相对贡献之间是否存在不平衡？分析发现，出口对各省份就业与碳排放的相对贡献的确存在显著的不平衡现象，体现为出口对各省份就业贡献率总体上低于碳排放贡献率，且从时间维度看，多数省份的这一不平衡现象呈现扩大态势。③出口对我国各省份就业与碳排放的相对贡献是否存在区域间的不平衡？本书发现的确存在这一不平衡现象。具体表现为：一方面，出口对省份就业与碳排放的贡献率总体上呈现东高西低、南高北低的特点；另一方面，出口对中西部省份就业与碳排放贡献率之间的不平衡程度显著大于东部省份。

根据上述结论，结合我国区域经济发展特征，得到以下几条典型化事实。

第一，出口对各区域就业与碳排放影响的不平衡是由区域在价值链中的分工决定的。目前看来，出口对我国区域就业与碳排放的影响不平衡程度较为明显，整体上仍处于对碳排放的影响高于对就业的贡献的阶段，一个重要原因为我国产业在全球价值链体系中整体上仍处于附加值较低的环节[293]。

第二，出口对各区域就业与碳排放效应的不平衡程度的不同取决于区域在价值链分工中所处的链条、环节、位置等的不同。这从东部省份与中西部省份的对比中可见一斑。东部省份在全球价值链分工中所处链条的技术密集度更高、所处环节更靠近下游，从而出口对其碳排放与就业影响之间的不平衡程度较小；而中西部地区主要承担向东部主要出口省份提供资源和能源的角色，参与程度较浅、分工位置更靠近价值链上游，决定了出口对其就业与碳排放影响的不平衡程度更高。

第三，区域参与价值链分工的不同受到其发展阶段、资源禀赋、地理位置、产业政策等因素的影响。由于地理位置优势与先行开放政策，我国东部沿海省份率先走向海外市场，通过参与全球价值链分工迅速积累了资本；资本的有效积累反过来促进其生产力提高，逐步提升了其在全球价值链分工中的位置。内陆省份对外开放较晚且能源资源较为富集，从而在价值链分工中所处位置更加靠近上游，生产方式更为粗放。

从上述结论与典型化事实中得出这样几个政策启示。第一，区域不平衡发展不仅体现在经济上，而是综合反映在经济、社会与环境多个维度，关注区域不平衡发展应从多个角度加以衡量。第二，缓解出口对我国就业与碳排放不平衡性的途径之一是因地制宜地调整产业结构、促进产业升级，以提升各区域在全球价值链中的位置；同时注重发挥价值链的正向传导作用，使其成为促进地区经济、社会、环境平衡发展的有效工具。第三，区域发展政策应兼顾经济、社会与环境效应，具备系统性与前瞻性。未来，在2030年碳达峰与2060年碳中和目标约束下的高质量发展进程中，我国区域产业结构将发生重大变革，各区域在促进产业结构绿色化、推进产业体系现代化的同时，还应关注其对就业等社会问题的影响。

此外，本书仍有一些空白留待后续研究。2015年提出的供给侧改革强调"着力提高供给体系质量和效率，增强经济持续增长动力"，此后我国区域产业结构发生了较大变化，排放强度显著下降；但产业转移的过程中也出现了污染避难所现象[294]。此外，近几年来，中美贸易摩擦、新冠疫情等对全球价值链分工的冲击与重塑，已经并将继续对我国区域经济、社会与环境的协同发展产生影响。由于数据限制，本书的研究区间尚不足以反映上述政策及事件的作用效果，可待数据可得时，基于本书所提供的分析框架再做讨论。本书在分析中做了中间投入结构不变的假定，虽然在较短时期内，中间投入结构相对稳定，但该假定仍不可避免地为分析结果带来一定误差，本书将在数据更新后放宽这一假设，对研究结果加以检验。

第八章

省际贸易视角下的中国省份
碳排放驱动因素

一 引言

本书开篇阐述了中国严峻的二氧化碳减排形势，在国际减排承诺和国内民众对改善环境质量的呼声的双重压力下，中国控制二氧化碳排放量的压力仍然很大。虽然有研究发现中国的碳排放可能已经达峰[295]，但庞大的碳排放基数决定了中国减排的努力仍然不可放松。为此有必要厘清中国碳排放新的变化背后的主要驱动力。通过第五章的研究发现，中国各省份生产侧和消费侧的碳排放，以及省份之间碳排放转移的特征已经发生了变化。省际碳排放转移由 2002～2007 年的出口与投资主导转变为 2007～2012 年的投资主导；中西部省份逐渐对中国的碳排放发挥越来越重要的作用。这些变化启示，中国碳排放的驱动力可能也已发生了变化。

那么，中国二氧化碳排放新的态势背后的推动力是什么？在各省份生产侧、消费侧碳排放及省际碳排放转移已经发生变化的情况下，中国碳排放变化的驱动力是否发生了变化？这些潜在的新的变化对中国的减排工作有何启示？有必要对这些问题进行探讨。

已有关于中国碳排放增长的驱动因素的研究发现，2002～2007 年，约 22% 的碳排放与中国的出口相关[296,297]，最终需求规模的增长引起了大量的二氧化碳排放增长。而二氧化碳排放强度降低部分抵消了这一增长，此外，生产技术的改变也导致了碳排放的增长[42,139]。2007 年之后，出口对中国碳排放的影响有所减弱，而投资的影响大幅增加，紧随其后，最终消费对碳排放增长的影响也有所增强[147]。这期间，出口隐含碳排放趋于稳定的主要原因是出口规模增长的放缓、中国二氧化碳排放强度的改善及可能的生产技术的改善[83,145,151]。中国的地区之间通过贸易影响着彼此的碳排放，一些地区的最终需求的产品结构、规模、偏好以及生产技术等的变化会对其他地区的碳排放造成或促进或抑制的影响[143]。

然而，尚未有研究在省份和部门层面深入探索中国碳排放新变化背后的驱动因素，以及在产业转移和省际贸易渐增的背景下，导致中国碳排放增长的主要矛盾的改变。

研究碳排放变化的驱动因素的一个常用方法是结构分解分析（Structural Decomposition Analysis，SDA）[145,291]，该方法基于投入产出模型，能够将碳排放的变化量分解到二氧化碳排放强度、生产技术、需求等因素，从而识别出引起碳排放变化的主要因素。但若将一般结构分解分析框架用于多区域的分析，会造成生产技术和来源地构成、最终需求结构和来源地构成的碳排放效应的混合，这不仅使产品来源地的变化对碳排放的影响无从知晓，也可能掩盖一些重要的变化。因此，本书利用第三、第四两章所构建的中国省级多区域投入产出模型及省份分部门二氧化碳排放，采用两阶段六因素的结构分解分析方法，尝试从二氧化碳排放强度、生产技术、中间品来源结构、最终品来源结构、最终需求产品结构以及最终需求规模等因素分析 2002~2012 年中国碳排放增长的驱动力及潜在的主要矛盾的转变，并在此基础上讨论新的驱动特征对中国二氧化碳减排政策的启示。

二　研究方法和数据

（一）研究方法

为探究贸易对中国碳排放的影响，本书采用 Arto 和 Dietzenbacher

(2014)[298] 及 Hoekstra 等（2016）[24] 所提出的方法，在结构分解分析一般模型的基础上，将生产技术和最终需求结构进一步分解至产品结构和产品来源结构。具体地，将混合了部门和地区的混合生产技术分解为纯生产技术（为方便描述，下文称此纯生产技术为生产技术）和中间品来源结构，将混合了部门和地区的最终需求结构分解为最终需求产品结构和最终品来源结构。

1. 两阶段六因素的结构分解分析

如本书第二章所述，结构分解分析的分解形式并不唯一[38,39]，对于一个包含 b 个因素的分解，共有 $b!$ 种不同的分解形式。每个因素所产生的效应的衡量由两部分构成：一部分是该因素（本书称之为被衡量因素）在起始年份与截止年份之间所发生的变化量，另一部分是其他各因素（本书称之为效应因素）在起始年份或截止年份的水平。分解形式的不确定性恰是由效应因素取起始年份或截止年份的水平而造成的。根据 Rørmose 和 Olsen（2005）[119] 的研究，每个因素有 2^{b-1} 种不相重复的分解形式，每种分解形式出现的次数可依据效应因素取起始年份水平的个数（ k ）得出——$(b-1-k)! \cdot k!, k = 0, 1, \cdots, b-1$ 。

本书共涉及 6 个因素，分解分为两个阶段。第一个阶段中，将二氧化碳排放量的变化分解至二氧化碳排放强度、混合生产技术、最终品来源结构、最终需求产品结构及最终需求规模 5 个因素，共有 $5! = 120$ 种分解形式，每个因素有 $2^{5-1} = 16$ 种不相重复的分解形式；第二个阶段将混合生产技术进一步分解为中间品来源结构和生产技术两个因素，因此中间品来源结构和生产技术将分别有 $2^{5-1} \times 2^{2-1} = 32$ 种不相重复的分解形式。

分解形式的不唯一性是结构分解分析不确定性的重要来源，考虑到展示不确定性的必要性，与 Hoekstra 等（2016）[24] 不同，本书选用 D&L[38] 方法来应对分解形式的不唯一性，该方法考虑所有可能的分解形式，不仅能获得与 Sun 法[39] 完全一致的分解结果（所有分解形式的算术平均值)[40]，而且能够展现各因素对碳排放影响效应的波动范围。

以下详细说明两阶段六因素的一般分解方法。

第一阶段：将二氧化碳排放量的变化（Δq）分解为二氧化碳排放强度变化效应（D_f）、混合生产技术变化效应（D_L）、最终品来源结构变化效应（D_{ysrce}）、最终需求产品结构变化效应（D_{ysec}）及最终需求规模变化效应（D_{yv}）。式（8－1）为碳排放的核算方法，在第二章所介绍的基本方法的基础上，将最终需求（y）分解为最终品来源结构（y_{srce}）、最终需求产品结构（y_{sec}）以及最终需求规模（y_v）。

$$q = fLy = fL(y_{srce} \odot y_{sec})y_v \tag{8－1}$$

其中，q 表示二氧化碳排放量。f、L、y 分别为二氧化碳排放强度（包含 $m \times n$ 个元素的行向量；m 表示部门数目，n 表示地区数目）、混合生产技术（$m \times n$ 维的方阵）和最终需求（包含 $m \times n$ 个元素的列向量），"$\odot$"代表矩阵的点乘。y_v 为最终需求规模，$y_v = \sum_s \sum_i y_i^s$，其中 y_i^s 是 y 的元素，代表地区 s 对产品 i 的最终需求，$i = 1,2,\cdots,m$；$s = 1,2,\cdots,n$。y_{sec} 代表最终需求的产品结构，其含义为各部门产品在最终需求中的占比，并将其纵向重复 n 次，其计算方法如式（8－2）所示：

$$y_{sec} = \underbrace{\left(\sum_s y_1^s/y_v \quad \sum_s y_2^s/y_v \quad \cdots \quad \sum_s y_m^s/y_v \mid \cdots \mid \sum_s y_1^s/y_v \quad \sum_s y_2^s/y_v \quad \cdots \quad \sum_s y_m^s/y_v \right)}_{\text{重复}n\text{次}}^T$$

$$\tag{8－2}$$

y_{srce} 代表最终品来源结构，其含义为从各地区购入的产品在最终需求各部门产品中的占比，计算方法如式（8－3）所示。

$$y_{srce} = \left(y_1^1 \Big/ \sum_s y_1^s \quad y_2^1 \Big/ \sum_s y_2^s \quad \cdots \quad y_1^2 \Big/ \sum_s y_1^s \quad y_2^2 \Big/ \sum_s y_2^s \quad \cdots \quad y_m^n \Big/ \sum_s y_m^s \right)^T \tag{8－3}$$

需要说明的是，存在某地某部门的最终需求为零的情况，这时会导致计算最终品来源结构时分母为零，即 $\sum_s y_i^s$ 为零。在这种情况下，该地该部门的最终品来源结构实际上并不存在，因而其与相邻年份相比也不应有最终品来源结构的变化。因此，本书对这些地区和部门的最终品来源结构取其相邻年份的值。具体地，若发生在研究期起始年份，则取其紧邻年份的值，若其紧邻年份亦存在这种情况，则取次紧邻年份的值，依此类推；若为研究期中间年份，则取其两侧（次）紧邻年份的平均值；若所有年份均存在此情况，则所有年份取 1/地区数目，即 $y_i^s = 1/n$。

进而，Δq 可以表示为：

$$\Delta q = f_1 L_1 (y_{srce1} \odot y_{sec1}) y_{v1} - f_0 L_0 (y_{srce0} \odot y_{sec0}) y_{v0} \tag{8-4}$$

$$= \Delta f L (y_{srce} \odot y_{sec}) y_v + \cdots\cdots\cdots\cdots\cdots D_f \tag{8-5}$$

$$f \Delta L (y_{srce} \odot y_{sec}) y_v + \cdots\cdots\cdots\cdots\cdots D_L \tag{8-6}$$

$$f L (\Delta y_{srce} \odot y_{sec}) y_v + \cdots\cdots\cdots\cdots\cdots D_{ysrce} \tag{8-7}$$

$$f L (y_{srce} \odot \Delta y_{sec}) y_v + \cdots\cdots\cdots\cdots\cdots D_{ysec} \tag{8-8}$$

$$f L (y_{srce} \odot y_{sec}) \Delta y_v \cdots\cdots\cdots\cdots\cdots D_{yv} \tag{8-9}$$

其中，下标"0"代表起始年份，"1"代表截止年份。依照 D&L 法，每个因素的碳排放效应均取所有分解形式的算术平均值。如前文所述，每个因素有 16 种不相重复的分解形式，此处以二氧化碳排放强度变化效应（D_f）为例进行说明（见表 8.1），其他因素与之类似。

表 8.1　二氧化碳排放强度变化碳排放效应的分解形式

下标"0"的个数（k）	分解形式	分解形式出现次数 [$(b-1-k)! \cdot k!$]
0	$\Delta f L_1 (y_{srce1} \odot y_{sec1}) y_{v1}$	24
1	$\Delta f L_0 (y_{srce1} \odot y_{sec1}) y_{v1}$	6
1	$\Delta f L_1 (y_{srce0} \odot y_{sec1}) y_{v1}$	6
1	$\Delta f L_1 (y_{srce1} \odot y_{sec0}) y_{v1}$	6
1	$\Delta f L_1 (y_{srce1} \odot y_{sec1}) y_{v0}$	6
2	$\Delta f L_0 (y_{srce0} \odot y_{sec1}) y_{v1}$	4
2	$\Delta f L_0 (y_{srce1} \odot y_{sec0}) y_{v1}$	4

续表

下标"0"的个数（k）	分解形式	分解形式出现次数 $[(b-1-k)! \cdot k!]$
2	$\Delta f L_0 (y_{srce\,1} \odot y_{sec\,1}) y_{v\,0}$	4
2	$\Delta f L_1 (y_{srce\,0} \odot y_{sec\,0}) y_{v\,1}$	4
2	$\Delta f L_1 (y_{srce\,0} \odot y_{sec\,1}) y_{v\,0}$	4
2	$\Delta f L_1 (y_{srce\,1} \odot y_{sec\,0}) y_{v\,0}$	4
3	$\Delta f L_0 (y_{srce\,0} \odot y_{sec\,0}) y_{v\,1}$	6
3	$\Delta f L_0 (y_{srce\,0} \odot y_{sec\,1}) y_{v\,0}$	6
3	$\Delta f L_0 (y_{srce\,1} \odot y_{sec\,0}) y_{v\,0}$	6
3	$\Delta f L_1 (y_{srce\,0} \odot y_{sec\,0}) y_{v\,0}$	6
4	$\Delta f L_0 (y_{srce\,0} \odot y_{sec\,0}) y_{v\,0}$	24

第二阶段：将混合生产技术变化的碳排放效应（D_L）进一步分解为中间品来源结构变化效应（D_{Lsrce}）和生产技术变化效应（D_{Lsec}）两个因素。这里借由 ΔL 的标准分解方法[291]来实现：$\Delta L = L_0 \Delta A L_1$。其中 A 为直接消耗矩阵。又可将 A 分解为中间品来源结构（A_{srce}）和生产技术（A_{sec}）。从而有：

$$\Delta L = L_0 \Delta (A_{srce} \odot A_{sec}) L_1 \qquad (8-10)$$

$$= L_0 (A_{srce\,1} \odot A_{sec\,1} - A_{srce\,0} \odot A_{sec\,0}) L_1 \qquad (8-11)$$

$$= L_0 (\Delta A_{srce} \odot A_{sec} + A_{srce} \odot \Delta A_{sec}) L_1 \qquad (8-12)$$

其中，A_{sec} 为生产技术，其含义为各地区各部门直接消耗的各部门产品在该地区该部门的总投入（等于总产出）中的比例，即将直接消耗矩阵 A 的行按部门合并（指将 A 中投入部门相同的行相加，消去来源地信息），其计算方法如下：

$$A_{sec\_cell} = \begin{pmatrix} \sum_s a_{1,1}^{s,1} & \sum_s a_{1,2}^{s,1} & \cdots & \sum_s a_{1,1}^{s,2} & \sum_s a_{1,2}^{s,2} & \cdots & \sum_s a_{1,m}^{s,n} \\ \sum_s a_{2,1}^{s,1} & & & \cdots & & & \vdots \\ \vdots & & & \ddots & & & \vdots \\ \sum_s a_{m,1}^{s,1} & & & \cdots & & & \sum_s a_{m,m}^{s,n} \end{pmatrix} \qquad (8-13)$$

其中，$a_{i,j}^{s,r}$ 为直接消耗矩阵 A 的元素；进而，与 y_{sec} 类似，将前述系数纵向重复 n 次，可得：

$$A_{sec} = \left.\begin{pmatrix} A_{sec\_cell} \\ A_{sec\_cell} \\ \vdots \\ A_{sec\_cell} \end{pmatrix}\right\} 纵向重复\ n\ 次 \qquad (8-14)$$

A_{srce} 表示中间品来源结构，其含义为某地区从各地区购入的产品在该地各部门中间投入的产品中的占比，计算方法如式（8-15）所示：

$$A_{srce} = \begin{pmatrix} a_{1,1}^{1,1}/\sum_s a_{1,1}^{s,1} & a_{1,2}^{1,1}/\sum_s a_{1,2}^{s,1} & \cdots & a_{1,1}^{1,2}/\sum_s a_{1,1}^{s,2} & a_{1,2}^{1,2}/\sum_s a_{1,2}^{s,2} & \cdots & a_{1,m}^{1,n}/\sum_s a_{1,m}^{s,n} \\ a_{2,1}^{1,1}/\sum_s a_{2,1}^{s,1} & & & \cdots & & & \\ \vdots & & & & & & \\ a_{1,1}^{2,1}/\sum_s a_{1,1}^{s,1} & & & & \ddots & & \vdots \\ a_{2,1}^{2,1}/\sum_s a_{2,1}^{s,1} & & & & & & \\ \vdots & & & & & & \\ a_{m,1}^{n,1}/\sum_s a_{m,1}^{s,1} & & & \cdots & & & a_{m,m}^{n,n}/\sum_s a_{m,m}^{s,n} \end{pmatrix}$$

$$(8-15)$$

与最终品来源结构类似，在计算中间品来源结构时也会出现分母为零的情况。对此本书采取与最终品来源结构一致的处理方法，即该产品的中间品来源结构取其相邻年份的对应值。

记 $d_{Asrce} = \Delta A_{srce} \odot A_{sec}$，$d_{Asec} = A_{srce} \odot \Delta A_{sec}$，则有：

$$D_L = fL_0 (d_{Asrce} + d_{Asec}) L_1 (y_{srce} \odot y_{sec}) y_v \qquad (8-16)$$

$$= fL_0\, d_{Asrce} L_1 (y_{srce} \odot y_{sec}) y_v + \cdots\cdots\cdots\cdots\cdots D_{Lsrce} \qquad (8-17)$$

$$fL_0\, d_{Asec} L_1 (y_{srce} \odot y_{sec}) y_v \cdots\cdots\cdots\cdots\cdots\cdots D_{Lsec} \qquad (8-18)$$

通过上述两个阶段，可将二氧化碳排放的变化分解到 6 个因素。这

6 个因素可划分为 4 类：①技术变化的碳排放效应，包括二氧化碳排放强度变化效应（ D_f ）和生产技术变化效应（ D_{Lsec} ）；②产品来源结构变化的碳排放效应，包括中间品来源结构变化效应（ D_{Lsrce} ）和最终品来源结构变化效应（ D_{ysrce} ）；③最终需求产品结构变化效应（ D_{ysec} ）；④最终需求规模变化效应（ D_{yv} ）。

2. 中国碳排放驱动因素的省份分解方法

在上述一般性的两阶段六因素结构分解分析的基础上，易得中国省份、全国及不同最终需求的碳排放驱动因素的分解方法，下文对其分解方法逐因素地进行阐述。

由于各因素含义不同，其在省份层面的表征方法也不同，可以分为两类。一类是非最终需求的因素，包括二氧化碳排放强度、生产技术及中间品来源结构。这类因素通过取全国总效应中对应于各个省份的子矩阵来衡量。另一类是与最终需求相关的因素，包括最终品来源结构、最终需求产品结构及最终需求规模。这类因素通过取各省份不同的最终需求矩阵来衡量。表 8.2 详细列出了省份层面各因素碳排放效应的衡量方法。

表 8.2　各因素省份碳排放效应的衡量方法

因素		衡量方法	
技术	二氧化碳排放强度	$D_f{}^s = \left[\ \sum_s \mathrm{diag}(\Delta f) \cdot L \cdot (y_{srce}{}^s \odot y_{sec}{}^s) \cdot y_v{}^s\ \right]^s$	(8－19)
	生产技术	$D_{Lsec}{}^s = \theta \cdot \left[\ \sum_s \mathrm{diag}(f) \cdot L_0 \cdot d_{Asec} \cdot L_1 \cdot \mathrm{diag}(y_{srce}{}^s \odot y_{sec}{}^s \cdot y_v{}^s)\ \right]^{*,s}$	(8－20)
产品来源结构	中间品来源结构	$D_{Lsrce}{}^s = \left[\ \sum_s \mathrm{diag}(f) \cdot L_0 \cdot d_{Asrce} \cdot L_1 \cdot \mathrm{diag}(y_{srce}{}^s \odot y_{sec}{}^s \cdot y_v{}^s)\ \right]^{*,s}$	(8－21)
	最终品来源结构	$D_{ysrce}{}^s = f \cdot L \cdot \mathrm{diag}(\Delta y_{srce}{}^s \odot y_{sec}{}^s \cdot y_v{}^s)$	(8－22)
最终需求产品结构		$D_{ysec}{}^s = f \cdot L \cdot \mathrm{diag}(y_{srce}{}^s \odot \Delta y_{sec}{}^s \cdot y_v{}^s) \cdot \theta^T$	(8－23)
最终需求规模		$D_{yv}{}^s = f \cdot L \cdot (y_{srce}{}^s \odot y_{sec}{}^s) \cdot \Delta y_v{}^s$	(8－24)

式（8－19）～（8－24）中，diag（＊）表示向量的对角化；上标"s"表示地区，$s=1,2,\cdots,n,n+1$，其中，$1,2,\cdots,n$代表省份，$n+1$代表国外（出口），"＊，s"表示所有省份到省份s的关系。由此可知，y_{srce}^{s}、y_{sec}^{s}和y_{v}^{s}分别表示省份s的最终品来源结构、最终需求产品结构和最终需求规模，或出口的来源结构、产品结构和规模。θ代表对省份求和算子，$\theta=e\otimes I_{37}$，其中"$\otimes$"表示克罗内克积，e是一个包含n个"1"的行向量，I_{37}代表37维的单位向量。

式（8－19）表示省份s的二氧化碳排放强度变化的碳排放效应，其含义为该省份二氧化碳排放强度的变化对全国碳排放所产生的影响，D_{f}^{s}是个包含m个元素的列向量，其元素表示各部门二氧化碳排放强度变化的碳排放效应。

式（8－20）表示省份s的生产技术变化的碳排放效应，其含义为该省份生产技术变化对全国碳排放所产生的影响，D_{Lsec}^{s}是一个m维的方阵，其元素表示部门间直接消耗系数的变化的碳排放效应。

式（8－21）表示省份s中间品来源结构变化的碳排放效应，其含义为该省份中间品来源结构的变化对全国碳排放所产生的影响，D_{Lsrce}^{s}是一个$(m\times n)\times m$的矩阵，其元素表示省份s各部门中间品采购地的变化的碳排放效应。

式（8－22）表示省份s最终品来源结构或全国出口来源结构变化的碳排放效应，其含义为该省份最终品来源结构或全国出口来源结构的变化对全国碳排放所产生的影响，D_{ysrce}^{s}是一个包含$m\times n$个元素的行向量，其元素表示省份s或出口各部门最终品采购地的变化的碳排放效应。

式（8－23）表示省份s最终需求产品结构或全国出口产品结构变化的碳排放效应，其含义为该省份最终产品结构或全国出口产品结构的变化对全国碳排放所产生的影响，D_{ysec}^{s}是一个包含m个元素的行向量，其元素表示省份s或出口需求对各部门产品需求比例的变化的碳排放效应。

式（8－24）表示省份s最终需求规模或全国出口规模变化的碳排放

效应，其含义为该省份最终需求规模或全国出口规模的变化对全国碳排放所产生的影响，$D_{yv}{}^s$ 仅包含一个元素。

以式（8-19）至（8-24）为基础，易得各省份最终消费和投资的分解以及各因素在国家层面的总效应。①若分解各省份最终消费和投资，仅须对 $y_{srce}{}^s$、$y_{sec}{}^s$ 和 $y_v{}^s$ 赋以省份 s 最终消费或投资的值。②若衡量国家层面的总效应，仅须对诸因素在省份层面的效应及出口的效应进行求和。即 $D_f = \sum_s D_f{}^s$，$D_{Lsec} = \sum_s D_{Lsec}{}^s$，$D_{Lsrce} = \sum_s D_{Lsrce}{}^s$，$D_{ysrce} = \sum_s D_{ysrce}{}^s$，$D_{ysec} = \sum_s D_{ysec}{}^s$，以及 $D_{yv} = \sum_s D_{yv}{}^s$，其中，$s = 1, 2, \cdots, n, n+1$。

（二）研究数据

本章仍然使用所构建和核算的中国省级多区域投入产出模型和省份分部门碳排放数据，因此不再对数据的基本情况加以赘述。此处以基于国家投入产出模型的结构分解分析对第六章所提到的 2002 年中国电力系统改革对结构分解分析结果的影响加以解释，并详细说明本书对此问题的处理方法。

1. 电力系统改革对结构分解分析的影响

中国于 2002 年启动了电力系统改革，其主要任务之一是将电厂和电网分开[234]。该改革将电厂和电网分成两个系统，且两个系统独立核算，由此产生了该部门供电部分（电网）从生产部分（电厂）购入电力的活动。而在随后的投入产出核算中，电力系统的这两个子系统并未分开统计，从而导致 2007 年和 2012 年的投入产出表①中，电力部门对其自身的直接消耗系数高达 2002 年的 10 倍。这会对这一时期尤其是 2002~2007年基于结构分解分析的碳排放驱动因素研究造成两个主要影响。一是高估电力、热力生产和供应部门二氧化碳排放强度的降低，进而高估其对抑制碳排放的贡献；二是高估电力部门生产技术的变化对碳排放的促进

——————————

① 这里指国家投入产出表。

作用。这里以 2002～2007 年基于国家投入产出表的中国出口隐含碳排放的驱动因素分析为例加以详细说明。

（1）处理方法

为消除 2002 年中国电力系统改革对结构分解分析的潜在影响，本书假设在没有电力系统改革的情况下，2007 年和 2012 年电力、热力生产和供应部门对其自身的直接消耗系数与 2002 年相同，对 2007 年和 2012 年中国国家投入产出表中的电力、热力生产和供应部门对其自身的中间投入和该部门的总产出进行调整。具体调整方法见式（8-25）和（8-26）。

$$u = \frac{z_{kk}^0 - a_{kk,2002} x_k^0}{1 - a_{kk,2002}} \qquad (8-25)$$

$$z_{kk}^1 = z_{kk}^0 - u, x_k^1 = x_k^0 - u \qquad (8-26)$$

其中，u 代表需要从电力、热力生产和供应部门（记为部门 k）对其自身的中间投入及其总产出中扣除的量。$a_{kk,2002}$ 代表 2002 年电力、热力生产和供应部门对自身的直接消耗系数。z_{kk}^0 和 x_k^0 分别代表 2007 年或 2012 年调整前电力、热力的生产和供应部门对自身的投入和其总产出。z_{kk}^1 和 x_k^1 则代表相应的调整后的值。

（2）结果对比

本书将调整前后的数据进行了对比。首先，借助二氧化碳排放强度对调整结果的合理性进行验证。将由投入产出数据得出的电力、热力生产和供应部门的二氧化碳排放强度（二氧化碳排放/总产出，下称经济强度）与由能源平衡表得出的电力生产的二氧化碳排放强度（二氧化碳排放/发电量，下称物理强度）进行对比，发现调整后的经济强度与物理强度的变化趋势更为吻合。为保证可比性，图 8.1 显示的是两种强度的相对变化。

其次，对结构分解分析的结果进行对比（见表 8.3），发现调整前后二氧化碳排放强度变化和生产技术变化的碳排放效应有较大的区别，尤

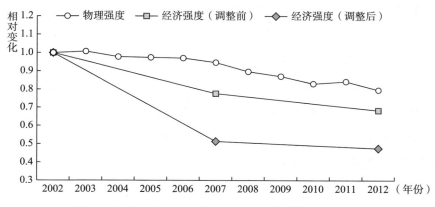

图 8.1　2002~2012 年电力生产的二氧化碳排放强度对比

其是 2002~2007 年。通过调整，2002~2007 年，二氧化碳排放强度变化对中国出口隐含碳排放的影响减少了 46%，与此同时，生产技术变化对中国出口隐含碳排放的影响减少了 72%。由此可见，2002 年中国电力系统改革对基于投入产出表的结构分解分析的结果有非常显著的影响，有必要针对其进行调整。

表 8.3　2002~2012 年电力系统改革对基于 SDA 的中国出口隐含碳排放驱动因素分析的影响

单位：Mt CO₂

因素		2002~2007 年碳排放效应	2007~2012 年碳排放效应
中国出口隐含碳排放变化量		1307	-161
调整后	二氧化碳排放强度	-364	-447
	生产技术	105	-252
	出口结构	27	-158
	出口规模	1540	696
调整前	二氧化碳排放强度	-673	-403
	生产技术	378	-297
	出口结构	24	-158
	出口规模	1578	696

2. 针对电力系统改革的调整方法

经过上述讨论发现，有必要针对 2002 年中国电力系统改革对中国省级 MRIO 表进行调整，以消除其对结构分解分析的结果可能造成的影响。由于各省份对改革的响应速度不同，对其投入产出数据造成影响的时间也不同。有些省份 2007 年的投入产出表中即反映出电力系统改革所造成的影响，而有些省份 2012 年才显示出改革的影响。因此须对不同的情况进行不同的调整。具体规则如下：

其一，若电力、热力生产和供应部门对自身的直接消耗系数（ a_{kk} ）在 2002~2007 年基本保持不变，而在 2007~2012 年升高，则利用式（8 - 25）和式（8 - 26）调整 2012 年电力、热力生产和供应部门对自身的消耗以及该部门的总产出。

其二，若电力、热力生产和供应部门对自身的直接消耗系数（ a_{kk} ）在 2002~2007 年升高，并在 2007~2012 年保持在这一水平；或两个时期均升高；或在 2002~2007 年升高，而在 2007~2012 年降低，则利用式（8 - 25）和式（8 - 26）调整 2007 年、2012 年电力、热力生产和供应部门对自身的消耗以及该部门的总产出。

其三，在其他情况下，保持原值不做调整。

三 碳排放驱动因素的结构分解分析

（一）驱动因素总效应分析

通过结构分解分析，将 2002~2007 年、2007~2012 年两个时期中国二氧化碳排放量的变化分解到四类六个因素（见图 8.2）。具体来看，2002~2007 年，中国二氧化碳排放量增长迅速，增幅高达 4013.35 Mt CO_2，增长率达 109.00%[①]。这期间，最终需求规模的变化是碳排放增长

[①] 由于 MRIO 中存在误差项，因此这里的数据与前文不完全吻合，但差异很小，不对结论造成影响。

的主要驱动力，2002～2007 年，最终需求规模（含消费、投资和出口）增长了 103.05%，引起的排放增长达 4121.33 Mt CO_2。除此之外，最终需求产品结构的变化也对碳排放增长有一定的促进作用。技术变化、产品来源结构变化对碳排放的增长均有一定的抑制效应，分别抵消了 78.59 Mt 和 194.08 Mt 的二氧化碳排放增长。考察其细分因素发现技术变化的两个细分因素作用力方向不相一致。二氧化碳排放强度总体上有所改善，其变化所产生的碳排放效应为 -809.88 Mt CO_2，而这一改善几乎完全被生产技术的变化抵消，其碳排放效应与排放强度相反，为 731.28 Mt CO_2。产品来源结构的两个细分因素则作用力方向一致，中间品和最终品的来源结构均有一定程度的改善，其变化分别带来 -129.68 Mt CO_2 和 -64.40 Mt CO_2 的碳排放效应，考虑到其效应很小且具有不确定性，其碳排放效应说明各省份生产中所用中间品的采购地以及最终需求产品采购地的变化总体上可能有助于抑制碳排放增长。

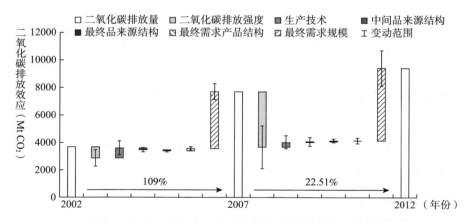

图 8.2　2002～2012 年中国碳排放变化及其驱动因素分解

2007～2012 年，中国二氧化碳排放总量仍在增加，但增长速度明显放缓，增幅为 1732.35 Mt CO_2，增长率仅为 22.51%。最终需求规模的增长依然是碳排放增长的主要驱动力，导致了 5256.87 Mt 的二氧化碳排放。最终需求产品结构变化的碳排放效应非常微弱。技术变化是这一时期碳排放增速放缓的主要原因，抵消了最终需求规模增长所致碳排放增长效应的69.19%。与前一时期类似，技术变化的细分因素作用方向仍不一致，其抑制作用来自二氧化碳排放强度的降低，为碳排放增长带来了4017.85 Mt CO_2 的减缓效应。相反地，虽然相比前一时期有所减弱，生产技术变化的碳排放效应仍然为促进作用，导致了366.59 Mt 的二氧化碳排放增长，可见在整个研究期，生产技术总体上一直在向着对减排不利的方向发展。产品来源结构的变化使得这一时期的二氧化碳排放增长了110.57 Mt，与前一时期不同，2007～2012年，中间品来源结构与最终品来源结构的变化均导致了二氧化碳排放的增长，这或许意味着中间品的采购和最终需求产品的生产均存在从排放强度较低地区向排放强度较高地区转移的情况。但这一时期，生产技术、产品来源结构、最终需求产品结构的变动范围均出现了正负不一的情况，说明这些因素的总效应具有较大的不确定性，在后续的分析中主要关注其结构变化。

（二）技术变化的碳排放效应

将上述变化进一步分解，能够识别造成各因素碳排放效应的主要省份和部门。2002～2007年，二氧化碳排放强度变化与生产技术变化的碳排放效应大小相似，但作用方向相反——前者有所改善而后者向对减排不利的方向发展。省份层面的分解发现，可能与经济发展阶段和经济规模有关，二氧化碳排放强度变化与生产技术变化的碳排放效应主要集中在东部省份和个别中部省份，西部省份的变化比较小（见图8.3）。大多数东、中部省份的二氧化碳排放强度有所下降，其中对碳排放作用力较大的是东部的河北省和中部的山西省。而东部省份生产技术变化的碳排放效应比中部省份更为显著，主要集中在河北、广东和山东等省份。生产技术有所改善的省份很少，且碳排放效应甚微。

从部门角度观察二氧化碳排放强度变化的碳排放效应发现，2002～2007年，电力、热力的生产和供应部门及金属冶炼和压延加工品部门对碳排放的抑制效应最为突出，分别占二氧化碳排放强度变化的碳排放效

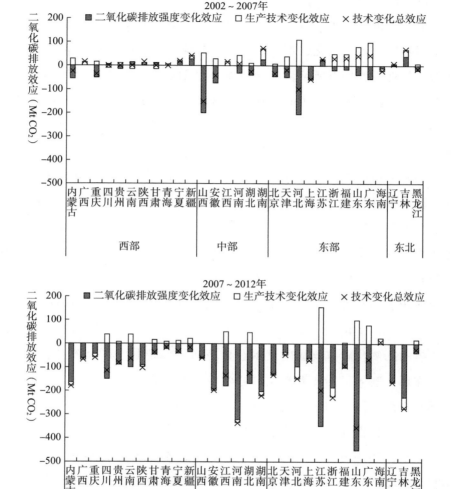

图 8.3 2002～2012 年技术变化碳排放效应的省份分解

应的 67.50% 和 26.41%。这也是河北省和山西省二氧化碳排放强度变化
的碳排放效应的主要来源。非金属矿物制品部门的碳排放总效应虽然较
小，但有相当数量的省份这一部门的碳排放抑制作用较为突出，然而被
同时期另一些省份二氧化碳排放强度的增加所抵消。各部门生产技术变

化的碳排放效应有所不同。最为显著的变化发生在建筑部门，尤其是广东、浙江、福建等东部省份。除此之外，文化、体育和娱乐部门以及农业部门生产技术的变化也带了较为明显的碳排放增长。这些部门对电力、热力的消耗强度均有所增大，使得这一时期电力、热力的生产和供应部门对各部门的投入引起了碳排放的增长。其中建筑部门除了对电力热力的消耗有较大幅度增长之外，对金属冶炼和压延加工品部门的消耗也有所增加。

2007～2012 年，技术变化的碳排放效应有所不同，二氧化碳排放强度变化对碳排放的抑制作用远大于生产技术变化对碳排放的促进作用。省份层面的分解发现，所有省份的二氧化碳排放强度变化对碳排放有比较明显的抑制作用，而生产技术变化对碳排放的促进作用则主要集中在少数省份。技术变化的碳排放效应在东、中部省份比较显著，但上一时期变化较大的河北和山西不再突出。此外，东北省份、西部的内蒙古、四川等的技术变化也对碳排放产生了较大的抑制作用。东部的江苏和山东二省的二氧化碳排放强度虽然有显著降低，但由于其生产技术变化的反向作用，削弱了其技术变化的总效应。尤其是江苏，其技术变化总效应不及中部的河南和东北的吉林。与之不同，河北、浙江、吉林三省的二氧化碳排放强度和生产技术均对碳排放产生了抑制作用。

在部门层面观察二氧化碳排放强度的变化对碳排放的影响发现，2007～2012 年，电力、热力的生产和供应部门的碳排放强度降低依然最为显著，占所有部门总效应的 46.38%。这也是山东、江苏、河南和吉林等强度降低大省的首要贡献部门。其次是非金属矿物制品、化学产品以及金属冶炼和压延加工品部门，分别占所有部门总效应的 20.61%、9.60% 和 9.25%。其中，非金属矿物制品的碳排放效应主要来自中部的安徽、湖南、江西以及河南等省份。此外，交通运输、仓储和邮政部门在二氧化碳排放强度变化的效应方面由前一时期最大的促进部门转变为这一时期的第五大抑制部门，主要贡献来自广东、上海、辽宁、湖北等省份。对于生产技术的变化，这一时期最大的碳排放增长效应仍然来自建筑部门，但与前一时期呈现两个不同特征。一是变化不再集中于东部省份，除东部的江苏、山东之外，中部的江西、西部的云南、四川、新疆等省份的建筑业的生产技术变化也对碳排放产生了促进作用。二是建筑业生产活动所消耗产品强度显著提高的不再是电力热力，而是非金属矿物制品以及一小部分化学产品。这也使得非金属矿物制品部门成为这一时期对各部门生产活动的投入所引发碳排放最多的部门。除建筑部门以外，住宿和餐饮、教育等部门则因对电力热力消耗的增加而表现出对碳排放的促进作用。

由此可见，2002～2007年，虽然大多数东、中部省份的电力、热力的生产和供应部门，金属冶炼和压延加工品部门以及部分省份的非金属矿物制品部门的二氧化碳排放强度的降低为碳排放带来了抑制作用，但与此同时，以东部省份为主的建筑等部门的生产活动对电力热力、金属冶炼和压延加工品（如钢铁）以及非金属矿物制品（如水泥和玻璃）的消耗强度有所增加，大幅度抵消了二氧化碳排放强度降低对碳排放的抑制效应，使这一时期的技术改变仅为碳排放带来了微弱的抑制作用。而在2007～2012年，东部以外省份的技术变化对碳排放的效应逐渐凸显，电力、热力的生产和供应，非金属矿物制品，化学产品，金属冶炼和压延加工品等部门的碳排放强度大幅降低。虽然更多省份建筑部门的生产活动引发了碳排放增长，但由于各部门对电力、热力的消耗变化幅度较前一时期显著减小，因此生产技术改变对碳排放的促进作用得以减弱。因而，这一时期二氧化碳排放强度的降低对碳排放产生了明显的抑制作用。

（三）产品来源结构变化的碳排放效应

两个时期产品来源结构变化对碳排放的作用力方向不同。2002～2007年，中间品来源结构和最终品来源结构的变化均对碳排放产生了抑制作用，前者的作用力更为显著。分解到省份层面发现，这一时期大多数省份中间品来源结构变化对碳排放为抑制作用（见图8.4），说明大多数省份的生产活动中所用中间品的来源部分地转移到了碳排放强度更低的地区。抑制作用较为显著的省份是西部的陕西、东北的吉林，以及东

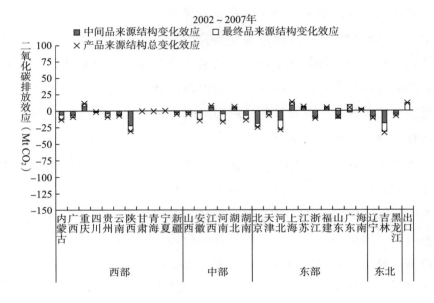

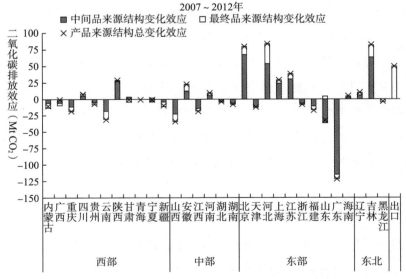

图 8.4　2002～2012 年产品来源结构变化碳排放效应的省份分解

部的北京、河北、浙江等地。最终品来源结构变化的碳排放效应主要来自投资，占最终品来源结构变化碳排放总效应的 113.39%。东部、中部、西部以及东北的投资产品来源结构均有所优化，其中最为显著的是中部地区，主要来自河南和安徽两省。

进一步将中间品来源结构变化的碳排放效应分解到部门层面，发现引起较大碳排放变化的主要是各省份采购电力、热力，非金属矿物制品以及金属冶炼和压延加工品等高排放产品的来源地的变化。深入观察有显著抑制作用的几个省份发现，引起碳排放减少效应的产品来源结构变化主要有两类。一类是从本省份采购的中间品比例下降，这类省份自身的碳排放强度较高。例如，陕西省生产活动中所使用的非金属矿物制品的采购从本省转移到了排放强度相对较低的河南、山东等地；吉林省生产活动中所投入的电力、热力从排放强度最高的本省转移到了其他省份；类似地，河北的电力、热力以及煤炭的中间使用品的采购从本省转移到了其他排放强度相对较低省份。另一类是从本省份采购的中间品比例上升，这类省份自身的碳排放强度较低。例如，北京生产活动中所投入的电力、热力的采购从内蒙古、山西、吉林、河北等排放强度较高的省份转移到了本地，但考虑到北京的电力热力生产有限，其变化可能与其作为电力集团的总部有关；又如山东省生产活动中所使用的金属冶炼和压延加工品，其采购从排放强度较高的河北和辽宁转移到了本省。在部门层面分析最终品来源结构变化的碳排放效应发现，投资所用产品来源结构的变化对碳排放的抑制效应主要来源于各省份建筑用品以及通用、专用设备的采购地的变化。出口来源结构变化的碳排放总效应虽不显著，但其结构内部发生了较为明显的变化，主要体现为化学产品、金属冶炼和压延加工品以及非金属矿物制品等基础产品的出口地从广州转向了山东、浙江、江苏等地，而一些技术密集型产品如通信设备、计算机和其他电子设备，交通运输设备，电气机械和器材等的出口地的变化整体上呈现抑制碳排放的效应。

2007～2012 年，产品来源结构向着与前一时期相反的方向发展，中间品来源结构和最终品来源结构均对碳排放产生了促进作用。在省份层面，虽然广东、山东两省的中间品来源结构有显著的优化，分别有助于减少 114.54 Mt 和 37.14 Mt 的二氧化碳排放，但这一优化被北京、吉林、河北等省份中间品来源结构变化对碳排放的促进作用完全抵消，使得中间品来源结构变化的总效应为促进作用。细分最终品来源结构的变化发现：出口来源地的结构变化是这一时期碳排放增长效应的主要来源，其次是投资所用产品来源结构的变化，消费所用产品来源结构有所优化但其对碳排放的作用力甚微。西部省份投资所用产品的来源结构整体上有所改善，但这些省份的改善效应被东部省份投资来源结构对碳排放的促进效应所抵消。

在部门层面，中间品来源结构变化的碳排放效应仍然主要来自对几类高排放产品的采购地的改变。与前一时期不同，2007～2012 年，除北京外，几个碳排放效应较为明显的省份中间品的采购均出现了向本省份转移的趋势。但由于各省份的排放强度不同，向自身转移所带来的碳排放效应也不同。一类是自身碳排放强度较低的省份，中间品采购向自身的转移有助于碳排放的减少。例如，广东生产活动所投入的电力热力及金属冶炼和压延加工品，其来源从其他省份转移到了排放强度最低的本省；山东省中间品使用的电力热力的来源也从一些高排放强度的省份转移到了强度相对较低的本省。另一类是自身碳排放强度较高的省份，其中间品采购向本省的转移会促进碳排放。例如，吉林的生产活动中所投入的电力热力的来源一反前一时期的方向，从其他排放强度较低的省份转移到了本省，导致了碳排放的增长；河北生产活动中所投入的金属冶炼和压延加工品以及煤炭、陕西省生产活动所使用的非金属矿物制品均从排放强度相对较低的省份转移到了本省，引起了碳排放的增长。对于最终品来源结构的变化，主要分析出口所引起的部分。与前一时期相反，对减排不利的变化主要发生在通信设备、计算机和其他电子设备，交通运输设备，电气机械和器材等产品上，这些产品的出口地转移到了排放强度相对较高的省份。抑制效应总体比较微弱，主要来自石油、炼焦产品和核燃料加工品，化学产品，金属制品等产品的出口。江苏省"独领风骚"，除通信设备、计算机和其他电子设备部门外，在上述大多数部门出口中的占比均有显著增加。此外，河南、重庆、四川三个内陆省份在通信设备、计算机和其他电子设备的出口中的占比显著增加，产生了该部门对碳排放的促进作用。这与这一时期三省份大力发展电子信息产业有关。

由此可见，2002～2007年，各省份生产活动中所使用的电力、热力的生产和供应部门，非金属矿物制品部门以及金属冶炼和压延加工品部门等的高排放产品的采购出现从排放强度较高的省份，如吉林、辽宁、山西，向排放强度较低的山东、河南等省份转移的情况。这使中间品来源结构总体上有所优化，有助于抑制碳排放的增加。但在2007～2012年，无论是中间品还是最终品，大部分省份的采购来源都向着不利于减排的方向发展。中间品的来源有向自身转移的趋势，总体上不利于碳排放的减少；以设备制造为主的出口品则有从排放强度较低的东部省份向排放强度较高的东部省份以及中西部省份转移的趋势。两者的不利变化相叠加，造成了对减少碳排放的不利效应。

（四）最终需求产品结构变化的碳排放效应

两个时期最终需求产品结构的变化均引起了碳排放的增长。2002～2007年，各省份最终需求产品结构的变化引起了164.69 Mt二氧化碳排放增长。在省份层面，造成这一增长的省份主要位于中西部，如中部的山西、江西和湖南等，西部的重庆、内蒙古等，中、西部地区分别占最终需求产品结构变化总效应的64.63%和69.24%（见图8.5）。缓和这一增长效应的变化则主要来自东部的江苏、山东以及出口。分别观察消费和投资的产品结构发现，中部、西部及东北地区消费和投资产品结构的变化均引起了碳排放的增长，消费尤甚。而东部地区对碳排放的抑制

155

效应则来自投资产品结构的变化。

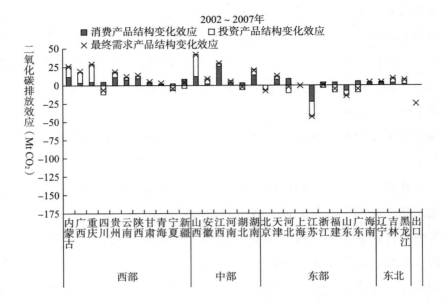

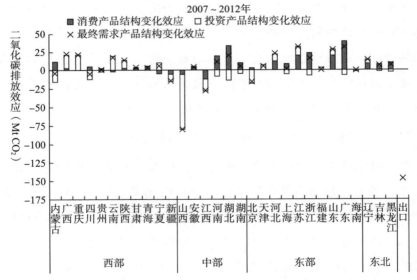

图 8.5　2002～2012 年最终需求产品结构变化碳排放效应的省份分解

进一步细分到部门层面发现，虽然各省份最终需求产品结构的变化特征有所不同，但在总体上，这一时期最终需求产品结构变化所引起的碳排放增长主要来自电力、热力在中部、西部以及东北部省份最终消费中所占比例的普遍上升，交通运输、仓储和邮政服务在几乎所有东部省份最终消费中占比的上升，以及设备制造业在东、中部省份投资中所占份额的上升；同时，建筑部门在大多数省份的投资中所占比例有所下降，一定程度上弱化了上述几个部门对碳排放的促进效应。这一时期，出口的金属冶炼及压延加工品以及除通用、专用设备以外的设备制造部门在总出口中的占比有所增长。这一增长所引起的碳排放增长被其他部门份额下降所引起的碳排放下降效应所抵消，使出口产品结构变化的总效应呈现一定抑制作用[①]。

2007～2012年，虽然山西省最终需求产品结构及出口产品结构从碳排放的角度看均有较为显著的改善，但由于大多数省份最终需求产品结构的高碳化，使得最终需求产品结构变化整体的碳排放效应仅呈现非常微弱的抑制作用。除个别省份外，大多数省份消费产品结构的变化引起了碳排放的增长，尤为突出的是东部的广东、浙江、山东、江苏，以及中部的湖北、河南等省份，构成了碳排放增长效应的主要来源。而投资产品结构总体上有所低碳化，主要来自中部省份的贡献，最为突出的是山西省，贡献了高达73.92 Mt二氧化碳排放抑制效应。

部门层面的进一步分解发现，这一时期，电力、热力在绝大多数省份最终消费中的占比，资本密集型产品在东、中部省份最终消费中的占比，以及技术密集型产品在东部地区的最终消费中的占比均有所上升，构成了消费产品结构变化对碳排放促进作用的主要来源。同时，交通运输设备在中、西部省份的投资中所占份额有所上升，建筑部门在除中部省份以外的其他大多数省份投资中的份额也有所增长，而唯一呈现出对碳排放的显著抑制作用的是金属冶炼及压延加工产品在以山西省为首的投资中的普遍下降。与前一时期不同，出口中金属冶炼及压延加工产品

---

① 这虽然与国家表的分析结果不同[151]，但由于国家表和多区域投入产出表所得效应的数值都非常小，且分部门的结果一致，所以两者并不矛盾。

的份额有所下降，同样下降的是纺织产品，两者是出口产品结构变化对碳排放抑制作用的主要来源。金属制品，通用、专用设备等部门在出口中的份额则有所上升，这可能与这一时期中国对高技术产品出口的鼓励政策有关。

由上述分析可见，2002～2007年，最终消费在最终需求产品结构变化所引起的碳排放增长效应中起主导作用，这一主导作用主要来自中部、西部和东北省份电力、热力最终消费份额的增长，以及东部省份交通运输服务最终消费份额的增长。2007～2012年，消费产品结构的变化引起了更为显著的碳排放增长，主要来自各省份对电力、热力最终消费份额的普遍上升以及东、中部省份对资本和技术密集型产品最终消费份额的上升；但同期出口产品结构呈现较为明显的低碳化，大幅度抵消了消费产品结构变化所带来了增长效应，主要归功于金属冶炼及压延加工产品、纺织品在出口中份额的下降。值得一提的是，虽然投资产品结构变化所致碳排放效应在两个时期均比较弱，但各省份对建筑的投资在研究期内先降后升，可能反映了中国应对2008年金融危机所采取的投资措施的效应。

（五）最终需求规模变化的碳排放效应

作为导致碳排放增长的主要因素，各省份消费和投资以及出口在两个时期均有显著增长，但主导需求有所变化。2002～2007年，投资和出口的增长是最终需求量增长所引起碳排放增长的主要来源，分别占最终需求规模变化的碳排放效应的48.64%和30.654%。东部省份投资增长所引发的碳排放增长最为显著，其中山东、浙江、江苏、河北和广东占比最大（见图8.6）。2007～2012年，出口的增长大幅放缓，其增长所引发的碳排放增长仅占这一时期最终需求量增长所引起碳排放增长的13.28%；投资增长强劲，引起了3293.38 Mt二氧化碳排放，占最终需求量增长所引起碳排放增长的62.41%。西部省份的投资增长最为显著，占所有省份投资增长所引发碳排放增长的32.34%，除西北的宁夏和青海外，西部各省份均有较为显著的增长。

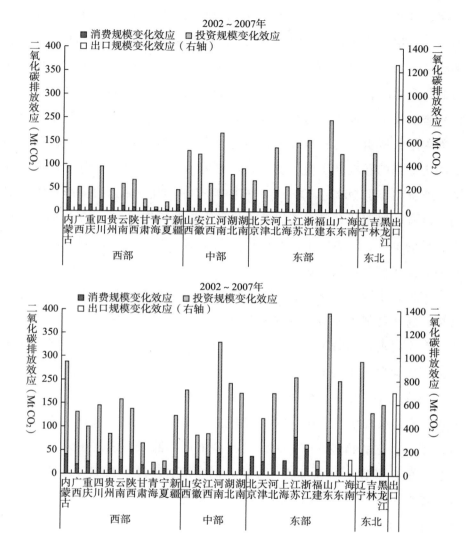

图 8.6　2002~2012 年最终需求规模变化碳排放效应的省份分解

四　结果讨论和政策启示

本书利用两阶段六因素的结构分解分析方法，探究了中国 2002~
2012 年二氧化碳排放增长的驱动因素，并在地区和部门层面进行了细分
讨论。总结上述分析发现，最终需求的增长一直是中国碳排放增长的主

要驱动因素，二氧化碳排放强度的降低则是抑制碳排放增长的主要因素。但不同时期的特征有所不同。首先，不同时期最终需求增长的主导需求和地区不同。2002～2007年，最终需求增长的主要构成是出口和东部省份的投资需求；而2007～2012年，出口不再是需求增长的主要构成，而以各省份投资需求的普遍增长为主导，与前一时期不同，西部省份的投资需求增长所引起的碳排放增长最为显著。其次，二氧化碳排放强度降低的主导部门和地区发生了变化，虽然电力、热力始终是强度改善效应的主要部门，但2002～2007年，东中部省份电力、热力的生产和供应部门，以及金属压延和加工部门的改善最为显著；而2007～2012年，东中部省份的电力、热力的生产和供应部门依然是主要贡献的同时，中部省份的非金属矿物制品的贡献位列第二。

其他几个因素变化的碳排放效应较小，但仍然具有一些值得注意的特征，这些特征可能对中国未来的碳排放产生重要影响。首先，生产技术在两个时期均向着不利于减排的方向发展，主要来自建筑部门中间投入的高碳化以及服务部门所投入的电力、热力的增长，两个时期内东部省份的影响持续较强，但2007～2012年，中西部省份的影响也开始显现。其次，产品来源地在2002～2007年的微小改善之后，在2007～2012年表现出了高碳化的趋势，产品来源尤其是出口品的来源表现出从碳排放强度较低的东部省份向碳排放强度较高的东部省份及中西部省份转移的现象。最后，虽然出口品的产品结构有所优化，但最终需求产品结构的总体变化在研究期内也一直向着不利于减排的方向发展。电力、热力的需求份额的上升对碳排放有持续的影响，除此之外值得注意的是，2007～2012年，中西部省份对交通运输设备的投资需求有所上升。

根据以上发现，结合经济发展环境，本书尝试从供给和需求两个角度讨论其政策启示。

在供给侧，一方面，东部二氧化碳排放强度较高的省份如山东、河北及中西部省份参与生产的程度日益提高，如提供更多中间品、最终品及出口产品。加之中西部省份的投资快速增长，意味着其未来将更为深入地参与生产。这些变化及潜在的变化启示，这些省份较高的碳排放强度和生产技术结构应引起更多的重视。另一方面，除了二氧化碳排放强度较高的部门，如电力、热力的生产和供应，金属冶炼和压延加工品以及非金属矿物制品等部门以外，生产过程所引发的间接二氧化碳排放较高的部门，如建筑部门，对碳排放也具有非常显著的影响，同样应该重点关注。

因而，本书从供给侧出发，提出一些可能的有助于抑制碳排放增长的政策措施。从降低二氧化碳排放强度角度，一是可以促进风力、光伏等新能源的发展，同时尽快克服阻碍新能源发展的主要障碍，如储能、电力输送等问题；二是可以利用碳税[299,300]的手段促使企业降低其碳排放强度。从改善生产技术的角度，可以鼓励东部碳排放强度较低的广东、上海等省份向其他东部省份以及中西部省份转移先进的生产技术，也可以通过补贴等方式鼓励企业改善其生产技术。

在需求侧，导致碳排放增长的主导需求已从 2002～2007 年的投资和出口转向了 2007～2012 年的投资单独主导。出口规模增长的减缓及出口产品结构的低碳化，使其不再成为中国碳排放增长的主要矛盾。与此同时，投资规模的迅速增长不仅在投资的形成过程中拉动了碳排放的增长，而且意味着潜在的需求增长及产品供应地的转变。例如，中西部地区与交通运输相关的投资的增长，包括路桥的建设、交通运输设备的投入等，将带来潜在的消费，进而引发碳排放的增长。加之"一带一路"倡议的刺激，很可能进一步增加交通运输相关的投资，从而进一步引发碳排放增长。又例如，中西部设备投资需求的增加意味着新产能的投入，这可能刺激新的需求，也可能引起产品来源向中西部省份的进一步转移。此外，消费所引发碳排放增长的比例虽只有小幅增长，但其产品结构的高碳化、比重的稳定及未来随着经济发展极有可能进一步增长的潜力[147]，使其在中国碳减排中的重要性不可忽视。

因此，除如前文所述的供给侧的改善之外，有必要同时从需求侧予以引导和反馈。一方面引导需求结构趋向低碳化，另一方面适当地从需求侧向供给侧施以技术改进的压力。例如，使用碳标签[301]，通过告知产品的碳足迹引导消费者尤其是个体消费者消费碳排放强度较低的产品。又如，通过对低碳产品的消费奖励利好，如补贴、绿色积分、产品购买和使用的优先权等，鼓励个体消费者和组织（如政府和企业）选择低碳的产品等。

总的来说，随着各地区经济的发展，导致中国碳排放增长的主要矛盾已经发生改变，并且极有可能进一步发生变化。国内需求的主导力增长、地区间均衡发展的需求，与后起地区较高的碳排放强度、较低的生产技术之间的矛盾成为中国碳排放增长的主要矛盾。未来，从供给和需求两个角度入手，将供给侧碳排放强度和生产技术的改善与需求侧消费者选择的倒逼相结合，同时促进地区之间的合作，可能是中国减排相关措施的基调。

五　本章小结

本章在第五章探究中国省域生产侧、消费侧二氧化碳排放及省际碳排放转移的基础上，利用第三、第四章所建立的中国省级多区域投入产出模型和省份分部门碳排放数据，采用两阶段六因素的结构分解分析方法，研究了中国碳排放新变化背后的驱动因素及导致中国碳排放增长的主要矛盾的转变。通过将中国碳排放的变化量分解到二氧化碳排放强度变化、生产技术变化、中间品来源结构变化、最终品来源结构变化、最终需求产品结构变化以及最终需求规模变化六个因素，发现2007年之后，中国碳排放增长的驱动因素发生了一些值得注意的改变。

第一，中国碳排放增长的主导需求由2002～2007年的出口和东部省份为主的投资，转变成为2007～2012年的投资单独主导，其中，西部省份投资需求所引起的碳排放增长增幅最大。第二，除东中部电力、热力的生产和供应部门之外，中部省份的非金属矿物制品的二氧化碳排放强度降低对碳排放的抑制作用超过了其他部门。第三，生产技术一直向着促进碳排放的方向发展，这主要是由于建筑部门的生产中投入了更多的电力热力、钢材、水泥等高排放产品。第四，产品来源方面存在从排放强度较低的东部省份向排放强度较高的东部省份及中西部省份转移的现象。第五，最终需求的产品结构也产生了不利于碳减排的变化，主要是对电力热力和设备的需求。第六，观察以上变化发现，碳排放强度较高的中西部省份越来越多地参与了生产活动，且随着经济发展，其需求也在不断上升。

基于这些发现，本章进而对其政策启示进行了讨论。由于中国碳排放增长的驱动因素已经发生了改变，未来，中国的减排措施或许可从供给和需求两个角度同时入手。在供给侧鼓励碳排放强度的降低和生产技术的改善：如通过解决储能、运输等阻碍新能源发展的障碍，促进新能源的发展；利用碳税督促企业降低其碳排放强度；鼓励地区之间在减排技术方面的合作；等等。在需求侧通过消费者的选择给供给侧以倒逼的压力：如使用碳标签使消费者知悉产品碳足迹；对选择低碳产品的行为予以补贴、积分、特权等奖励。

第九章

消费视角下的中国省份
碳排放驱动因素

一 引言

自 2020 年 9 月习近平总书记宣布中国二氧化碳排放力争于 2030 年前达到峰值, 2060 年前实现碳中和 (以下简称 "双碳目标") 以来, 各地各行业积极响应的同时, 也对高排放地区和产业造成了较大的减排压力。诚然, 实现双碳目标是人类可持续发展的必然趋势, 也是中国经济转型发展的必然要求, 但宣布双碳目标以来的运动式减碳也无疑对高排放地区和产业造成巨大压力。这其中暗含一个关键的减排压力传导路径: 实现双碳目标的压力直接传导到高碳排放地区和产业。形成这一压力传导路径的一个关键点在于我们对各区域碳排放量的考察通常基于生产视角, 即减排责任由排放者来承担。高碳排放地区和产业是减排的重要抓手, 但这类地区和产业也往往是国民经济各行各业的重要支撑, 为其他地区和产业提供了关键基础保障, 相应的减排压力显然不应直接地、完全地压在这类地区和产业上。

消费视角碳排放则为减排责任的分配提供了另一种思路, 即由碳排放的消费方来承担减排责任。该视角一方面能够为评估一个区域的碳排放量提供新的依据, 另一方面也将为分析区域碳排放量增长的驱动因素提供新视角, 即不再将中国各省份分别加以研究, 而是将中国各省看作同一个系统内相互联系、相互影响的主体，从而能够系统地、联系地分析中国碳排放增长背后的驱动因素，为区域减排政策的设计提供更加系统的、科学的依据。为此，本书从消费视角研究中国各省份碳排放的演变历史，并在消费视角下探究各省份碳排放的驱动因素，进而探讨其政策启示。

二　文献综述

国际上对生产视角和消费视角碳排放的讨论由来已久。生产视角碳排放量（production-based emissions）亦称区域碳排放量（territorial carbon e-missions），顾名思义，是指一个地区本地的生产、生活活动在其区域范围内所产生的碳排放，由"本地生产本地消费"和"本地生产他地消费"两部分构成。消费视角碳排放（consumption-based emissions）则是指一个地区所消费的产品和服务在其生产、流通、消费过程中所产生的全部碳排放，由"本地生产本地消费"和"他地生产本地消费"两部分构成。大量研究得到一个共识性发现：发达国家的消费视角碳排放往往大于其生产视角碳排放，而包括中国在内的发展中国家则往往与之相反[18,23,222,302,303]。这一现象在中国地区之间也存在，经济较发达的地区的消费视角碳排放往往大于其生产视角碳排放，而经济欠发达地区则反之[83,84,108]。显然，后者为前者的发展提供了能源和资源支撑，产业结构较为高碳化，减排难度更大。

事实上，已有基于消费视角的中国碳排放的研究主要集中于基于多区域投入产出（Multi-Regional Input-Output，MRIO）模型的消费视角碳排放的核算。例如，Mi 等（2017）[83]、王安静等（2017）[304]、Pan 等（2018）[84]、王宪恩等（2021）[305]均利用 MRIO 模型研究了中国省份的消费视角碳排放。然而，MRIO 模型的构建需要大量数据，模型构建难度较大；且其基础数据——各省份单区域投入产出模型每五年才编制一套（逢尾数为 2 和 7 的年份），在时间上也不连续，这给消费视角碳排放的研究和应用带来了困难。因此，一些研究尝试跳出基于 MRIO 模型的核算框架，探讨基于其他数据基础的消费视角碳排放核算方法。如付坤和齐绍洲（2014）[306]、何永贵和李晓双（2021）[307]等，其核心思想均为在中国省份之间重新分配火力发电的碳排放，这为核算消费视角碳排放提供了新的思路。进一步从消费视角分析中国碳排放驱动因素的研究还比较少，现有研究时间跨度较小[83,84,108]，年份不连续，也尚无针对最新变化动态的研究。例如，王长建等（2020）[308]利用结构分解分析方法，从消费视角研究了与碳排放紧密相关的煤炭消费的主要驱动因素，重点分析了投资、消费和出口对煤炭消费的拉动作用。Zheng 等（2020）[309]利用 MRIO 模型研究了中国 2012 年和 2015 年的消费视角碳排放，并在区域层面分析了中国消费视角碳排放量变化的驱动因素。Shao 等（2020）[310]利用基于投入产出模型的结构分解分析方法，研究了 2007～2012 年上海市消费视角碳排放的变化及其驱动因素。

本书对现有文献的边际贡献在于：①针对电力热力生产系统设计了狭义消费视角碳排放核算方法，为连续并及时地核算消费视角碳排放提供了方法上的可能性；②基于上述方法核算了中国各省份 1997～2017 年狭义消费视角碳排放，并基于最新年份的中国省级多区域投入产出模型核算了各省份广义消费视角碳排放，为分析各省份消费视角碳排放提供了及时的数据资料；③从广义和狭义两种消费视角，结合 Kaya 恒等式[311]、MRIO 模型和结构分解分析（Structural Decomposition Analysis, SDA）方法[35]，探究了 1997～2017 年 20 年中国各省份碳排放的驱动因素，一方面为了解各省份碳排放驱动因素提供了新视角，另一方面也提供了基于更长时间跨度的决策依据。

三　研究方法和数据

（一）研究方法

1. 消费视角碳排放核算方法

（1）消费视角碳排放概念的拓展

经典消费视角碳排放的核算通常需要用到多区域投入产出模型，但由于这一模型的构建需要大量数据，且其基础数据——各省份单区域投入产出模型每五年才编制一套（逢尾数为2和7的年份），因而模型构建难度较大，在时间上也不连续。这给消费视角碳排放的研究和应用带来了困难。为此，本书对消费视角碳排放的概念进行扩展。一是广义消费视角碳排放，是指经典的消费视角碳排放概念，包含一个地区所消费的所有产品和服务在其生产、流通、消费过程中所产生的碳排放，利用多区域投入产出模型进行核算。特别地，为了更好地了解各省份碳排放及省份间的碳排放互动关系，也为了在核算范围上与下述狭义消费视角碳排放保持一致，本书将各省份出口拉动的碳排放纳入该省份消费视角碳排放。二是狭义消费视角碳排放，是指一个地区所有品种的终端能源消费中所蕴含的碳排放量，即仅考虑化石能源这一主要二氧化碳排放来源的产品的生产和消费地的差异，实际应用中主要是将火力发电所产生的碳排放按照电力实际消费地进行重新分配。这主要考虑到电力生产的碳排放在中国碳排放总量中占有较大比重[312]，中国区域碳排放量与发电量密切关联[313]，对其重新分配能够较好地反映消费视角碳排放的主要矛盾。值得说明的是，该方法所核算的消费视角碳排放实际上包含了该地为生产出口产品所消耗的能源，其在核算范围上与上述广义消费视角碳排放中强调的纳入出口拉动碳排放的处理方法相一致。基于这一概念的扩展，本书在对消费视角碳排放进行研究时，得以结合使用年份不连续的多区域投入产出模型和年份可连续的能源生产、消费数据。

（2）广义消费视角碳排放

如上文所述，广义消费视角碳排放的核算基于多区域投入产出模型，其核算原理是通过区域和部门之间经济联系，追踪一个区域的最终需求所拉动的全部碳排放。核算方法见式（9-1）。

$$c_{consb}^{s} = cf \cdot L \cdot y^{s} \tag{9-1}$$

其中，c_{consb}^{s}代表地区s的广义消费视角碳排放量，其元素代表该地区每个部门的消费视角碳排放量。cf是所有地区、所有部门的碳排放强度行向量，$cf = C_{prod} \cdot \hat{x}^{-1}$，其中，$C_{prod}$ 和 x 分别代表各省份各部门生产视角碳排放向量和总产出。L 是列昂惕夫逆矩阵，代表地区和部门之间的完全需要关系，通常作为生产技术的体现；$L = (I - A)^{-1}$，$A = Z \cdot \hat{x}^{-1}$，其中，A 是中间消耗系数矩阵，Z 是多区域投入产出模型的中间投入矩阵。y^s 则是地区 s 的最终需求列向量，$y^s = (y^{1,s}, y^{2,s}, \cdots, y^{n,s})^T$，该向量包含所有地区对地区 s 最终需求的投入；同时，为保证与狭义消费视角碳排放的可比性，将出口所隐含的碳排放量计入了出口省份，即 y^s 中包含该省份的出口。

（3）狭义消费视角碳排放

狭义消费视角碳排放的核算则主要基于能源数据，其核算原理是将电力热力生产的碳排放按照消费量分配到电力热力的消费地区。也就是说，电力和热力终端消费的碳排放量不再是零，而是按照发电和供热过程所排放的二氧化碳来计算。这里我们暂不考虑电网之间碳排放强度的差异，借助全国平均发电和供热碳排放系数核算消费视角下电力和热力终端消费所含碳排放量。核算方法见式（9－2）。

$$c_{consn}{}^s = ce^s \cdot E^s \tag{9－2}$$

其中，$c_{consn}{}^s$ 代表地区 s 的狭义消费视角碳排放总量。ce^s 代表单位能耗碳排放系数行向量，其元素是每种能源的碳排放系数，这里的能源品种包括煤、石油、天然气和电热四种，其中电热的碳排放系数采用了全国发电和供热的平均碳排放系数。E^s 代表地区 s 的终端能源消费列向量，由此有效避免了一、二次能源品种之间的重复计算。据此可以得到各省份分部门的狭义消费视角碳排放量。

2. 基于消费视角的碳排放驱动因素分解方法

本书采用基于 Kaya 恒等式的结构分解分析和基于多区域投入产出模型的结构分解分析两种方法来分析各省份消费视角碳排放的驱动因素，具体方法如下。

（1）基于 Kaya 恒等式的结构分解分析

Kaya 恒等式由日本学者 Yoichi Kaya 于 1989 年在联合国政府气候变化专门委员会（IPCC）举办的研讨会上提出[311]。该公式将二氧化碳排放量分解成与人类生产生活相关的单位能耗碳排放系数、能源消费强度、人均 GDP 和人口四个要素，分解形式简单且没有残差项，得到了广泛应用。我们对 Kaya 恒等式做了两个拓展，一是加入了能源结构和产业结构两个因素，二是区分了生产碳排放和生活碳排放。分解方法如下：

$$c_{consn}{}^{s} = ce^{s} \cdot ES^{s} \cdot (ef^{s} \cdot IS^{s} \cdot GP^{s} + EP^{s}) \cdot P^{s} \qquad (9-3)$$

其中，$c_{consn}{}^{s}$ 代表地区 s 的狭义消费视角碳排放总量。ce^{s} 代表单位能耗碳排放系数行向量。能源结构列向量（ES^{s}）由上述每种能源在终端能源消费总量中的占比构成。能源消费强度行向量（ef^{s}）由每个产业的终端能源消费强度构成；$ef^{s} = E \cdot \widehat{va}^{-1}$，其中，$E$ 代表各产业的终端能源消费量向量，va 则代表各产业的增加值向量。IS^{s} 表征产业结构向量，其元素是各产业增加值在该地区生产总值中的占比。GP^{s} 表示人均地区生产总值，反映该地区的经济发展水平。EP^{s} 则代表人均生活能源消费量。P^{s} 代表该地区的人口。

进一步地，我们基于此拓展的 Kaya 恒等式进行结构分解分析，从而衡量各因素对碳排放量变化的贡献。结构分解分析的分解形式不唯一[38,39]，对于一个包含 b 个因素的分解，共有 $b!$ 种不同的分解形式。每个因素对总量变化所产生的影响效应的衡量由两部分构成：一部分是该因素（称之为被衡量因素）在起始与截止年份之间的变化量，另一部分是其他各因素（称之为水平因素）在起始或截止年份的水平。分解形式的不确定性恰是由水平因素取起始或截止年份的水平而造成的。为此，Dietzenbacher 和 Los（1998）[38]发现两极分解形式［式（9-4）和式（9-5）］的平均值（即通常所说的两极法）与所有分解形式的平均值较为接近，且能够极大地减少计算量，因而得到了广泛应用。本书也采用两极法来衡量各因素对消费视角碳排放总量的影响效应，具体方法如下。

分解形式一：

$$\Delta c_{consn}^{s} = ce_1^s \cdot ES_1^s \cdot (ef_1^s \cdot IS_1^s \cdot GP_1^s + EP_1^s) \cdot P_1^s -$$
$$ce_0^s \cdot ES_0^s \cdot (ef_0^s \cdot IS_0^s \cdot GP_0^s + EP_0^s) \cdot P_0^s \quad\quad (9-4)$$

$$= \Delta ce^s \cdot ES_0^s \cdot (ef_0^s \cdot IS_0^s \cdot GP_0^s + EP_0^s) \cdot P_0^s + \cdots\cdots\cdots dce_1$$

$$ce_1^s \cdot \Delta ES^s \cdot (ef_0^s \cdot IS_0^s \cdot GP_0^s + EP_0^s) \cdot P_0^s + \cdots\cdots\cdots dES_1$$

$$ce_1^s \cdot ES_1^s \cdot (\Delta ef^s \cdot IS_0^s \cdot GP_0^s + EP_0^s) \cdot P_0^s + \cdots\cdots\cdots def_1$$

$$ce_1^s \cdot ES_1^s \cdot (ef_1^s \cdot \Delta IS^s \cdot GP_0^s + EP_0^s) \cdot P_0^s + \cdots\cdots\cdots dIS_1$$

$$ce_1^s \cdot ES_1^s \cdot (ef_1^s \cdot IS_1^s \cdot \Delta GP^s + EP_0^s) \cdot P_0^s + \cdots\cdots\cdots dGP_1$$

$$ce_1^s \cdot ES_1^s \cdot (ef_1^s \cdot IS_1^s \cdot GP_1^s + \Delta EP^s) \cdot P_0^s + \cdots\cdots\cdots dEP_1$$

$$ce_1^s \cdot ES_1^s \cdot (ef_1^s \cdot IS_1^s \cdot GP_1^s + EP_1^s) \cdot \Delta P^s \quad\cdots\cdots\cdots dP_1$$

分解形式二：

$$\Delta c_{consn}^{s} = ce_1^s \cdot ES_1^s \cdot (ef_1^s \cdot IS_1^s \cdot GP_1^s + EP_1^s) \cdot P_1^s -$$
$$ce_0^s \cdot ES_0^s \cdot (ef_0^s \cdot IS_0^s \cdot GP_0^s + EP_0^s) \cdot P_0^s \quad\quad (9-5)$$

$$= \Delta ce^s \cdot ES_1^s \cdot (ef_1^s \cdot IS_1^s \cdot GP_1^s + EP_1^s) \cdot P_1^s + \cdots\cdots\cdots dce_2$$

$$ce_0^s \cdot \Delta ES^s \cdot (ef_1^s \cdot IS_1^s \cdot GP_1^s + EP_1^s) \cdot P_1^s + \cdots\cdots\cdots dES_2$$

$$ce_0^s \cdot ES_0^s \cdot (\Delta ef^s \cdot IS_1^s \cdot GP_1^s + EP_1^s) \cdot P_1^s + \cdots\cdots\cdots def_2$$

$$ce_0^s \cdot ES_0^s \cdot (ef_0^s \cdot \Delta IS^s \cdot GP_1^s + EP_1^s) \cdot P_1^s + \cdots\cdots\cdots dIS_2$$

$$ce_0^s \cdot ES_0^s \cdot (ef_0^s \cdot IS_0^s \cdot \Delta GP^s + EP_1^s) \cdot P_1^s + \cdots\cdots\cdots dGP_2$$

$$ce_0^s \cdot ES_0^s \cdot (ef_0^s \cdot IS_0^s \cdot GP_0^s + \Delta EP^s) \cdot P_1^s + \cdots\cdots\cdots dEP_2$$

$$ce_0^s \cdot ES_0^s \cdot (ef_0^s \cdot IS_0^s \cdot GP_0^s + EP_0^s) \cdot \Delta P^s \quad\cdots\cdots\cdots dP_2$$

其中，Δc_{consn}^{s} 代表区域 s 的消费视角碳排放变化量。下标 0 和 1 分别代表起始年份和截止年份。在公式（9-4）中，$\Delta ce^s \cdot ES_0^s \cdot (ef_0^s \cdot IS_0^s \cdot GP_0^s + EP_0^s) \cdot P_0^s$ 为分解形式一下单位能耗碳排放系数变化的碳排放效应，记为 dce_1；类似地有 dES_1、def_1、dIS_1、dGP_1、dEP_1 和 dP_1。公式（9-5）各项记法同公式（9-4）。

进一步地，我们依照两极法取上述两种分解形式的平均值，则有：

$$\Delta c_{consn}^{s} \tag{9-6}$$

$$= \frac{1}{2}(dce_1 + dce_2) + \cdots\cdots\cdots\cdots dce$$

$$\frac{1}{2}(dES_1 + dES_2) + \cdots\cdots\cdots\cdots dES$$

$$\frac{1}{2}(def_1 + def_2) + \cdots\cdots\cdots\cdots def$$

$$\frac{1}{2}(dIS_1 + dIS_2) + \cdots\cdots\cdots\cdots dIS$$

$$\frac{1}{2}(dGP_1 + dGP_2) + \cdots\cdots\cdots\cdots dGP$$

$$\frac{1}{2}(dEP_1 + dEP_2) + \cdots\cdots\cdots\cdots dEP$$

$$\frac{1}{2}(dP_1 + dP_2) \cdots\cdots\cdots\cdots dP$$

由此可得地区 s 狭义消费视角碳排放变化量的各驱动因素的影响效应，分别是单位能耗碳排放系数变化的碳排放效应（dce）、能源结构变化的碳排放效应（dES）、能源消费强度变化的碳排放效应（def）、产业结构变化的碳排放效应（dIS）、人均地区生产总值变化的碳排放效应（dGP）、人均生活能源消费量变化的碳排放效应（dEP）以及人口变化的碳排放效应（dP）。

（2）基于多区域投入产出模型的结构分解分析

另外一种分解方法是基于多区域投入产出模型的结构分解分析。为识别贸易伙伴变化对各省份碳排放的影响，我们借鉴潘晨（2019）[314] 所提出的考虑贸易结构的结构分解分析法的第一阶段，在式（9-1）所示的广义消费视角碳排放核算所涉及的几个因素的基础上增加最终需求的产品来源结构变化这一因素。同样地，由于分解形式不唯一，这里仍然采用了两极法。

分解形式一：

$$\Delta c_{consb}^{s} = cf_1 \cdot L_1 \cdot (y_{srce\ 1}^{*,s} \odot y_{sec\ 1}^{*,s}) \cdot y_{v\ 1}^{*,s} - \tag{9-7}$$

$$cf_0 \cdot L_0 \cdot (y_{srce\ 0}^{*,s} \odot y_{sec\ 0}^{*,s}) \cdot y_{v\ 0}^{*,s}$$

$$= \Delta cf \cdot L_0 \cdot (y_{srce}^{*,s}{}_0 \odot y_{sec}^{*,s}{}_0) \cdot y_v^{*,s}{}_0 + \cdots\cdots\cdots dcf_1$$

$$cf_1 \cdot \Delta L \cdot (y_{srce}^{*,s}{}_0 \odot y_{sec}^{*,s}{}_0) \cdot y_v^{*,s}{}_0 + \cdots\cdots\cdots dL_1$$

$$cf_1 \cdot L_1 \cdot (\Delta y_{srce}^{*,s} \odot y_{sec}^{*,s}{}_0) \cdot y_v^{*,s}{}_0 + \cdots\cdots\cdots dysrce_1$$

$$cf_1 \cdot L_1 \cdot (y_{srce}^{*,s}{}_1 \odot \Delta y_{sec}^{*,s}) \cdot y_v^{*,s}{}_0 + \cdots\cdots\cdots dysec_1$$

$$cf_1 \cdot L_1 \cdot (y_{srce}^{*,s}{}_1 \odot y_{sec}^{*,s}) \cdot \Delta y_v^{*,s} \cdots\cdots\cdots dyv_1$$

分解形式二：

$$\Delta c_{consb}^{s} = cf_1 \cdot L_1 \cdot (y_{srce}^{*,s}{}_1 \odot y_{sec}^{*,s}{}_1) \cdot y_v^{*,s}{}_1 -$$

$$cf_0 \cdot L_0 \cdot (y_{srce}^{*,s}{}_0 \odot y_{sec}^{*,s}{}_0) \cdot y_v^{*,s}{}_0 \tag{9-8}$$

$$= \Delta cf \cdot L_1 \cdot (y_{srce}^{*,s}{}_1 \odot y_{sec}^{*,s}{}_1) \cdot y_v^{*,s}{}_1 + \cdots\cdots\cdots dcf_2$$

$$cf_0 \cdot \Delta L \cdot (y_{srce}^{*,s}{}_1 \odot y_{sec}^{*,s}{}_1) \cdot y_v^{*,s}{}_1 + \cdots\cdots\cdots dL_2$$

$$cf_0 \cdot L_0 \cdot (\Delta y_{srce}^{*,s} \odot y_{sec}^{*,s}{}_1) \cdot y_v^{*,s}{}_1 + \cdots\cdots\cdots dysrce_2$$

$$cf_0 \cdot L_0 \cdot (y_{srce}^{*,s}{}_0 \odot \Delta y_{sec}^{*,s}) \cdot y_v^{*,s}{}_1 + \cdots\cdots\cdots dysec_2$$

$$cf_0 \cdot L_0 \cdot (y_{srce}^{*,s}{}_0 \odot y_{sec}^{*,s}) \cdot \Delta y_v^{*,s} \cdots\cdots\cdots dyv_2$$

其中，Δc_{consb}^{s} 代表区域 s 的广义消费视角碳排放变化量。cf 和 L 的含义同公式（9-1）。将区域 s 的最终需求分解为最终需求产品来源结构（$y_{srce}^{*,s}$）、最终需求部门结构（$\Delta y_{sec}^{*,s}$）和最终需求总量（$y_v^{*,s}$）三项。在分解形式一中，各因素的变化所引起的消费视角碳排放变化效应分别记为 dcf_1，dL_1，$dysrce_1$，$dysec_1$ 和 dyv_1。分解形式二与之类似，不再赘述。

进一步地，我们依照两极法取两种分解形式的平均值，则有：

$$\Delta c_{consb}^{s} \tag{9-9}$$

$$= \frac{1}{2}(dcf_1 + dcf_2) + \cdots\cdots\cdots\cdots dcf$$

$$\frac{1}{2}(dL_1 + dL_2) + \cdots\cdots\cdots\cdots dL$$

$$\frac{1}{2}(dysrce_1 + dysrce_2) + \cdots\cdots\cdots dysrce$$

$$\frac{1}{2}(dysec_1 + dysec_2) + \cdots\cdots\cdots dysec$$

$$\frac{1}{2}(dyv_1 + dyv_2) \cdots\cdots\cdots\cdots dyv$$

由此可得各驱动因素对地区 s 的广义消费视角碳排放变化量的影响效应，包括碳排放强度变化的碳排放效应（ dcf ）、生产技术变化的碳排放效应（ dL ）、最终需求产品来源结构变化的碳排放效应（ $dysrce$ ）、最终需求部门结构变化的碳排放效应（ $dysec$ ）和最终需求总量变化的碳排放效应（ dyv ）。

（二）研究数据

1. 数据来源

研究采用了五类数据，包括中国分省份能源生产和消费数据、分省份分行业二氧化碳排放数据、省级 MRIO 模型、分省份分行业增加值数据以及分省份人口数据。对各类数据来源的说明如下：

（1）分省份能源生产和消费数据。分省份分行业能源消费数据取自中国碳核算数据库[18]，能源平衡表取自相应年份的《中国能源统计年鉴》[315－318]。

（2）分省份分行业二氧化碳排放数据。包括化石能源消费及工业生产过程（主要是水泥生产过程）所产生的二氧化碳排放。具体地，基于各省份能源平衡表及 CEADs 数据库[312]所估计的分部门能源终端消费量，沿用 Pan 等[7]所提供的估计方法加以核算。但由于缺少连续年份的各省份水泥熟料产量数据，本书直接采用 CEADs 数据库提供的工业生产过程二氧化碳排放①。

（3）省级 MRIO 模型。来自国务院发展研究中心李善同研究团队[67,292,319]。模型覆盖 2002 年、2007 年、2012 年和 2017 年四个投入产出年份，包含 31 个大陆省份②，42 个部门③。

---

① 未直接采用 CEADs 数据库各省分部门碳排放量数据的原因是，本书狭义消费视角碳排放的核算需要用到火力发电和供热两个能源加工转换过程的碳排放量，而 CEADs 未提供此数据。
② 由于国家统计局未出版 2002 年和 2007 年的西藏投入产出表，因此 2002 年和 2007 年两年的 MRIO 模型仅包含 30 个大陆省份。
③ 各年份虽均有 42 个部门，但部门分类有所调整。国务院发展研究中心李善同研究团队所编制的模型遵从了国家统计局所出版的各年地区投入产出表的部门分类标准。

（4）分省份分行业增加值数据。1997～2017年的分省份分行业增加值数据来自国家统计局[5]，共包含9个行业，分别是农林牧渔业，工业，建筑业，批发和零售业，交通运输、仓储和邮政业，住宿和餐饮业，金融业，房地产业，以及其他行业。

（5）分省份人口数据。指常住人口，取自国家统计局[5]。

2. 部门匹配

由于上述各类数据的部门划分不甚一致，需要将其按照部门含义进行匹配。表9.1和表9.2分别是分行业增加值数据与碳排放和能源数据的部门匹配结果，省级MRIO模型与碳排放和能源数据的部门匹配结果，前者用于基于Kaya恒等式的结构分解分析，后者用于基于MRIO模型的结构分解分析。

表9.1 基于Kaya恒等式的结构分解分析的部门分类

序号	部门列表	序号	部门列表
1	农业	4	交通运输、仓邮和邮政业
2	工业	5	批发零售、住宿和餐饮业
3	建筑业	6	其他服务业

表9.2 基于MRIO模型的结构分解分析的部门分类

序号	部门列表	序号	部门列表
1	农林牧渔产品和服务	11	石油、炼焦产品和核燃料加工品
2	煤炭采选产品	12	化学产品
3	石油和天然气开采产品	13	非金属矿物制品
4	金属矿采选产品	14	金属冶炼和压延加工品
5	非金属矿和其他矿采选产品	15	金属制品
6	食品和烟草	16	通用、专用设备制造业
7	纺织品	17	交通运输设备
8	纺织服装鞋帽皮革羽绒及其制品	18	电气机械和器材
9	木材加工品和家具	19	通信设备、计算机和其他电子设备
10	造纸印刷和文教体育用品	20	仪器仪表

序号	部门列表	序号	部门列表
21	废品废料和其他制造业	25	建筑业
22	电力、热力的生产和供应	26	交通运输、仓储和邮政
23	燃气生产和供应	27	批发零售和住宿餐饮
24	水的生产和供应	28	其他服务业

3. 价格处理

结构分解分析要求经济数据的价格可比，因此我们采用相应的价格指数对上述经济数据进行了调整。为了减小价格指数造成的多年累计误差，我们统一将经济数据折算为前一年（或前一个投入产出年）的价格，从而保证相邻两个年份（或相邻的投入产出年份）的经济数据可比。对于分行业增加值数据，我们利用 GDP 平减指数来调整价格，所采用的 GDP 平减指数由国家统计局所公布的 GDP 指数推算而来。对于投入产出模型，我们依照 Pan 等（2018）[84] 提供的思路，优先使用分行业工业生产者价格指数和农产品生产价格指数，对于没有生产者价格指数的部门，则借用产品类别相近的商品零售价格指数或居民消费价格指数。这些价格指数的来源为国家统计局以及相应年份的《中国价格统计年鉴》。

四　实证研究结果

（一）各省份消费视角碳排放核算结果

基于上述扩展的消费视角碳排放的概念，对中国各省份 1997～2017 年的消费视角碳排放进行了核算，一方面验证狭义消费视角碳排放概念的可行性，另一方面从消费视角分析中国各省份的碳排放演变特征，并与生产视角做对比。

可以看到，本书所提出的狭义消费视角碳排放核算结果与经典的广义消费视角碳排放核算结果呈现较为一致的发展态势（见图 9.1）。从与生产视角碳排放量的关系来看，两种消费视角碳排放量也呈现较为一致的特点。这说明本书所提出的狭义消费视角碳排放能够在相当程度上反映出各省份消费视角碳排放的基本特征。

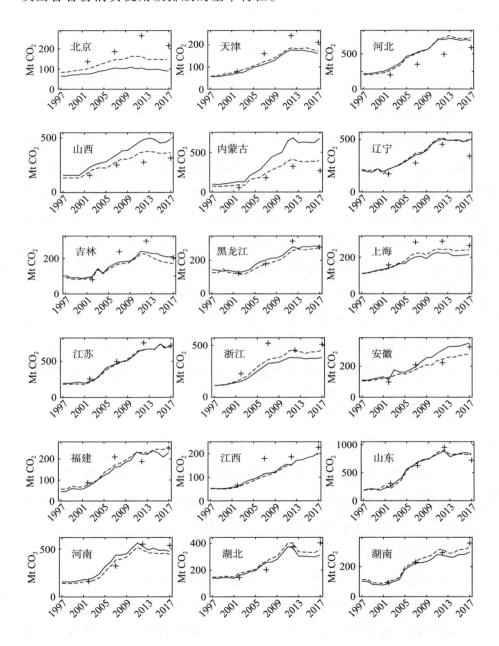

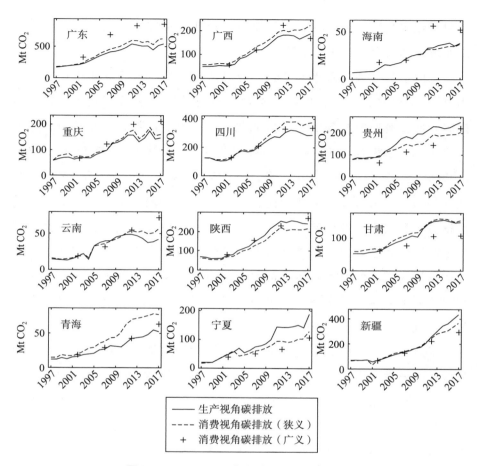

图 9.1　1997～2017 年各省份多视角碳排放

1997～2012 年，各省份生产视角碳排放快速增长的同时，消费视角碳排放也迅速增长。随后，大多数省份的消费视角碳排放增速在 2012 年前后开始下降，北京、天津等省份的消费视角碳排放绝对量甚至也呈现下降态势。这在一定程度上与 2012 年前后高碳排放产业逐渐向内陆省份转移使得本地生产本地消费碳排放量降低有关。这一产业转移一是由于东部省份的土地、劳动力等要素价格上升，二是由于东部省份环境规制力度较大。而西部的青海和新疆等省份的消费视角碳排放则有所上升。其中，青海消费视角碳排放所呈现的持续上升态势与其电力价格较低，吸引了较多高耗能产业有关。新疆的消费视角碳排放的上升则可能与其产业政策的吸引力有关。

总体上，经济较发达省份的消费视角碳排放显著高于其生产视角碳排放[1]，而经济欠发达省份的消费视角碳排放则显著低于其生产视角碳排放。比较典型的经济发达省份如北京、上海、浙江、广东等省份，其2017年的消费视角碳排放分别高出其生产视角碳排放65.33%/140.16%、12.77%/25.29%、18.97%/35.41%、16.39%/58.69%（狭义/广义）。这些省份所消费的他省产品的生产过程碳排放高于其供给其他省份产品的生产过程碳排放，其中电热占到很大比重。通过电热消费与生产数据能够看到，这类省份发电供热量通常小于其用电热量，即其经济发展所需要的电力和热力需要其他省份的支持。例如，北京和上海2017年的用电热量分别是其发电供热量的1.74倍和1.64倍，浙江和广州也分别达到了1.15倍和1.22倍。

反之，山西、内蒙古、贵州、宁夏等省份则是典型的消费视角碳排放低于生产视角碳排放的省份，其2017年的消费视角碳排放分别低于其生产视角碳排放25.4%/35.44%、40.83%/60.41%、18.82%/10.74%、32.07%/41.94%（狭义/广义）。这些省份所消费的他省产品的生产过程碳排放低于其供给其他省份产品的生产过程碳排放。特别是用电热量显著低于其发电供热量，2017年，这些省份的用电热量仅约占发电供热量的70%左右，可以说其支持着其他省份的经济发展。

需要说明的是，在上述普遍特征外也存在一些例外，有些省份虽然人均GDP不高，其狭义消费视角碳排放却也高于生产视角碳排放，如四川、云南等省份。原因之一在于本书的核算中，各省份均借助了全国平均发电和供热碳排放系数，但各省份电力结构存在不同，从而这一系数的实际值也有所不同。四川和云南尤其显著，其一次电力占比极高，加

---

[1] 即"数据来源"中所述分省份二氧化碳排放数据，包括化石能源消费及工业生产过程（主要是水泥生产过程）所产生的二氧化碳排放。

之自身发电供热量大，且远超其用电热量，从而本书所核算的这类省份的狭义消费视角碳排放将高于其实际的消费视角碳排放。

（二）消费视角下各省份碳排放驱动因素分解结果

消费视角下碳排放驱动因素的分解能够反映与一个省份相关联的各省份的生产、生活活动特征对该省份碳排放量的影响。本书利用两套数据、两种分解方法对此加以分析。

从图9.2和图9.3所示分解结果可以看出，人均GDP的增长和最终需求总量的上升是促进各省份消费视角碳排放量上升的主要驱动力。基于省级MRIO模型进一步分解发现，出口总量增长所引起的碳排放量增长在各省份由最终需求总量增长引起的消费视角碳排放量增长中的占比逐渐下降，从2002~2007年的34.82%下降到2012~2017年的9.79%。这说明各省份自身最终需求总量的上升所引起的碳排放量的增速显著高于其出口总量增长所引起的碳排放量的增速。而终端能源消费强度的大幅下降仍然是抑制各省份碳排放量增长的主要因素（见图9.2）。在部门层面发现，这主要得益于工业和交通运输业能源消费强度的显著下降。消费视角下，能源消耗的碳排放系数的降低对碳排放增长产生了较为显著的抑制作用，主要是发电供热的能源转换效率提高，以及一次电力占比的提高。与上述两个因素相统一，碳排放强度的下降亦仍是抑制各省份碳排放量增长的主要因素。基于MRIO分解的消费视角碳排放强度实际上反映了所有省份碳排放强度变化对每个省份碳排放量的影响。可以看到，虽然碳排放强度的下降对各省份消费视角碳排放量的影响均为抑制作用，但碳排放强度的变化对各省份碳排放量的影响程度并不一致（见图9.3），这与各省份的消费结构及产品来源结构有关。

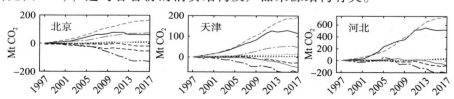

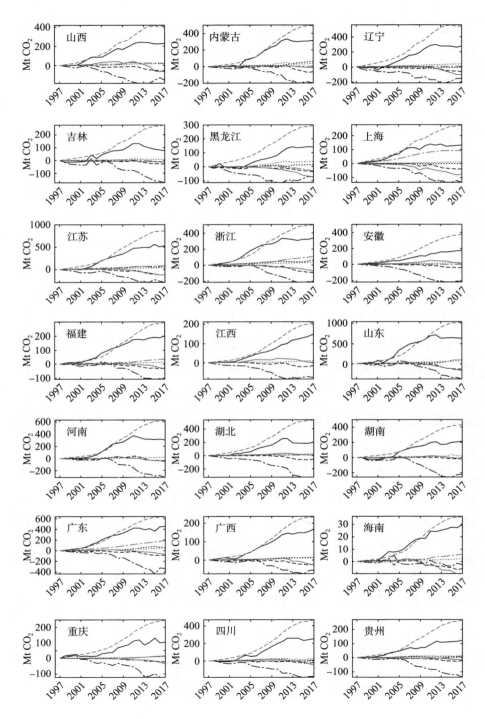

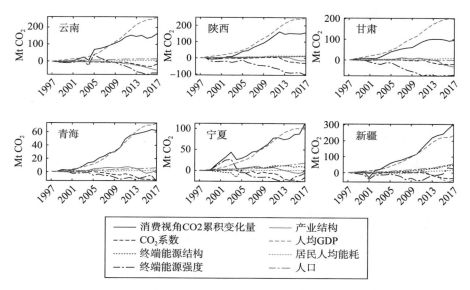

图 9.2 1997~2017 年基于 Kaya 恒等式的消费视角碳排放驱动因素分解

　　其他因素对各省份消费视角碳排放的影响虽不显著，但也值得关注。2002~2017 年，生产技术对部分省份的消费视角碳排放量亦有一定的促进作用①，在 2002~2012 年尤为显著（见图 9.3）。实际上，2002~2012 年，生产技术对消费视角碳排放量的影响很大程度上是 2002 年中国电力系统改革中"厂网分开"所致，因此这主要是统计数据带来的"效应"[151]。可以看到，2012~2017 年，生产技术的变化对大多数省份的消费视角碳排放具有抑制作用，这说明中国各省份整体的生产技术在这一时期呈低碳化发展态势。近年来，产业结构的优化对大多数省份的碳排放也起到了抑制作用，比较显著的如北京、上海、黑龙江等省份（见图 9.2）；这主要得益于工业增加值在地区生产总值中份额下降，伴以服务业份额上升，尤其是除交通运输、仓储和邮政业及批发零售、住宿和餐饮业以外的服务业。消费视角下，终端能源结构的变化对碳排放

---

① 与碳排放强度类似，基于 MRIO 分解的消费视角下生产技术的变化实际上也反映的是所有省份生产技术的变化。

增加产生了微弱的促进作用，主要是因为近年来电力消费在终端能源消费中占比的提高。但这一促进作用被以煤炭为主的化石能源占比的下降以及碳排放系数的优化所抵消，主要原因也在于电力热力生产的碳排放系数持续下降。可见，单纯的电气化比例上升将导致全局碳排放量的增加。终端用能在提高电气化比例的同时也应降低电力热力生产系统中火力发电和供热的比重。大多数省份最终需求结构的变化使其消费视角碳排放量有所减少，比较突出的如河北、内蒙古、辽宁等省份，究其原因主要是直接高碳排放部门（如金属冶炼和压延加工品，电力、热力的生产和供应等）或产业链高碳排放部门（如建筑业等）在其最终需求结构中占比的下降。由此可见，从消费视角来看，各省份最终需求结构有所改善。

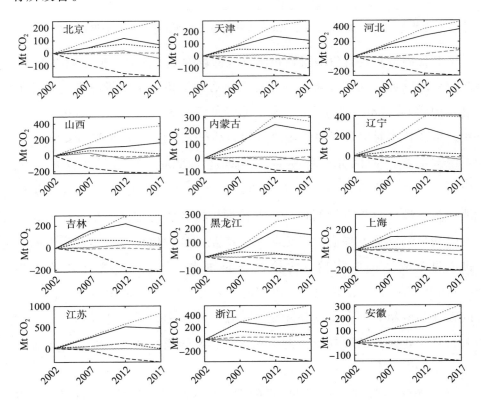

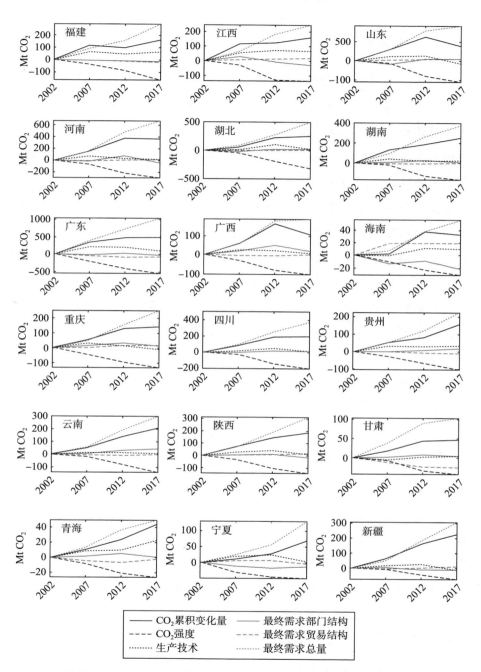

图 9.3　2002～2017 年基于 MRIO 的消费视角碳排放驱动因素分解

五　结论与讨论

本书通过对消费视角碳排放概念的拓展，核算了中国各省份 1997 ~ 2017 年的广义和狭义消费视角碳排放量，并结合 Kaya 恒等式和 SDA 方法，对各省份广义和狭义消费视角碳排放发展变化的驱动因素进行分解，得到如下主要结论。①与一般研究结论相统一，无论是广义还是狭义消费视角碳排放，经济较发达省份的消费视角碳排放往往高于其生产视角碳排放，经济欠发达省份的情况则与之相反。在一定程度上，经济欠发达省份通过其高碳排放产品支撑了经济发达省份的发展，当然，后者也为前者提供了市场，拉动了前者的经济发展。②从消费视角来看，经济发展水平的提高和经济规模的增长始终是促进碳排放增长的主要原因，而碳排放强度和能源消费强度的下降则是抑制碳排放增长的主要原因，能源结构的低碳化是抑制碳排放增长的关键潜在因素。③产业结构的优化，从另一个角度也反映在最终需求部门结构上，对抑制碳排放的增长具有重要的结构性意义。产业结构的优化体现为工业占比下降而新兴服务业占比上升；需求结构的调整实际上与产业结构优化相关联；而生产技术的改进体现为高碳排放产品中间投入比例的降低。

政策启示如下。①引入消费视角碳排放作为碳减排相关政策的参考依据，在助力实现碳减排目标的同时促进区域协调可持续发展。省份之间碳减排分担机制应更多地考虑系统性，兼顾区域经济发展和全国碳达峰、碳中和目标，以实现碳减排效果的整体最优。为此，可在现有生产视角为主的碳排放核算体系的基础上，增加以狭义消费视角碳排放为主、广义消费视角碳排放为辅的消费视角碳排放核算体系，以及时掌握各省份消费视角碳排放量，进而从生产和消费两侧同时发力，更加高效地实现碳达峰、碳中和。②终端用能的电气化进程应配合以电力热力生产系统中火力发电和供热比重的下降。虽然在研究期内，终端能源消费结构中电力消费占比的提高导致中国碳排放量增加的效应并不显著，但在未来中国为实现碳中和而大力提高电力在终端消费中的占比（例如电动汽车、电力取暖、产业智能化和电气化等）的发展趋势下，必须配合以一次电力（水电、风电、光伏发电、核电）比例的提高，即大幅降低电力生产的碳排放系数，否则将对中国碳达峰、碳中和带来更大的阻力。③进一步调整各省份产业结构，以实现可持续的低碳转型发展。结构性调整是更可持续的实现碳达峰的发展路径，也是实现碳达峰、碳中和的必由之路。产业结构调整是一项系统性的优化方案，优化产业结构与能效提高、生产技术改进、需求结构调整等紧密相关。调整产业结构有两条路径：一是调整产业间比例结构，提高低碳排放产业的比重的同时降低高碳排放产业的比重；二是升级产业内部生产环节，由碳排放量较高的环节转向碳排放量较低环节。

第十章

研究结论与展望

一　结论与政策建议

（一）研究结论

本书通过构建中国省级多区域投入产出模型及核算中国省份分部门二氧化碳排放，利用环境扩展的多区域投入产出模型分析了中国各省份2002～2017年的生产侧、消费侧碳排放以及省际碳排放转移的结构变化，并将省际碳排放转移按照源头和去向分解至省份及部门层面以剖析其细分特征；进一步从区域平衡视角、省际贸易视角及消费视角，探究了我国省份出口隐含的碳排放与就业的区域平衡问题及省份碳排放增长的驱动因素。研究的主要结论如下。

（1）中西部省份与东部沿海省份之间的碳排放转移由2002～2007年的中西部向东部大量转移，转变为中西部省份与东部省份之间的相互转移。2002～2007年，东部省份凭借其工业基础和区位优势高速发展，中国沿海导向的省际碳排放转移明显增加，东部省份之间及由中西部省份向东部沿海省份的碳排放转移很高。之后，随着东部省份生产、生活成本的上升及中部崛起、西部大开发等一系列区域发展政策的出台或强化，中西部省份进入较快速发展时期，逐渐越来越多地参与到全国的生产活动中，同时也产生了更多的消费和投资需求。2007～2012年，在大多数地区二氧化碳排放的增长速度大幅放缓的同时，内蒙古、山西等中西部工业或资源大省的排放量增长显著。东部省份之间的碳排放转移减弱，而东部省份与中西部省份之间的碳排放转移有显著增长。

（2）省份碳排放及其省际转移的主导需求由 2002～2007 年的出口和投资共同主导，转变为 2007～2012 年的投资单独主导。2002～2007 年，随着中国加入世界贸易组织，东部省份之间活跃的碳排放转移主要由出口引起，引起碳排放增长的投资也以东部省份为主。在此期间，省际碳排放转移增加量的约 50% 与投资有关，其次是与出口和消费有关的碳排放转移。2007 年之后，可能是受到 2008 年金融危机的影响，中国出口隐含碳排放量趋于稳定甚至有所下降，中国省份之间由出口引起的碳排放转移出现下降。2007～2012 年，省际碳排放转移的持续增长主要与投资相关（99%）。中西部省份投资需求所引起的碳排放的增幅最大。建筑部门、制造部门和交通运输部门的投资需求引起了较大的碳排放增长。

（3）2012～2016 年，东部省份作为中国出口的主要地区，在通过自身大量的直接出口获取增加值的同时，也获得了相对较多的就业，并付出了大量的碳排放；相比较而言，中西部省份通过直接或间接参与出口所获得的增加值较低，同时所获得就业及付出的碳排放量也较低，且以东部省份出口的间接拉动为主。出口对各省份就业与碳排放的相对贡献的确存在显著的不平衡现象，体现为出口对各省份就业贡献率总体上低于碳排放贡献率，且从时间维度看，多数省份的这一不平衡现象呈现扩大态势。各省份就业与碳排放的相对贡献存在区域间不平衡，具体表现在两方面。一方面，出口对省份就业与碳排放的贡献率总体上呈现东高西低、南高北低的特点；另一方面，出口对中西部省份就业与碳排放贡献率之间的不平衡程度显著大于东部省份。

（4）资源型的高碳排放部门的二氧化碳排放强度持续降低，然而一些终端排放强度较小但产业链排放较高的部门的生产结构却呈现高碳化趋势。研究期内，电力、热力的生产和供应部门的排放强度持续降低。

此外，2002～2007 年，东、中部省份的金属压延和加工部门的碳排放强度也有显著降低。2007～2012 年，中部省份的非金属矿物制品碳排放强度的降低也带来了较大的减排效应。然而，部分终端排放强度较小的部门生产结构的改变却拉动了碳排放的增长。最为显著的是建筑部门，其生产中投入了更大比例的电力、热力、钢材、水泥等高排放产品，使得其产业链碳排放量较高。加之大量投资对建筑部门的需求，又放大了其生产结构的高碳化。除此之外，投资拉动下的技术密集型产品的制造和消费拉动下的服务部门也有较高的产业链碳排放，其对电力、热力和设备的最终需求的增长不利于碳排放量的控制。

（5）经济较发达省份的消费视角碳排放往往高于其生产视角碳排放，经济欠发达省份的情况则与之相反。在一定程度上，经济欠发达省份通过其高碳排放产品支撑了经济发达省份的发展，当然，后者也为前者提供了市场，拉动了前者的经济发展。从消费视角来看，经济发展水平的提高和经济规模的增长始终是促进碳排放增长的主要原因，而碳排放强度和能源消费强度的下降则是抑制碳排放增长的主要原因，能源结构的低碳化是抑制碳排放增长的关键潜在因素。产业结构的优化，从另一个角度也反映在最终需求部门结构上，对抑制碳排放的增长具有重要的结构性意义。产业结构的优化体现为工业占比下降而新兴服务业占比上升；需求结构的调整实际上与产业结构优化相关联；而生产技术的改进体现为高碳排放产品中间投入比例的降低。

（二）政策启示

针对以上结论及其政策启示，本书尝试为中国二氧化碳减排政策提出一些建议。

（1）在关注东部高排放量省份减排的同时，也应对中西部省份在中国减排工作中的角色予以重视。如上文所述，中西部省份参与生产的程度越来越深，未来，随着其产业的进一步发展以及"一带一路"倡议的带动，中西部省份与国内外市场的经济联系还将进一步深化。这与其相对高碳的产业结构和生产技术形成了矛盾。为解决这一矛盾，可采取两方面的措施。一方面是优化生产技术，例如，中部省份可以"全国重要先进制造业中心"的规划定位为契机，鼓励低碳生产技术的发展，与生产技术较为先进的东部省份进行减排技术的合作；适当提高产业准入门槛，防止中西部省份成为东部省份高排放产业的简单承接者；西部省份可发挥其新能源基地的优势，从产业链源头控制二氧化碳排放。另一方面也可采用市场手段进行规制，例如可将现行碳交易系统进一步完善和推广、引入碳税机制等。

（2）在关注投资直接引发的大量碳排放增长的同时，还应重视这些新投产项目将带来的潜在碳排放。投资已成为中国碳排放增长的主要拉动力，新增投资不但在投资过程中拉动了碳排放的增长，也意味着新增的生产和需求，从而带来新的排放增长。除前文已提到的制造业外，一个重要的投资是对交通基础设施的投资，并且随着国内区域协调发展、国际区域间合作等相关政策和倡议的刺激，交通基础设施还将继续得到大力发展。这将带来交通运输活动的大幅增长，同时也将伴随大量二氧化碳排放。因此，有必要采取相应措施来控制交通运输活动碳排放的大幅增加，如用电动汽车取代燃料汽车以削减交通运输活动潜在的碳排放增长。除此之外，还应同时配合电力生产的低碳化。与制造业和交通基础设施相反，新增对新能源发电项目的投资则有利于从产业链源头减少碳排放。因此，有必要改善输电网络和储能系统，这将不仅有助于减少西北地区的生产侧碳排放，也将减少整个产业链中的碳排放。

（3）在强调高碳排放部门碳排放强度降低的同时，也应关注全产业链碳排放较高的部门，并对需求结构进行引导。以建筑部门为主的产业链高排放部门的生产中消耗了较大比例的高碳排放强度部门的产品，加之投资对建筑部门需求的大幅度增长，导致了其较为显著的二氧化碳排放增长。在产业链中，建筑部门既是建筑产品的供应方，也是原材料的购买方，因此或可从两个角度控制与其相关的碳排放。一是从其供应方的角色入手，优化其生产技术，促进其生产结构的低碳化；二是作为原材料的购买方，可对建筑企业进行全产业链的碳排放考核，不仅直接对建筑部门施压，也可间接对其原材料的供应商施压。除对建筑等部门的生产活动采取措施外，也有必要从需求侧引导消费结构的改变，并通过消费者的选择向供给侧施加倒逼的减排压力，如使用碳标签，对选择低碳产品的行为予以补贴、积分、特权奖励等措施。

（4）应系统考虑针对不同系统或主体的政策之间的相互影响。不同系统之间、同一系统的不同主体之间存在着复杂的联系。在中国碳减排问题中，经济系统和环境系统通过经济活动的环境外部性相连，各个省份之间通过错综复杂的贸易网络相连，因此，政策的制定应系统考虑这些联系，而非将其简单割裂单独讨论。针对不同系统和主体的政策会对其他系统和主体造成影响，例如，前文多次提到的投资对碳排放的主导作用就可能与政策的导向相关：应对 2008~2009 年全球金融危机的一系列投资导向性措施对碳排放产生影响，"中部崛起"战略对中部地区产业结构产生影响进而影响其碳排放结构，"西电东送"项目对东、西部省份之间碳排放转移产生影响，等等。从中可得到对政策制定的启示，即应注意经济政策的实施对环境和气候变化的潜在影响，以及各地区的气候政策与省份之间的经济联系的相互作用。

（5）区域不平衡发展不仅体现在经济上，而且综合反映在经济、社会与环境多个维度上，关注区域不平衡发展应从多个角度加以衡量。缓解出口对我国就业与碳排放不平衡性影响的途径之一是因地制宜地调整产业结构、促进产业升级，以提升各区域在全球价值链中的位置；同时注重发挥价值链的正向传导作用，使其成为促进地区经济、社会、环境平衡发展的有效工具。此外，区域发展政策应兼顾经济、社会与环境效应，具备系统性与前瞻性。未来，在 2030 年碳达峰与 2060 年碳中和目标约束下的高质量发展进程中，我国区域产业结构将发生重大变革，各区域在促进产业结构绿色化、推进产业体系现代化的同时，还应关注其对就业等社会问题的影响。

（6）将消费视角碳排放作为碳减排相关政策的参考依据，在助力实现碳减排目标的同时促进区域协调可持续发展。在省份之间碳减排分担机制中，应更多地考虑系统性，兼顾区域经济发展和全国碳达峰、碳中和目标，以实现碳减排效果的整体最优。结构性调整是更可持续的实现碳达峰的发展路径，也是实现碳达峰、碳中和的必由之路。终端用能的电气化进程应配合以电力热力生产系统中火力发电和供热比重的下降。更重要的是，进一步调整各省份产业结构，以实现可持续的低碳转型发展。产业结构调整是一项系统性的优化方案，优化产业结构与能效提高、生产技术改进、需求结构调整等紧密相关。调整产业结构有两条路径：一是调整产业间比例结构，提高低碳排放产业的比重的同时降低高碳排放产业的比重；二是升级产业内部生产环节，由碳排放量较高的环节转向碳排放量较低环节。

二 研究展望

由于主客观因素的限制，本书仍存在一定的局限性。下文对此进行说明，并对未来可能的改进方向做出阐述。同时基于本书的研究内容，尝试指出未来可能的拓展研究方向。

（1）由于数据基础的限制，本书对省际贸易流量的估计仅采用了铁路货物运输数据。随着电子商务的迅速兴起和交通基础设施的不断改善，这一数据基础可能逐渐凸显其局限性。未来，随着中国统计工作的发展，可尝试利用其他相关可得数据改善对省际贸易流量的估计。此外，个别省份也正在尝试将省际贸易流量加入投入产出调查，这将为省际贸易流量的估计带来极大的便利性。届时可利用这些调查数据核查对这几个省份省际贸易流量的估计，并据此对估计方法做出合理的改进。

（2）由于数据可得性的限制，本书对中国省份分部门、分能源品种的化石燃料消费数据的核算包含一定的估计；此外，对省份分部门二氧化碳排放的核算仅包含了所有化石燃料燃烧的二氧化碳排放及工业生产过程主要排放源——水泥生产过程的二氧化碳排放，这虽然囊括了绝大多数排放，也符合现有研究的一贯做法，但完备性稍有欠缺。未来，在数据可得的情况下，可改善对化石燃料燃烧二氧化碳排放的核算，并可考虑加入对工业生产过程、土地利用变化和林业、废弃物处置的二氧化碳排放及其他温室气体排放的核算。

（3）基于本书所构建的中国省级多区域投入产出模型可展开多方面的扩展研究，如区域经济一体化研究、国内价值链研究、省际资源转移研究等。同时也可对此模型进行一些探讨和拓展。例如对现有几个中国多区域投入产出数据库进行对比研究，与国际投入产出数据库类似，不同的中国多区域投入产出数据库可能更适用于特定问题的研究；又如将中国多区域投入产出数据与国家间投入产出数据进行对接，在一个更完备的系统中讨论中国省份碳排放问题等。

参考文献

［1］ IPCC. Climate Change 2014：Synthesis Report. Contribution of Working Groups Ⅰ, Ⅱ and Ⅲ ［M］// Core Writing Team, Pachauri R. K., Meyer L. A. Fifth Assessment Report of the Intergovernmental Panel on Climate Change, Geneva, Switzerland, 2014.

［2］ IPCC. Climate Change 2021：The Physical Science Basis ［M］// Core Writing Team, Pachauri R. K., Meyer L. A. Sixth Assessment Report of the Intergovernmental Panel on Climate Change, Geneva, Switzerland, 2022.

［3］ The United Nations. The Paris Agreement ［M］. Paris：United Nations Framework Convention on Climate Change, 2015.

［4］ Friedlingstein P., Jones M. W., O'Sullivan M., et al. Global Carbon Budget 2021 ［J］. Earth System Science Data, 2022, 14 (4)：1917 – 2005.

［5］ 国家统计局. 国家数据 ［DB/OL］. http：//data. stats. gov. cn. 访问时间：2021 年 6 月.

［6］ Leontief Wassily W. Quantitative Input and Output Relations in the Economic Systems of the United States ［J］. Review of Economics & Statistics, 1936, 18 (3)：105 – 125.

［7］ Leontief Wassily. Environmental Repercussions and the Economic Structure: An Input-Output Approach [J]. The Review of Economics and Statistics, 1970: 262 - 271.

[8] Leontief Wassily, Ford D. Air Pollution and the Economic Structure: Empirical Results of Input-Output Computations [M] // Brody A, Carter A P. Input-Output Techniques, Amsterdam: North-Holland, 1972.

[9] Wright David J. Good and Services: An Input-Output Analysis [J]. Energy Policy, 1974, 2 (4): 307 - 315.

[10] Bullard Clark W., Pilati David A. Reducing Uncertainty in Energy Analysis [A]. CAC document. NO. 205, 1976.

[11] Cleveland Cutler J., Costanza Robert, Hall Charles A. S., et al. Energy and the US Economy: A Biophysical Perspective [J]. Science, 1984, 225 (4665): 890 - 897.

[12] Lenzen Manfred, Pade Lise-Lotte, Munksgaard Jesper. CO_2 Multipliers in Multi-Region Input-Output Models [J]. Economic Systems Research, 2004, 16 (4): 391 - 412.

[13] Lenzen Manfred. Structural Path Analysis of Ecosystem Networks [J]. Ecological Modelling, 2007, 200 (3): 334 - 342.

[14] Minx J. C., Wiedmann T., Wood R., et al. Input-Output Analysis and Carbon Footprinting: An Overview of Applications [J]. Economic Systems Research, 2009, 21 (3): 187 - 216.

[15] Wiedmann Thomas, Wood Richard, Minx Jan C., et al. A Carbon Footprint Time Series of the UK-Results from a Multi-Region Input-Output Model [J]. Economic Systems Research, 2010, 22 (1): 19 - 42.

[16] Lenzen Manfred, Schaeffer Roberto, Karstensen Jonas, et al. Drivers of Change in Brazil's Carbon Dioxide Emissions [J]. Climatic Change, 2013, 121 (4): 815 - 824.

[17] Peters Glen P., Hertwich Edgar G. Pollution Embodied in Trade: The

Norwegian Case [J]. Global Environmental Change, 2006, 16 (4):
379 - 387.

[18] Peters Glen P., Hertwich Edgar G. Post-Kyoto Greenhouse Gas Inven-
tories: Production Versus Consumption [J]. Climatic Change, 2007,
86 (1 - 2): 51 - 66.

[19] Peters Glen P., Hertwich Edgar G. CO_2 Embodied in International
Trade with Implications for Global Climate Policy [J]. Environmental
Science & Technology, 2008, 42 (5): 1401 - 1407.

[20] Yamakawa Asuka, Peters Glen P. Using Time-Series to Measure Uncer-
tainty in Environmental Input-Output Analysis [J]. Economic Systems
Research, 2009, 21 (4): 337 - 362.

[21] Davis Steven J., Caldeira Ken. Consumption-Based Accounting of CO_2
Emissions [J]. Proceedings of the National Academy of Sciences of the
United States of America, 2010, 107 (12): 5687 - 5692.

[22] Davis Steven J., Peters Glen P., Caldeira Ken. The Supply Chain of
CO_2 Emissions [J]. Proceedings of the National Academy of Sciences of
the United States of America, 2011, 108 (45): 18554 - 18559.

[23] Peters G. P., Minx J. C., Weber C. L., et al. Growth in Emission
Transfers Via International Trade from 1990 to 2008 [J]. Proceedings
of the National Academy of Sciences of the United States of America,
2011, 108 (21): 8903 - 8908.

[24] Hoekstra Rutger, Michel Bernhard, Suh Sangwon. The Emission Cost
of International Sourcing: Using Structural Decomposition Analysis to
Calculate the Contribution of International Sourcing to CO_2 - Emission
Growth [J]. Economic Systems Research, 2016, 28 (2): 151 - 167.

[25] 陈锡康, 杨翠红. 投入产出技术 [M]. 北京: 科学出版社, 2011.

[26] Chenery Hollis Burnley. The Structure and Growth of the Italian Economy

[M]. United States of America: Mutual Security Agency, 1953.

[27] Moses Leon N. The Stability of Interregional Trading Patterns and Input-Output Analysis [J]. The American Economic Review, 1955, 45 (5): 803 – 826.

[28] Isard Walter. Interregional and Regional Input-Output Analysis: A Model of a Space-Economy [J]. The Review of Economics and Statistics, 1951, 33 (4): 318 – 328.

[29] Polenske Karen R. An Empirical Test of Interregional Input-Output Models: Estimation of 1963 Japanese Production [J]. American Economic Review, 1970, 60 (2): 76 – 82.

[30] Polenske Karen R. Empirical Implementation of a Multiregional Input-Output Gravity Trade Model [C]. Contributions to Input-Output Analysis, 1970: 143 – 163.

[31] Polenske Karen R. The US Multiregional Input-Output Accounts and Model [M]. Toronto: Lexing Books, 1980.

[32] Polenske Karen R. The Implementation of a Multiregional Input-Output Model for the United States [J]. Theory and Methods, 1972, 49.

[33] Polenske Karen R. Leontief's Spatial Economic Analyses [J]. Structural Change and Economic Dynamics, 1995, 6 (3): 309 – 318.

[34] Polenske Karen R. Leontief's "Magnificent Machine" and Other Contributions to Applied Economics [M]. Cambridge: Cambridge University Press, 2004.

[35] Carter Anne P. Structural Change in the American Economy [M]. Harvard University Press, 1970.

[36] Rose Adam, Casler Stephen. Input-Output Structural Decomposition Analysis: A CriticalAppraisal [J]. Economic Systems Research, 1996, 8 (1): 33 – 62.

［37］ Rose A. , Chen C. Y. Sources of Change in Energy Use in the U. S. E-conomy, 1972 – 1982： A Structural Decomposition Analysis ［J］. Re-sources and Energy, 1991, 13 （1）：1 – 21.

［38］ Dietzenbacher Erik, Los Bart. Structural Decomposition Techniques： Sense and Sensitivity ［J］. Economic Systems Research, 1998, 10 （4）： 307 – 324.

［39］ Sun J. W. Changes in Energy Consumption and Energy Intensity： A Complete Decomposition Model ［J］. Energy Economics, 1998, 20 （1）： 85 – 100.

［40］ Hoekstra Rutger, Van Den Bergh Jeroen C. J. M. Comparing Structural Decomposition Analysis and Index ［J］. Energy Economics, 2003, 25 （1）：39 – 64.

［41］ Su Bin, Ang B. W. Structural Decomposition Analysis Applied to Ener-gy and Emissions： Some Methodological Developments ［J］. Energy Economics, 2012, 34 （1）：177 – 188.

［42］ Su Bin, Ang B. W. Structural Decomposition Analysis Applied to Ener-gy and Emissions： Aggregation Issues ［J］. Economic Systems Re-search, 2012, 24 （3）：299 – 317.

［43］ IMPLAN. Economic Impact Analysis for Planning ［DB/OL］. http： // implan. com/state-level-data/.

［44］ IMPLAN Group. Implan Support ［EB/OL］. ［2018 年 6 月］. http： // support. implan. com/.

［45］ Hartwick John M. An Interregional Input-Output Analysis of the Eastern Canadian Economies ［A］. Queen's Economics Department Working Pa-per, 1969.

［46］ Berger Arthur. Canada's Provincial and Territorial Economic Accounts ［C］. Regional Products and Income Accounts, Beijing, 2010.

[47] Généreux Pierre A. , Langen Brent the Derivation of Provincial (Inter-Regional) Trade Flows: The Canadian Experience [C]. 14th International Input-Output Techniques Conference, Canada, 2002.

[48] Casini Benvenuti Stefano, Martellato Dino, Raffaelli Cristina. Intereg: A Twenty-Region Input-Output Model for Italy [J]. Economic Systems Research, 1995, 7 (2): 101 – 116.

[49] Casini Benvenuti Stefano, Paniccià Renato. A Multi-Regional Input-Output Model for Italy [A]. IRPET · Regional Institute for Economic Planning of Tuscany Villa La Quiete alle Montalve, 2003.

[50] Cherubini Luca, Paniccià Renato. A Multiregioanl Structural Analysis of Italian Regions [M] //Macroeconomic Modelling for Policy Analysis, Firenze: Firenze University Press, 2013.

[51] Stone Richard, Champernowne D. G. , Meade J. E. The Precision of National Income Estimates [J]. The Review of Economic Studies, 1942, 9 (2): 111 – 125.

[52] Bertini Simone, Paniccià Renato. Polluting My Neighbours: Linking Environmental Accounts to a Multi-Regional Input-Output Model for Italy, Methodology and First Results [C]. International Input-Output Meeting on Managing the Environment, 2008.

[53] Bureau Research and Statistics Department Economic and Industrial Policy. 2005 Inter-Regional Input-Output Table, a Debrief Report [R]. Ministry of Economy, Trade and Industry (METI), 2010.

[54] Ishikawa Yoshifumi, Miyagi Toshihiko. An Interregional Industrial Linkage Analysis in Japan, Using a 47 – Region Interregional Input-Output Table [J]. Studies in Regional Science, 2003, 34 (1): 139 – 152.

[55] Ishikawa Yoshifumi, Miyagi Toshihiko. The Construction of a 47 – Region Inter-Regional Input-Output Table, and Inter-Regional Interde-

pendence Analysis at Prefecture Level in Japan ［R］. European Region-al Science Association, 2004.

［56］ Hasegawa Ryoji, Kagawa Shigemi, Tsukui Makiko. Carbon Footprint Analysis through Constructing a Multi-Region Input-Output Table: A Case Study of Japan ［J］. Journal of Economic Structures, 2015, 4 (1): 5.

［57］ Lenzen Manfred, Geschke Arne, Wiedmann Thomas, et al. Compiling and Using Input-Output Frameworks through Collaborative Virtual Labo-ratories ［J］. Science of The Total Environment, 2014, 485 – 486: 241 – 251.

［58］ Madden John R. Federal: A Two-Region Multisectoral Fiscal Model of the Australian Economy ［D］. University of Tasmania, 1990.

［59］ Adams Philip D. , Horridge J. Mark, Parmenter Brian R. Mmrf-Green: A Dynamic, Multi-Sectoral, Multi-Regional Model of Australia ［R］. Victoria University, Centre of Policy Studies/IMPACT Centre, 2000.

［60］ Wittwer Glyn, Horridge Mark. Bringing Regional Detail to a Cge Model Using Census Data ［J］. Spatial Economic Analysis, 2010, 5 (2): 229 – 255.

［61］ Barros Gustavo, Guilhoto Joaquim José Martins. The Regional Economic Structure of Brazil in 1959: An Overview Based on an Inter-State Input Output System ［A］. The University of São Paulo, Regional and Urban Economics Lab Working Paper, Bratislava, Eslováquia, 2011.

［62］ Fernando Perobelli, Eduardo Haddad, Edson Domingues. Interdepend-ence among the Brazilian States: An Input-Output Approach ［R］. Eu-ropean Regional Science Association, 2006.

［63］ Eduardo Haddad, Alexandre Porsse, Wilson Rabahy. Tourists Expend-iture Multipliers: What Difference Do Financing Sources Play? ［C］.

51st Congress of the European Regional Science Association：New Challenges for European Regions and Urban Areas in a Globalised World，30 August-3 September 2011，Barcelona，Spain，2011.

［64］Haddad Eduardo A.，Marques Maria Carolina C. Technical Note on the Construction of the Interregional Input-Output System for the Concession Areas of Aneel ［A］. The University of São Paulo，Regional and Urban Economics Lab Working Paper，2012.

［65］Ichimura Shinichi，Wang Huijiong. Interregional Input-Output Analysis of the Chinese Economy ［M］. Singapore：World Scientific，2003.

［66］许宪春，李善同，齐舒畅，等 . 中国区域投入产出表的编制及分析 （1997 年） ［M］. 北京：清华大学出版社，2007.

［67］李善同，齐舒畅，许召元 . 2002 年中国地区扩展投入产出表：编制与应用 ［M］. 北京：经济科学出版社，2010.

［68］潘晨，何建武 . 2007 年中国地区扩展投入产出表的编制 ［M］∥ 李善同，齐舒畅，何建武 . 2007 年中国地区扩展投入产出表：编制与应用，北京：经济科学出版社，2016.

［69］潘晨 . 2012 年中国地区扩展投入产出表的编制 ［M］∥ 李善同，董礼华，何建武 . 2012 年中国地区扩展投入产出表：编制与应用，北京：经济科学出版社，2018.

［70］潘晨 . 2017 年中国省际间投入产出表的编制 ［M］∥ 李善同，潘晨，何建武，陈杰 . 2017 年中国省际间投入产出表：编制与应用，北京：经济科学出版社，2021.

［71］张亚雄，齐舒畅 . 2002、2007 年中国区域间投入产出表 ［M］. 北京：中国统计出版社，2012.

［72］国家信息中心 . 中国区域间投入产出表 ［M］. 北京：社会科学文献出版社，2005.

［73］刘卫东，陈杰，唐志鹏，等 . 中国 2007 年 30 省区市区域间投入产

出表编制理论与实践［M］. 北京：中国统计出版社，2012.

［74］ 刘卫东，唐志鹏，陈杰，等. 2010 年中国 30 省区市区域间投入产出表［M］. 北京：中国统计出版社，2014.

［75］ 刘卫东，唐志鹏，韩梦瑶. 2012 年中国 31 省区市区域间投入产出表［M］. 北京：中国统计出版社，2018.

［76］ 石敏俊，张卓颖. 中国省区间投入产出模型与区际经济联系［M］. 北京：科学出版社，2012.

［77］ Zhang Zhuoying, Shi Minjun, Zhao Zhao. The Compilation of China's Interregional Input-Output Model 2002 ［J］. Economic Systems Research, 2015, 27（2）: 238 – 256.

［78］ Mi Z., Meng J., Zheng H., et al. A Multi-Regional Input-Output Table Mapping China's Economic Outputs and Interdependencies in 2012 ［J］. Scientifc Data, 2018, 5: 180155.

［79］ 刘强，冈本信广. 中国地区间投入产出模型的编制及其问题［J］. 统计研究，2002（9）: 58 – 64.

［80］ 庞军，高笑默，石嫒昌，等. 基于 MRIO 模型的中国省级区域碳足迹及碳转移研究［J］. 环境科学学报，2017，37（5）: 2012 – 2020.

［81］ Peters Glen P. Policy Update: Managing Carbon Leakage ［J］. Carbon Management, 2014, 1（1）: 35 – 37.

［82］ Wang Zhi, Wei Shangjin, Zhu Kunfu. Quantifying International Production Sharing at the Bilateral and Sector Levels ［A］. NBER WORKING PAPER, 2013: 19677.

［83］ Mi Zhifu, Meng Jing, Guan Dabo, et al. Chinese CO_2 Emission Flows Have Reversed since the Global Financial Crisis ［J］. Nature Communications, 2017, 8（1）: 1712.

［84］ Pan Chen, Peters Glen P., Andrew Robbie M., et al. Structural Changes in Provincial Emission Transfers within China ［J］. Environmental Science & Technology, 2018, 52 (22): 12958 – 12967.

[85] Li Meng, Gao Yuning, Meng Bo, et al. Managing the Mitigation: Analysis of the Effectiveness of Target-Based Policies on China's Provincial Carbon Emission and Transfer [J]. Energy Policy, 2021, 151: 112189.

[86] Liang Qiaomei, Fan Ying, Wei Yiming. Multi-Regional Input-Output Model for Regional Energy Requirements and CO_2 Emissions in China [J]. Energy Policy, 2007, 35 (3): 1685 – 1700.

[87] 姚亮, 刘晶茹, 王如松, 等. 基于多区域投入产出 (Mrio) 的中国区域居民消费碳足迹分析 [J]. 环境科学学报, 2013, 33 (7): 2050 – 2058.

[88] 闫云凤. 消费碳排放责任与中国区域间碳转移——基于 mrio 模型的评估 [J]. 工业技术经济, 2014 (8): 91 – 98.

[89] Su Bin, Ang B. W. Input-Output Analysis of CO_2 Emissions Embodied in Trade: A Multi-Region Model for China [J]. Applied Energy, 2014, 114 (Supplement C): 377 – 384.

[90] Meng Bo, Xue Jinjun, Feng Kuishuang, et al. China's Inter-Regional Spillover of Carbon Emissions and Domestic Supply Chains [J]. Energy Policy, 2013, 61: 1305 – 1321.

[91] Tian Xin, Chang Miao, Lin Chen, et al. China's Carbon Footprint: A Regional Perspective on the Effect of Transitions in Consumption and Production Patterns [J]. Applied Energy, 2014, 123 (Supplement C): 19 – 28.

[92] 肖雁飞, 万子捷, 刘红光. 我国区域产业转移中 "碳排放转移" 及 "碳泄漏" 实证研究——基于 2002 年、2007 年区域间投入产出模型的分析 [J]. 财经研究, 2014, 40 (2): 75 – 84.

[93] Cui Liulan, Liang Qiaomei, Wang Qian. Accounting for China's Re-

gional Carbon Emissions in 2002 and 2007: Production-Based Versus Consumption-Based Principles [J]. Journal of Cleaner Production, 2015, 103: 384 – 392.

[94] 唐志鹏，刘卫东，公丕萍. 出口对中国区域碳排放影响的空间效应测度——基于1997 – 2007 年区域间投入产出表的实证分析 [J]. 地理学报，2014，69 (10): 1403 – 1413.

[95] 刘红光，范晓梅. 中国区域间隐含碳排放转移 [J]. 生态学报，2014，34 (11): 3016 – 3024.

[96] Liu Hongguang, Liu Weidong, Fan Xiaomei, et al. Carbon Emissions Embodied in Value Added Chains in China [J]. Journal of Cleaner Production, 2015, 103: 362 – 370.

[97] Guo Ju'e, Zhang Zengkai, Meng Lei. China's Provincial CO_2 Emissions Embodied in International and Interprovincial Trade [J]. Energy Policy, 2012, 42 (Supplement C): 486 – 497.

[98] Zhang Bo, Chen Z. M., Xia X. H., et al. The Impact of Domestic Trade on China's Regional Energy Uses: A Multi-Regional Input-Output-Modeling [J]. Energy Policy, 2013, 63 (Complete): 1169 – 1181.

[99] Feng Kuishuang, Davis Steven J, Sun Laixiang, et al. Outsourcing CO_2 within China [J]. Proceedings of the National Academy of Sciences of the United States of America, 2013, 110 (28): 11654 – 11659.

[100] 刘红光，范晓梅. 区域间投入产出技术在碳足迹空间分布中的应用 [J]. 统计与信息论坛，2014，29 (3): 59 – 64.

[101] Feng Kuishuang, Hubacek Klaus, Sun Laixiang, et al. Consumption-Based CO_2 Accounting of China's Megacities: The Case of Beijing, Tianjin, Shanghai and Chongqing [J]. Ecological Indicators, 2014, 47: 26 – 31.

[102] Zhong Zhangqi, Huang Rui, TangQinneng, et al. China's Provincial

CO$_2$ Emissions Embodied in Trade with Implications for Regional Climate Policy [J]. Frontiers of Earth Science, 2015, 9 (1): 77 – 90.

[103] 孙立成, 程发新, 李群. 区域碳排放空间转移特征及其经济溢出效应 [J]. 中国人口: 资源与环境, 2014, 24 (8): 17 – 23.

[104] Cheng Hao, Dong Suocheng, Li Fujia, et al. Multiregional Input-Output Analysis of Spatial-Temporal Evolution Driving Force for Carbon Emissions Embodied in Interprovincial Trade and Optimization Policies: Case Study of Northeast Industrial District in China [J]. Environmental Science & Technology, 2018, 52 (1): 346 – 358.

[105] Zhang Youguo. Interregional Carbon Emission Spillover-Feedback Effects in China [J]. Energy Policy, 2017, 100: 138 – 148.

[106] Wang Zhaohua, Yang Yuantao, Wang Bo. Carbon Footprints and Embodied CO$_2$ Transfers among Provinces in China [J]. Renewable & Sustainable Energy Reviews, 2018, 82: 1068 – 1078.

[107] Zhou Dequn, Zhou Xiaoyong, Xu Qing, et al. Regional Embodied Carbon Emissions and Their Transfer Characteristics inChina [J]. Structural Change and Economic Dynamics, 2018, 46: 180 – 193.

[108] Chen Mengmeng, Wu Sanmang, Lei Yalin, et al. Study on Embodied CO$_2$ Transfer between the Jing-Jin-Ji Region and Other Regions in China: A Quantification Using an Interregional Input-Output Model [J]. Environmental Science and Pollution Research, 2018, 25 (14): 14068 – 14082.

[109] Wu Sanmang, Wu Yanrui, Lei Yalin, et al. Chinese Provinces' CO$_2$ Emissions Embodied in Imports and Exports [J]. Earth's Future, 2018, 6 (6): 867 – 881.

[110] Hübler Michael. Technology Diffusion under Contraction and Convergence: A Cge Analysis of China [J]. Energy Economics, 2011, 33

（1）：131 – 142.

[111] Huo Jinwei, Yang Degang, Zhang Wenbiao, et al. Analysis of Influencing Factors of CO_2 Emissions in Xinjiang under the Context of Different Policies [J]. Environmental Science & Policy, 2015, 45: 20 – 29.

[112] Xiao Bowen, Niu Dongxiao, Wu Han. Exploring the Impact of Determining Factors Behind CO_2 Emissions in China: A Cge Appraisal [J]. Science of The Total Environment, 2017, 581 – 582 + 559 – 572.

[113] 王勇，王恩东，毕莹. 不同情景下碳排放达峰对中国经济的影响——基于 cge 模型的分析 [J]. 资源科学，2017，39（10）：1896 – 1908.

[114] Shao Shuai, Yang Lili, Gan Chunhui, et al. Using an Extended Lmdi Model to Explore Techno-Economic Drivers of Energy-Related Industrial CO_2 Emission Changes: A Case Study for Shanghai (China) [J]. Renewable and Sustainable Energy Reviews, 2016, 55: 516 – 536.

[115] Chen Jiandong, Wang Ping, Cui Lianbiao, et al. Decomposition and Decoupling Analysis of CO_2 Emissions in OECD [J]. Applied Energy, 2018, 231: 937 – 950.

[116] Wang Miao, Feng Chao. Using an Extended Logarithmic Mean Divisia Index Approach to Assess the Roles of Economic Factors on Industrial CO_2 Emissions of China [J]. Energy Economics, 2018, 76: 101 – 114.

[117] Huang Jianbai, Luo Yumei, Feng Chao. An Overview of Carbon Dioxide Emissions from China's Ferrous Metal Industry: 1991 – 2030 [J]. Resources Policy, 2019, 62: 541 – 549.

[118] Dietzenbacher Erik, Hoen Alex R. Deflation of Input-Output Tables from the User's Point of View: A Heuristic Approach [J]. Review of

Income and Wealth, 1998, 44 (1): 111 – 122.

[119] RørmosePeter, Olsen Thomas. Structural Decomposition Analysis of Air Emissions in Denmark 1980 – 2002 [C]. 15th International Conference on Input-Output Techniques, 2005.

[120] Fernández-Vázquez Esteban, Los Bart, Ramos-Carvajal Carmen. Using Additional Information in Structural Decomposition Analysis: The Path-Based Approach [J]. Economic Systems Research, 2008, 20 (4): 367 – 394.

[121] Feng Kuishuang, Siu Yim Ling, Guan Dabo, et al. Analyzing Drivers of Regional Carbon Dioxide Emissions for China [J]. Journal of Industrial Ecology, 2012, 16 (4): 600 – 611.

[122] Geng Yong, Zhao Hongyan, Liu Zhu, et al. Exploring Driving Factors of Energy-Related CO_2 Emissions in Chinese Provinces: A Case of Liaoning [J]. Energy Policy, 2013, 60 (6): 820 – 826.

[123] Guan Dabo, Peters Glen P. , Weber Christopher L. , et al. Journey to World Top Emitter: An Analysis of the Driving Forces of China's Recent CO_2 Emissions Surge [J]. Geophysical Research Letters, 2009, 36 (4) .

[124] Tian Xin, Chang Miao, Tanikawa Hiroki, et al. Structural Decomposition Analysis of the Carbonization Process in Beijing: A Regional Explanation of Rapid Increasing Carbon Dioxide Emission in China [J]. Energy Policy, 2013, 53 (1): 279 – 286.

[125] Li Hao, Zhao Yuhuan, Qiao Xiaoyong, et al. Identifying the Driving Forces of National and Regional CO_2 Emissions in China: Based on Temporal and Spatial Decomposition Analysis Models [J]. Energy Economics, 2017, 68: 522 – 538.

[126] 李虹, 王帅. 中国行业隐含能源消费及其强度的变动与影响因素

［J］．中国人口·资源与环境，2021，31（5）：47－57．

［127］张炎治，冯颖，张磊．中国碳排放增长的多层递进动因——基于 sda 和 spd 的实证研究［J］．资源科学，2021，43（6）：1153－1165．

［128］黄和平，易梦婷，曹俊文，等．区域贸易隐含碳排放时空变化及影响效应——以长江经济带为例［J］．经济地理，2021，41（3）：49－57．

［129］余志伟，樊亚平，罗浩．中国产业结构高级化对碳排放强度的影响研究［J］．华东经济管理，2022，36（1）：78－87．

［130］梅林海，蔡慧敏．中国南北地区生活消费人均碳排放影响因素比较——基于空间计量分析［J］．生态经济，2015，31（7）：45－50．

［131］Zhang Qian，Yang Jin，Sun Zhongxiao，et al. Analyzing the Impact Factors of Energy-Related CO_2 Emissions in China：What Can Spatial Panel Regressions Tell Us？ ［J］．Journal of Cleaner Production，2017，161：1085－1093．

［132］刘啟仁，陈恬．出口行为如何影响企业环境绩效［J］．中国工业经济，2020（1）：99－117．

［133］李军，张大永，姬强，等．中国家庭消费隐含污染排放的环境恩格尔曲线［J］．中国人口·资源与环境，2021，31（7）：75－90．

［134］苏丹妮，盛斌．服务业外资开放如何影响企业环境绩效——来自中国的经验［J］．中国工业经济，2021（6）：61－79．

［135］王健，林双娇．物流产业集聚对碳排放跨区域转移的作用机制［J］．中国环境科学，2021，41（7）：3441－3452．

［136］Peters Glen P.，Weber Christopher L.，Dabo Guan，et al. China's Growing CO_2 Emissions-A Race between Increasing Consumption and Efficiency Gains ［J］．Environmental Science & Technology，2007，

41（17）：5939 - 5944.

[137] Guan Dabo, Hubacek Klaus, Weber Christopher L., et al. The Drivers of Chinese CO_2 Emissions from 1980 to 2030 [J]. Global Environmental Change, 2008, 18（4）：626 - 634.

[138] 郭朝先. 中国二氧化碳排放增长因素分析——基于 sda 分解技术 [J]. 中国工业经济, 2010（12）：47 - 56.

[139] Minx J. C., Baiocchi G., Peters G. P., et al. A "Carbonizing Dragon"：China's Fast Growing CO_2 Emissions Revisited [J]. Environmental Science & Technology, 2011, 45（21）：9144 - 9153.

[140] Wei Zhang, Jinnan Wang, Bing Zhang, et al. Can China Comply with Its 12th Five-Year Plan on Industrial Emissions Control：A Structural Decomposition Analysis [J]. Environmental Science & Technology, 2015, 49（8）：4816.

[141] 郑林昌, 齐蒙, 付加锋, 等. 河北省贸易隐含二氧化碳排放及其影响因素研究 [J]. 气候变化研究进展, 2017, 13（2）：157 - 164.

[142] Zhang Haiyan, Lahr Michael L. China's Energy Consumption Change from 1987 to 2007：A Multiregional Structural Decomposition Analysis [J]. Energy Policy, 2014, 67：682 - 693.

[143] Meng Bo, Wang Jianguo, Andrew Robbie, et al. Spatial Spillover Effects in Determining China's Regional CO_2 Emissions Growth：2007 - 2010 [J]. Energy Economics, 2017, 63：161 - 173.

[144] 钟章奇, 吴乐英, 陈志建, 等. 区域碳排放转移的演变特征与结构分解及减排对策分析——以河南省为例 [J]. 地理科学, 2017, 37（5）：773 - 782.

[145] Mi Zhifu, Meng Jing, Green Fergus, et al. China's "Exported Carbon" Peak：Patterns, Drivers, and Implications [J]. Geophysical Research Letters, 2018, 45（9）：4309 - 4318.

［146］ 潘晨，李善同，何建武，等．考虑省际贸易结构的中国碳排放变化的驱动因素分析［J］．管理评论，2023，35（1）．

［147］ Mi Zhifu，Meng Jing，Guan Dabo，et al. Pattern Changes in Determinants of Chinese Emissions［J］. Environmental Research Letters，2017，12（7）.

［148］ 姚亮，刘晶茹，袁野．中国居民家庭消费碳足迹近 20 年增长情况及未来趋势研究［J］．环境科学学报，2017，37（6）：2403 - 2408.

［149］ Xu Ming，Li Ran，Crittenden John C.，et al. CO_2 Emissions Embodied in China's Exports from 2002 to 2008：A Structural Decomposition Analysis［J］. Energy Policy，2011，39（11）：7381 - 7388.

［150］ Su Bin，Ang B. W. Attribution of Changes in the Generalized Fisher Index with Application to Embodied Emission Studies［J］. Energy，2014，69（5）：778 - 786.

［151］ Pan Chen，Peters Glen P.，Andrew Robbie M.，et al. Emissions Embodied in Global Trade Have Plateaued Due to Structural Changes in China［J］. Earth's Future，2017，5（9）：934 - 946.

［152］ 汪臻．中国居民消费碳排放的测算及影响因素研究［D］．中国科学技术大学，2012.

［153］ Yuan Baolong，Ren Shenggang，Chen Xiaohong. The Effects of Urbanization，Consumption Ratio and Consumption Structure on Residential Indirect CO_2 Emissions in China：A Regional Comparative Analysis［J］. Applied Energy，2015，140：94 - 106.

［154］ 刘晔，刘丹，张林秀．中国省域城镇居民碳排放驱动因素分析［J］．地理科学，2016，36（5）：691 - 696.

［155］ 王会娟，夏炎．中国居民消费碳排放的影响因素及发展路径分析［J］．中国管理科学，2017，25（8）：1 - 10.

［156］ 刘志彪．以现代产业链理念认识所有制结构的互存性和依赖性

[J]. 国企，2021（13）：54-55.

[157] 张少军，李善同. 省际贸易对中国经济增长的贡献研究 [J]. 数量经济技术经济研究，2017，34（2）：38-54.

[158] Hummels David，Ishii Jun，Yi Kei-Mu. The Nature and Growth of Vertical Specialization in World Trade [J]. Trade and Wages，2001，54（1）：75-96.

[159] Johnson Robert C.，Noguera Guillermo. Accounting for Intermediates：Production Sharing and Trade in Value Added [J]. Journal of International Economics，2012，86（2）：224-236.

[160] Koopman Robert，Wang Zhi，Wei Shang-Jin. Tracing Value-Added and Double Counting in Gross Exports [J]. American Economic Review，2014，104（2）：459-494.

[161] Timmer Marcel P.，Miroudot Sébastien，Vries Gaaitzen J. De. Functional Specialisation in Trade [J]. Journal of Economic Geography，2019，19（1）：1-30.

[162] 邵朝对，苏丹妮. 国内价值链与技术差距——来自中国省际的经验证据 [J]. 中国工业经济，2019（6）：98-116.

[163] 黎峰. 双重价值链嵌入下的中国省级区域角色——一个综合理论分析框架 [J]. 中国工业经济，2020（1）：136-154.

[164] Jiang Meihui，An Haizhong，Gao Xiangyun，et al. Identifying the Key Sectors in the Carbon Emission Flows Along the Production Chain Paths：A Network Perspective [J]. Ecological Indicators，2021，130：108050.

[165] 赵凌云，杨来科. 价值链生产长度与中国制造业的碳排放 [J]. 技术经济，2020，39（5）：156-162.

[166] 吕越，马明会. 全球价值链嵌入对中国碳减排影响的实证研究 [J]. 国际经济合作，2021（6）：24-36.

［167］李斌，张晓冬．中国产业结构升级对碳减排的影响研究［J］．产经评论，2017，8（2）：79－92．

［168］Cheng Zhonghua，Li Lianshui，Liu Jun. Industrial Structure，Technical Progress and Carbon Intensity in China's Provinces［J］. Renewable and Sustainable Energy Reviews，2018，81：2935－2946.

［169］付华，李国平，朱婷．中国制造业行业碳排放：行业差异与驱动因素分解［J］．改革，2021（5）：38－52．

［170］李峰，胡剑波．中国产业部门隐含碳排放变化的影响因素动态研究——基于细分行业数据的实证分析［J］．经济问题，2021（11）：77－87．

［171］郭士伊，刘文强，赵卫东．调整产业结构降低碳排放强度的国际比较及经验启示［J］．中国工程科学，2021，23（6）：22－32．

［172］Yang Yize，Wei Xiujian，Wei Jie，et al. Industrial Structure Upgrading，Green Total Factor Productivity and Carbon Emissions［J］. Sustainability，2022，14（2）.

［173］Tian Xin，Bai Fuli，Jia Jinhu，et al. Realizing Low-Carbon Development in a Developing and Industrializing Region：Impacts of Industrial Structure Change on CO_2 Emissions in Southwest China［J］. Journal of Environmental Management，2019，233：728－738.

［174］Zhang Fan，Deng Xiangzheng，Phillips Fred，et al. Impacts of Industrial Structure and Technical Progress on Carbon Emission Intensity：Evidence from 281 Cities in China［J］. Technological Forecasting and Social Change，2020，154：119949.

［175］Zhang Youguo. Structural Decomposition Analysis of Sources of Decarbonizing Economic Development in China：1992－2006［J］. Ecological Economics，2009，68（8）：2399－2405.

［176］Xia Yan，Fan Ying，Yang Cuihong. Assessing the Impact of Foreign

Content in China's Exports on the Carbon Outsourcing Hypothesis ［J］. Applied Energy，2015，150：296－307.

［177］ 李新运，吴学锰，马俏俏. 我国行业碳排放量测算及影响因素的结构分解分析 ［J］. 统计研究，2014，31 （1）：56－62.

［178］ 关军. 建筑业环境影响测算与评价方法研究 ［D］. 清华大学，2014.

［179］ 陈庆能. 中国行业碳排放的核算和分解 ［D］. 浙江大学，2018.

［180］ Robinson Sherman，Cattaneo Andrea，El-Said Moataz. Updating and Estimating a Social Accounting Matrix Using Cross Entropy Methods ［J］. Economic Systems Research，2001，13 （1）：47－64.

［181］ 国家统计局. 中国地区投入产出表 2012 ［M］. 北京：中国统计出版社，2016.

［182］ 国家统计局. 中国地区投入产出表 2002 ［M］. 北京：中国统计出版社，2008.

［183］ 国家统计局. 中国地区投入产出表 2007 ［M］. 北京：中国统计出版社，2011.

［184］ 国家统计局. 中国地区投入产出表 2017 ［M］. 北京：中国统计出版社，2020.

［185］ 铁道部统计中心. 2002 年全国铁路统计资料汇编 ［M］. 北京：铁道部统计中心，2003.

［186］ 铁道部统计中心. 2007 年全国铁路统计资料汇编 ［M］. 北京：铁道部统计中心，2008.

［187］ 铁道部统计中心. 2012 年全国铁路统计资料汇编 ［M］. 北京：铁道部统计中心，2013.

［188］ 铁道部统计中心. 2017 年全国铁路统计资料汇编 ［M］. 北京：铁道部统计中心，2018.

［189］ 徐一帆. 2008 中国贸易外经统计年鉴 ［M］. 北京：中国统计出版

社，2008.

［190］韩进. 中国教育统计年鉴 2008 ［M］. 北京：人民教育出版社，2008.

［191］国家旅游局. 中国旅游年鉴 2008 ［M］. 北京：中国旅游出版社，2008.

［192］中华人民共和国住房和城乡建设部. 中国建筑业发展统计分析 ［M］，2008/2013.

［193］Tinbergen Jan. Shaping the World Economy：Suggestions for an International Economic Policy ［M］. New York：Twentieth Century Fund，1962.

［194］国家粮食局. 中国粮食年鉴（2008，2013）［M］. 北京：经济管理出版社，2008，2013.

［195］省统计局. 省统计年鉴（2003，2008，2013）［M］. 北京：中国统计出版社，2004，2008，2013.

［196］国家统计局. 中国统计年鉴（2003、2008、2013）［M］. 北京：中国统计出版社，2003，2008，2013.

［197］United Nations. Handbook of Input-Output Table Compilation and Analysis ［M］. New York：United Nations，1999.

［198］国家统计局. 中国价格统计年鉴 2013 ［M］. 北京：中国统计出版社，2013.

［199］国家统计局. 中国统计年鉴（2003～2013）［M］. 北京：中国统计出版社，2003～2013.

［200］国家气候变化对策协调小组办公室，国家发展和改革委员会能源研究所. 中国温室气体清单研究 ［M］. 北京：中国环境科学出版社，2007.

［201］国家发展和改革委员会应对气候变化司. 2005 中国温室气体清单研究 ［M］. 北京：中国环境出版社，2014.

[202] 国家发展和改革委员会应对气候变化司. 中华人民共和国气候变化第一次两年更新报告. 北京, 2016.

[203] EDGAR. Emissions Database for Global Atmospheric Research, 2018.

[204] CDIAC. Carbon Dioxide Information Analysis Center, 2017.

[205] GCP. Global Carbon Budget, 2018.

[206] Shan Yuli, Liu Jianghua, Liu Zhu, et al. New Provincial CO_2 Emission Inventories in China Based on Apparent Energy Consumption Data and Updated Emission Factors [J]. Applied Energy, 2016, 184: 742 – 750.

[207] Shan Yuli, Guan Dabo, Zheng Heran, et al. China CO_2 Emission Accounts 1997 – 2015 [J]. Scientific Data, 2018, 5: 170201.

[208] 国家统计局. 中国能源统计年鉴（2000～2002, 2008, 2013）[M]. 北京: 中国统计出版社, 2004, 2008, 2013.

[209] 徐一帆. 中国经济普查年鉴 2008 [M]. 北京: 中国统计出版社, 2010.

[210] 中国水泥协会. 中国水泥年鉴 2008 [M]. 北京: 中国水泥协会, 2009.

[211] 中国水泥网. 水泥大数据研究院, 2017.

[212] Stone Richard. Multiple Classifications in Social Accounting [J]. Bulletin de l'institut International de Statistique, 1962, 39 (3): 215 – 233.

[213] 国家统计局. 能源统计知识手册 [M]. 北京: 中国统计出版社, 2006.

[214] Guan Dabo, Liu Zhu, Geng Yong, et al. The Gigatonne Gap in China's Carbon Dioxide Inventories [J]. Nature Climate Change, 2012, 2 (9): 672 – 675.

[215] Korsbakken Jan Ivar, Peters Glen P., Andrew Robbie M. Uncertainties around Reductions in China's Coal Use and CO_2 Emissions [J].

Nature Climate Change, 2016, 6 (7): 687 – 690.

[216] IPCC. Volume 2 Energy∥2006 IPCC Guidelines for National Greenhouse GAS Inventories [M]. IGES, 2006.

[217] 中国水泥协会. 中国水泥年鉴2001 – 2005 [M]. 北京: 中国水泥协会, 2007.

[218] IPCC. Volume 3 Industrial Processes and Product Use∥IPCC Guidelines for National Greenhouse GAS Inventories [M]. IGES, 2006.

[219] 国务院. 节能减排综合性工作方案 [EB]. 北京, 2007.

[220] 国务院. "十二五" 节能减排综合性工作方案 [EB]. 北京, 2011.

[221] Springmann Marco. Integrating Emissions Transfers into Policy-Making [J]. Nature Climate Change, 2014, 4 (3): 177 – 181.

[222] Jakob Michael, Marschinski Robert. Interpreting Trade-Related CO_2 Emission Transfers [J]. Nature Climate Change, 2012, 3 (1): 19 – 23.

[223] Grasso Marco, Roberts Timmons. A Compromise to Break the Climate Impasse [J]. Nature Climate Change, 2014, 4 (7): 543 – 549.

[224] Kander Astrid, Jiborn Magnus, Moran Daniel D. , et al. National Greenhouse-Gas Accounting for Effective Climate Policy on International Trade [J]. Nature Climate Change, 2015, 5 (5): 431 – 435.

[225] Jiborn Magnus, Kander Astrid, Kulionis Viktoras, et al. Decoupling or Delusion? Measuring Emissions Displacement in Foreign Trade [J]. Global Environmental Change, 2018, 49: 27 – 34.

[226] Zhou Xin, Imura Hidefumi. How Does Consumer Behavior Influence Regional Ecological Footprints? An Empirical Analysis for Chinese Regions Based on the Multi-Region Input-Output Model [J]. Ecological Economics, 2011, 71: 171 – 179.

[227] Chen Shaoqing, Chen Bin. Tracking Inter-Regional Carbon Flows: A

Hybrid Network Model [J]. Environmental Science & Technology, 2016, 50 (9): 4731 – 4741.

[228] Shao Ling, Li Yuan, Feng Kuishuang, et al. Carbon Emission Imbalances and the Structural Paths of Chinese Regions [J]. Applied Energy, 2018, 215: 396 – 404.

[229] Wiedmann Thomas. A Review of Recent Multi-Region Input-Output Models Used for Consumption-Based Emission and Resource Accounting [J]. Ecological Economics, 2009, 69 (2): 211 – 222.

[230] Andrew Robbie, Peters Glen P., Lennox James. Approximation and Regional Aggregation in Multi-Regional Input-Output Analysis for National Carbon Footprint Accounting [J]. Economic Systems Research, 2009, 21 (3): 311 – 335.

[231] Tukker Arnold, Poliakov Evgueni, Heijungs Reinout, et al. Towards a Global Multi-Regional Environmentally Extended Input-Output Database [J]. Ecological Economics, 2009, 68 (7): 1928 – 1937.

[232] Wiebe Kirsten S., Bruckner Martin, Giljum Stefan, et al. Calculating Energy-Related CO_2 Emissions Embodied in International Trade Using a Global Input-Output Model [J]. Economic Systems Research, 2012, 24 (2): 113 – 139.

[233] Shan Yuli, Zheng Heran, Guan Dabo, et al. Energy Consumption and CO_2 Emissions in Tibet and Its Cities in 2014 [J]. Earth's Future, 2017, 5 (8): 854 – 864.

[234] 国务院. 电力体制改革方案 [EB]. 北京, 2002.

[235] 魏昭峰. 中国电力年鉴 (2004, 2008, 2013) [M]. 北京: 中国电力出版社, 2004, 2008, 2013.

[236] Liang Wenquan, Lu Ming, Zhang Hang. Housing Prices Raise Wages: Estimating the Unexpected Effects of Land Supply Regulation in

China［J］. Journal of Housing Economics，2016，33：70 – 81.

［237］ Glaeser Edward，Huang Wei，Ma Yueran，et al. A Real Estate Boom with Chinese Characteristics［J］. Journal of Economic Perspectives，2017，31（1）：93 – 116.

［238］ Steven J. Davis，Robert H. Socolow. Commitment Accounting of CO_2 Emissions［J］. Environmental Research Letters，2014，9（8）：84018.

［239］ Davis Steven J.，Caldeira Ken，Matthews H. Damon. Future CO_2 Emissions and Climate Change from Existing Energy Infrastructure［J］. Science，2010，329（5997）：1330 – 1333.

［240］ Deng Xiangzheng，Bai Xuemei. Sustainable Urbanization in Western China［J］. Environment：Science and Policy for Sustainable Development，2014，56（3）：12 – 24.

［241］ 陆旸. 从开放宏观的视角看环境污染问题：一个综述［J］. 经济研究，2012，47（2）：146 – 158.

［242］ 刘贯春，张晓云，邓光耀. 要素重置、经济增长与区域非平衡发展［J］. 数量经济技术经济研究，2017，34（7）：35 – 56.

［243］ 孙志燕，侯永志. 对我国区域不平衡发展的多视角观察和政策应对［J］. 管理世界，2019，35（8）：1 – 8.

［244］ Liu Guanchun，Liu Yuanyuan，Zhang Chengsi. Factor Allocation，Economic Growth and Unbalanced Regional Development in China［J］. The World Economy，2018，41（9）：2439 – 2463.

［245］ 程启智，李华. 区域经济非平衡发展的内在机理分析［J］. 经济纵横，2013（5）：64 – 68.

［246］ 陈长石，刘晨晖. 基于中心——外围模型的区域发展不平衡测算及其空间分解——兼论中国地区发展不平衡来源及收敛性（1990 – 2012）［J］. 经济管理，2015，37（2）：31 – 40.

［247］ 张治栋，吴迪. 产业空间集聚、要素流动与区域平衡发展——基

于长江经济带城市经济发展差距的视角 [J]. 经济体制改革, 2019 (4): 42 – 48.

[248] Sun Xudong, Li Jiashuo, Qiao Han, et al. Energy Implications of China's Regional Development: New Insights from Multi-Regional Input-OutputAnalysis [J]. Applied Energy, 2017, 196: 118 – 131.

[249] Sun Chuanwang, Chen Litai, Tian Yuan. Study on the Urban State Carrying Capacity for Unbalanced Sustainable Development Regions: Evidence from the Yangtze River Economic Belt [J]. Ecological Indicators, 2018, 89: 150 – 158.

[250] Chen Zhao, Lu Ming: How Should China Maintain Growth While Balancing Regional Development [M] //Toward Balanced Growth with Economic Agglomeration: Empirical Studies of China's Urban-Rural and Interregional Development, Berlin, Heidelberg: Springer Berlin Heidelberg, 2016: 39 – 62.

[251] 苏庆义. 国内市场分割是否导致了中国区域发展不平衡 [J]. 当代经济科学, 2018, 40 (4): 101 – 112 + 128.

[252] 唐兆涵, 陈璋. 我国经济增长与区域不平衡发展结构的关系及演变——基于技术进步方式转型视角的研究 [J]. 当代经济管理, 2020 (2): 1 – 17.

[253] Feenstra Robert C, Hong Chang: China's Exports and Employment [M] //China's Growing Role in World Trade: University of Chicago Press, 2010: 167 – 199.

[254] Lau Lawrence J. Input-Occupancy-Output Models of the Non-Competitive Type and Their Application-an Examination of the China-Us Trade Surplus [J]. Social Sciences in China, 2010, 31 (1): 35 – 54.

[255] Chen Xikang, Cheng Leonard K., Fung K. C., et al. Domestic Value Added and Employment Generated by Chinese Exports: A Quantita-

tive Estimation ［J］. China Economic Review, 2012, 23（4）: 850 – 864.

［256］ Doan Ha Thi Thanh, Long Trinh Quang. Technical Change, Exports, and Employment Growth in China: A Structural Decomposition Analysis ［J］. Asian Economic Papers, 2019, 18（2）: 28 – 46.

［257］ Los Bart, Timmer Marcel P. , De Vries Gaaitzen J. How Important Are Exports for Job Growth in China? A Demand Side Analysis ［J］. Journal of Comparative Economics, 2015, 43（1）: 19 – 32.

［258］ Lin Guijun, Wang Fei, Pei Jiansuo. Global Value Chain Perspective of Us-China Trade and Employment ［J］. The World Economy, 2018, 41（8）: 1941 – 1964.

［259］ 葛阳琴, 谢建国. 需求变化与中国劳动力就业波动——基于全球多区域投入产出模型的实证分析 ［J］. 经济学（季刊）, 2019, 18（4）: 1419 – 1442.

［260］ Los Bart, Timmer Marcel, De Vries Gaaitzen. China and the World Economy: A Global Value Chain Perspective on Exports, Incomes and Jobs ［R］. Groningen Growth and Development Centre, 2012.

［261］ 李磊, 盛斌, 刘斌. 全球价值链参与对劳动力就业及其结构的影响 ［J］. 国际贸易问题, 2017（7）: 27 – 37.

［262］ 杨继军, 袁敏, 张为付. 全球价值链融入与中国制造业就业: 基于非竞争型投入产出模型的分析 ［J］. 国际经贸探索, 2017, 33（11）: 19 – 31.

［263］ 刘会政, 丁媛. 基于 mrio 模型的中国参与全球价值链就业效应研究 ［J］. 国际商务（对外经济贸易大学学报）, 2017（6）: 30 – 42.

［264］ 石敏俊, 金凤君, 李娜, 等. 中国地区间经济联系与区域发展驱动力分析 ［J］. 地理学报, 2006（6）: 593 – 603.

［265］ 潘文卿, 李子奈. 中国沿海与内陆间经济影响的反馈与溢出效应

[J]. 经济研究，2007（5）：68-77.

[266] 刘卫东，刘红光，唐志鹏，等. 出口对中国区域经济增长和产业结构转型的影响分析 [J]. 地理学报，2010，65（4）：407-415.

[267] 李方一，刘思佳，程莹，等. 出口增加值对中国区域产业结构高度化的影响 [J]. 地理科学，2017，37（1）：37-45.

[268] Wu Sanmang, Li Shantong, Lei Yalin. Estimation of the Contribution of Exports to the Provincial Economy：An Analysis Based on China's Multi-Regional Input-Output Tables [J]. SpringerPlus，2016，5（1）：210.

[269] 段玉婉，段心雨，杨翠红. 加工出口和一般出口对中国地区经济增长的贡献 [J]. 管理评论，2018，30（5）：76-83.

[270] 刘红光，刘卫东，范晓梅. 贸易对中国产业能源活动碳排放的影响 [J]. 地理研究，2011，30（4）：590-600.

[271] Su Bin, Thomson Elspeth. China's Carbon Emissions Embodied in（Normal and Processing）Exports and Their Driving Forces，2006-2012 [J]. Energy Economics，2016，59：414-422.

[272] 潘安. 全球价值链分工对中国对外贸易隐含碳排放的影响 [J]. 国际经贸探索，2017，33（3）：14-26.

[273] 吕越，吕云龙. 中国参与全球价值链的环境效应分析 [J]. 中国人口·资源与环境，2019，29（7）：91-100.

[274] 顾阿伦，何建坤，周玲玲，等. 中国进出口贸易中的内涵能源及转移排放分析 [J]. 清华大学学报（自然科学版），2010，50（9）：1456-1459.

[275] 许冬兰，孙璇. 对外贸易中的能源成本核算及节能降耗对策研究 [J]. 中国软科学，2012（7）：71-77.

[276] 何洁. 国际贸易对环境的影响：中国各省的二氧化硫（SO_2）工业排放 [J]. 经济学（季刊），2010，9（2）：415-446.

[277] 彭水军, 刘安平. 中国对外贸易的环境影响效应: 基于环境投入 – 产出模型的经验研究 [J]. 世界经济, 2010, 33 (5): 140 – 160.

[278] 代丽华. 贸易开放如何影响 pm2.5——基于淮河两岸供暖政策差异的因果效应研究 [J]. 管理评论, 2017, 29 (5): 237 – 245.

[279] 余娟娟. 全球价值链嵌入影响了企业排污强度吗——基于 psm 匹配及倍差法的微观分析 [J]. 国际贸易问题, 2017 (12): 59 – 69.

[280] 姚愉芳, 齐舒畅, 刘琪. 中国进出口贸易与经济、就业、能源关系及对策研究 [J]. 数量经济技术经济研究, 2008, 25 (10): 56 – 65 + 86.

[281] Tang Xu, Mclellan Benjamin C., Zhang Baosheng, et al. Trade-Off Analysis between Embodied Energy Exports and Employment Creation in China [J]. Journal of Cleaner Production, 2016, 134: 310 – 319.

[282] 李善同, 何建武. 从经济、资源、环境角度评估对外贸易的拉动作用 [J]. 发展研究, 2009 (4): 12 – 14.

[283] 李锴, 齐绍洲. 贸易开放、经济增长与中国二氧化碳排放 [J]. 经济研究, 2011, 46 (11): 60 – 72 + 102.

[284] 周杰琦, 汪同三. 贸易开放提高了二氧化碳排放吗?——来自中国的证据 [J]. 财贸研究, 2013, 24 (2): 12 – 19 + 43.

[285] 王美昌, 徐康宁. 贸易开放、经济增长与中国二氧化碳排放的动态关系——基于全球向量自回归模型的实证研究 [J]. 中国人口·资源与环境, 2015, 25 (11): 52 – 58.

[286] Zhang Zengkai, Duan Yuwan, Zhang Wei. Economic Gains and Environmental Costs from China's Exports: Regional Inequality and Trade Heterogeneity [J]. Ecological Economics, 2019, 164: 106340.

[287] 宋马林, 张琳玲, 宋峰. 中国入世以来的对外贸易与环境效率——基于分省面板数据的统计分析 [J]. 中国软科学, 2012 (8): 130 – 142.

［288］ 余丽丽，彭水军．中国区域嵌入全球价值链的碳排放转移效应研究 ［J］．统计研究，2018，35（4）：16－29．

［289］ Zhao Hongyan, Zhang Qiang, Huo Hong, et al. Environment-Economy Tradeoff for Beijing-Tianjin-Hebei's Exports ［J］. Applied Energy, 2016, 184: 926－935.

［290］ Wang Jiayu, Wang Ke, Wei Yiming. How to Balance China's Sustainable Development Goals through Industrial Restructuring: A Multi-Regional Input-Output Optimization of the Employment-Energy-Water-Emissions Nexus ［J］. Environmental Research Letters, 2020, 15（3）: 034018.

［291］ Miller Ronald E, Blair Peter D. Input-Output Analysis: Foundations and Extensions ［M］. Cambridge University Press, 2009.

［292］ 李善同，董礼华，何建武．2012 年中国地区扩展投入产出表：编制与应用 ［M］．北京：经济科学出版社，2018．

［293］ 黄群慧，倪红福．基于价值链理论的产业基础能力与产业链水平提升研究 ［J］．经济体制改革，2020（5）：11－21．

［294］ 胡安俊．中国的产业布局：演变逻辑、成就经验与未来方向 ［J］．中国软科学，2020（12）：45－55．

［295］ Guan Dabo, Meng Jing, Reiner David M., et al. Structural Decline in China's CO_2 Emissions through Transitions in Industry and Energy Systems ［J］. Nature Geoscience, 2018, 11（8）: 551－555.

［296］ Lin Jintai, Pan Da, Davis Steven J., et al. China's International Trade and Air Pollution in the United States ［J］. Proceedings of the National Academy of Sciences, 2014, 111（5）: 1736－1741.

［297］ Qi Tianyu, Winchester Niven, Karplus Valerie J., et al. Will Economic Restructuring in China Reduce Trade-Embodied CO_2 Emissions? ［J］. Energy Economics, 2014, 42: 204－212.

［298］ Arto Iñaki, Dietzenbacher Erik. Drivers of the Growth in Global Greenhouse Gas Emissions ［J］. Environmental Science & Technology, 2014, 48（10）: 5388 – 5394.

［299］ Poterba James M. Tax Policy to Combat Global Warming: On Designing a Carbon Tax ［J］. National Bureau of Economic Research Working Paper Series, 1991, No. 3649.

［300］ Metcalf Gillbert E., Weisbach David. The Design of a Carbon Tax ［J］. Harvard Environmental Law Review, 2009, 33: 499 – 556.

［301］ Boardman Brenda. Carbon Labelling: Too Complex or Will It Transform Our Buying? ［J］. Significance, 2008, 5（4）: 168 – 171.

［302］ Peters G. P., Davis S. J., Andrew R. A Synthesis of Carbon in International Trade ［J］. Biogeosciences, 2012, 9（8）: 3247 – 3276.

［303］ 彭水军, 张文城, 孙传旺. 中国生产侧和消费侧碳排放量测算及影响因素研究 ［J］. 经济研究, 2015, 50（1）: 168 – 182.

［304］ 王安静, 冯宗宪, 孟渤. 中国30省份的碳排放测算以及碳转移研究 ［J］. 数量经济技术经济研究, 2017, 34（8）: 89 – 104.

［305］ 王宪恩, 赵思涵, 刘晓宇, 等. 碳中和目标导向的省域消费端碳排放减排模式研究——基于多区域投入产出模型 ［J］. 生态经济, 2021, 37（5）: 43 – 50.

［306］ 付坤, 齐绍洲. 中国省级电力碳排放责任核算方法及应用 ［J］. 中国人口·资源与环境, 2014, 24（4）: 27 – 34.

［307］ 何永贵, 李晓双. 火电碳排放核算方法优选与实证分析——基于能源的"双向"视角 ［J］. 生态经济, 2021, 37（10）: 13 – 20 + 31.

［308］ 王长建, 汪菲, 叶玉瑶, 等. 基于供需视角的中国煤炭消费演变特征及其驱动机制 ［J］. 自然资源学报, 2020, 35（11）: 2708 – 2723.

［309］ Zheng Heran, Zhang Zengkai, Wei Wendong, et al. Regional Determinants of China's Consumption-Based Emissions in the Economic Transition ［J］. Environmental Research Letters, 2020, 15 （7）: 74001.

［310］ Shao Ling, Geng Zihao, Wu X. F. , et al. Changes and Driving Forces of Urban Consumption-Based Carbon Emissions: A Case Study of Shanghai ［J］. Journal of Cleaner Production, 2020, 245: 118774.

［311］ Kaya Yoichi. Impact of Carbon Dioxide Emission on Gnp Growth: Interpretation of Proposed Scenarios ［J］. Response Strategies Working Group, IPCC, 1989.

［312］ CEADs. China Emission Accounts and Datasets. http: //www. ceads. net/, 2021.

［313］ 张雪楠，马晓青. 中国区域发电量与碳排放的实证检验 ［J］. 经济与管理, 2016, 30 （2）: 43 - 47.

［314］ 潘晨. 基于省级 mrio 模型的中国碳排放结构变化和驱动因素研究 ［D］. 南京航空航天大学, 2019.

［315］ 国家统计局. 中国能源统计年鉴 （2000～2002）［M］. 北京: 中国统计出版社, 2004.

［316］ 国家统计局. 中国能源统计年鉴 （2008）［M］. 北京: 中国统计出版社, 2008.

［317］ 国家统计局. 中国能源统计年鉴 （2013）［M］. 北京: 中国统计出版社, 2013.

［318］ 国家统计局. 中国能源统计年鉴 （2018）［M］. 北京: 中国统计出版社, 2018.

［319］ 李善同，齐舒畅，何建武. 2007 年中国地区扩展投入产出表: 编制与应用 ［M］. 北京: 经济科学出版社, 2016.

中国省级单区域投入产出表部门分类名称

附表 1　2002～2017 年中国各年省级单区域投入产出表部门分类名称

序号	2002 年	2007 年	2012 年	2017 年
1	农业	农林牧渔业	农林牧渔产品和服务	农林牧渔产品和服务
2	煤炭开采和洗选业	煤炭开采和洗选业	煤炭采选产品	煤炭采选产品
3	石油和天然气开采业	石油和天然气开采业	石油和天然气开采产品	石油和天然气开采产品
4	金属矿采选业	金属矿采选业	金属矿采选产品	金属矿采选产品
5	非金属矿采选业	非金属矿及其他矿采选业	非金属矿和其他矿采选产品	非金属矿和其他矿采选产品
6	食品制造及烟草加工业	食品制造及烟草加工业	食品和烟草	食品和烟草
7	纺织业	纺织业	纺织品	纺织品
8	服装皮革羽绒及其制品业	纺织服装鞋帽皮革羽绒及其制品业	纺织服装鞋帽皮革羽绒及其制品	纺织服装鞋帽皮革羽绒及其制品
9	木材加工及家具制造业	木材加工及家具制造业	木材加工品和家具	木材加工品和家具
10	造纸印刷及文教用品制造业	造纸印刷及文教体育用品制造业	造纸印刷和文教体育用品	造纸印刷和文教体育用品
11	石油加工、炼焦及核燃料加工业	石油加工、炼焦及核燃料加工业	石油、炼焦产品和核燃料加工品	石油、炼焦产品和核燃料加工品
12	化学工业	化学工业	化学产品	化学产品

序号	2002 年	2007 年	2012 年	2017 年
13	非金属矿物制品业	非金属矿物制品业	非金属矿物制品	非金属矿物制品
14	金属冶炼及压延加工业	金属冶炼及压延加工业	金属冶炼和压延加工品	金属冶炼和压延加工品
15	金属制品业	金属制品业	金属制品	金属制品
16	通用、专用设备制造业	通用、专用设备制造业	通用设备	通用设备
17	交通运输设备制造业	交通运输设备制造业	专用设备	专用设备
18	电气机械及器材制造业	电气机械及器材制造业	交通运输设备	交通运输设备
19	通信设备、计算机及其他电子设备制造业	通信设备、计算机及其他电子设备制造业	电气机械和器材	电气机械和器材
20	仪器仪表及文化、办公用机械制造业	仪器仪表及文化办公用机械制造业	通信设备、计算机和其他电子设备	通信设备、计算机和其他电子设备
21	其他制造业	工艺品及其他制造业	仪器仪表	仪器仪表
22	废品废料	废品废料	其他制造产品	其他制造产品和废品废料
23	电力、热力的生产和供应业	电力、热力的生产和供应业	废品废料	金属制品、机械和设备修理服务
24	燃气生产和供应业	燃气生产和供应业	金属制品、机械和设备修理服务	电力、热力的生产和供应
25	水的生产和供应业	水的生产和供应业	电力、热力的生产和供应	燃气生产和供应
26	建筑业	建筑业	燃气生产和供应	水的生产和供应
27	交通运输及仓储业	交通运输及仓储业	水的生产和供应	建筑
28	邮政业	邮政业	建筑	批发和零售
29	信息传输、计算机服务和软件业	信息传输、计算机服务和软件业	批发和零售	交通运输、仓储和邮政
30	批发和零售贸易业	批发和零售业	交通运输、仓储和邮政	住宿和餐饮
31	住宿和餐饮业	住宿和餐饮业	住宿和餐饮	信息传输、软件和信息技术服务
32	金融保险业	金融业	信息传输、软件和信息技术服务	金融
33	房地产业	房地产业	金融	房地产

续表

序号	2002 年	2007 年	2012 年	2017 年
34	租赁和商务服务业	租赁和商务服务业	房地产	租赁和商务服务
35	旅游业	研究与试验发展业	租赁和商务服务	研究和试验发展
36	科学研究事业	综合技术服务业	科学研究和技术服务	综合技术服务
37	综合技术服务业	水利、环境和公共设施管理业	水利、环境和公共设施管理	水利、环境和公共设施管理
38	其他社会服务业	居民服务和其他服务业	居民服务、修理和其他服务	居民服务、修理和其他服务
39	教育事业	教育	教育	教育
40	卫生、社会保障和社会福利业	卫生、社会保障和社会福利业	卫生和社会工作	卫生和社会工作
41	文化、体育和娱乐业	文化、体育和娱乐业	文化、体育和娱乐	文化、体育和娱乐
42	公共管理和社会组织	公共管理和社会组织	公共管理、社会保障和社会组织	公共管理、社会保障和社会组织

省级能源终端消费数据的估计途径

附表 2　2002 年省级能源终端消费数据的估计途径

省份	原煤	洗精煤	其他洗煤	型煤	煤矸石	焦炭	焦炉煤气	高炉煤气	转炉煤气	其他煤气	其他焦化产品	原油	汽油	煤油	柴油	燃料油	石脑油	润滑油	石蜡	溶剂油	石油沥青	石油焦	液化石油气	炼厂干气	其他石油制品	天然气	液化天然气
北京	P	P	P	P	–	P	P	–	–	P	P	P	P	P	P	P	–	–	–	–	–	–	P	P	P	P	–
天津	P	C	C	C	–	P	P	–	–	C	C	P	P	P	C	P	–	–	–	–	–	–	C	C	P	P	–
河北	C	C	C	C	–	C	C	–	–	C	C	C	C	C	C	C	–	–	–	–	–	–	C	C	C	C	–
山西	A	A	A	A	–	P	E	–	–	E	E	P	E	P	E	P	E	–	–	–	–	–	E	E	E	E	–
内蒙古	P	E	E	E	–	P	E	–	–	E	E	P	P	P	P	P	–	–	–	–	–	–	E	E	E	E	–
辽宁	A	A	A	A	–	P	C	–	–	C	C	P	P	P	P	P	–	–	–	–	–	–	C	C	C	P	–
吉林	P	P	C	C	–	P	P	–	–	C	C	P	P	P	P	P	–	–	–	–	–	–	P	P	P	P	–
黑龙江	C	C	C	C	–	C	C	–	–	C	C	C	C	C	C	C	–	–	–	–	–	–	C	C	C	C	–
上海	P	P	E	E	–	P	P	–	–	P	P	E	P	E	P	P	–	–	–	–	–	–	P	P	P	P	–
江苏	C	C	C	C	–	C	C	–	–	C	C	C	C	C	C	C	–	–	–	–	–	–	C	C	C	C	–
浙江	C	C	C	C	–	C	C	–	–	C	C	C	C	C	C	C	–	–	–	–	–	–	C	C	C	C	–
安徽	P	P	C	C	–	P	P	–	–	C	C	P	P	P	P	P	–	–	–	–	–	–	C	C	C	C	–
福建	C	C	C	C	–	C	C	–	–	C	C	C	C	C	C	C	–	–	–	–	–	–	C	C	C	C	–
江西	P	P	P	C	–	P	P	–	–	P	P	P	P	P	P	P	–	–	–	–	–	–	P	P	P	P	–
山东	C	C	C	C	–	C	C	–	–	C	C	C	C	C	C	C	–	–	–	–	–	–	C	C	C	C	–
河南	C	C	C	C	–	C	C	–	–	C	C	C	C	C	C	C	–	–	–	–	–	–	C	C	C	C	–
湖北	C	C	C	C	–	C	C	–	–	C	C	C	C	C	C	C	–	–	–	–	–	–	C	C	C	C	–

省份	原煤	洗精煤	其他洗煤	型煤	煤矸石	焦炭	焦炉煤气	高炉煤气	转炉煤气	其他煤气	其他焦化产品	原油	汽油	煤油	柴油	燃料油	石脑油	润滑油	石蜡	溶剂油	石油沥青	石油焦	液化石油气	炼厂干气	其他石油制品	天然气	液化天然气
湖南	P	P	P	P	–	P	P	–	–	P	P	P	P	P	P	P	–	–	–	–	–	–	P	C	P	C	–
广东	C	C	C	C	–	C	C	–	–	C	C	C	C	C	C	C	–	–	–	–	–	–	C	C	C	C	–
广西	C	C	C	C	–	C	C	–	–	C	C	C	C	C	C	C	–	–	–	–	–	–	C	C	C	C	–
海南	C	C	C	C	–	C	C	–	–	C	C	C	C	C	C	C	–	–	–	–	–	–	C	C	C	C	–
重庆	P	C	E	E	–	E	E	–	–	E	E	P	P	P	P	P	–	–	–	–	–	–	C	C	C	P	–
四川	C	C	C	C	–	C	C	–	–	C	C	C	C	C	C	C	–	–	–	–	–	–	C	C	C	C	–
贵州	P	E	E	E	–	E	E	–	–	E	E	E	P	E	P	E	–	–	–	–	–	–	E	E	E	E	–
云南	P	E	E	E	–	E	E	–	–	E	E	E	E	E	E	E	–	–	–	–	–	–	E	E	E	E	–
陕西	P	C	C	C	–	C	C	–	–	C	C	C	C	C	C	C	–	–	–	–	–	–	C	C	C	C	–
甘肃	P	E	E	E	–	E	E	–	–	E	E	P	P	P	P	P	–	–	–	–	–	–	E	E	E	P	–
青海	P	E	E	E	–	E	E	–	–	E	E	E	E	E	E	E	–	–	–	–	–	–	E	E	E	E	–
宁夏	P	P	P	P	–	P	P	–	–	P	P	P	P	P	P	P	–	–	–	–	–	–	P	P	P	P	–
新疆	P	P	P	P	–	P	–	E	–	E	E	P	P	P	P	P	–	–	–	–	–	–	E	E	E	P	–

注:"P"代表从省统计年鉴中取得;"A"代表由煤合计估得;"E"代表由能源合计估得;"C"代表由2008年经济普查年鉴估得。

附表 3　2007 年省级能源终端消费数据的估计途径

省份	原煤	洗精煤	其他洗煤	型煤	煤矸石	焦炭	焦炉煤气	高炉煤气	转炉煤气	其他煤气	其他焦化产品	原油	汽油	煤油	柴油	燃料油	石脑油	润滑油	石蜡	溶剂油	石油沥青	石油焦	液化石油气	炼厂干气	其他石油制品	天然气	液化天然气
北京	A	A	A	A	–	P	C	–	–	C	C	C	P	P	P	P	–	–	–	–	–	–	P	C	C	P	–
天津	A	A	A	A	–	P	C	–	–	C	C	P	P	C	P	P	–	–	–	–	–	–	C	C	P	P	–
河北	C	C	C	C	–	C	C	–	–	C	C	C	C	C	C	C	–	–	–	–	–	–	C	C	C	C	–
山西	A	A	A	A	–	P	E	–	–	E	E	E	P	E	P	E	–	–	–	–	–	–	E	E	E	E	–
内蒙古	A	A	A	A	–	A	A	–	–	E	E	E	P	E	P	E	–	–	–	–	–	–	E	E	E	P	–
辽宁	A	A	A	A	–	A	A	–	–	E	E	E	P	E	P	E	–	–	–	–	–	–	E	E	E	E	–
吉林	P	P	P	C	P	P	P	–	–	C	P	C	P	P	P	P	–	–	–	–	–	–	P	P	P	P	–
黑龙江	P	P	P	P	–	P	P	–	–	P	P	P	P	P	P	P	–	–	–	–	–	–	P	P	P	P	–

省份	原煤	洗精煤	其他洗煤	型煤	煤矸石	焦炭	焦炉煤气	高炉煤气	转炉煤气	其他煤气	其他焦产品	原油	汽油	煤油	柴油	燃料油	石脑油	润滑油	石蜡	溶剂油	石油沥青	石油焦	液化石气	炼厂干气	其他石制品	天然气	液化天气
上海	P	P	C	C	–	P	P	–	–	P	P	C	P	P	P	P	–	–	–	–	–	–	P	P	P	P	–
江苏	C	C	C	C	–	C	C	–	–	C	C	C	C	C	C	C	–	–	–	–	–	–	C	C	C	C	–
浙江	C	C	C	C	–	C	C	–	–	C	C	C	C	C	C	C	–	–	–	–	–	–	C	C	C	C	–
安徽	P	P	P	C	–	P	P	–	–	C	C	P	P	P	P	P	P	–	–	–	–	–	C	C	C	C	–
福建	P	P	P	C	–	P	P	–	–	C	C	P	P	P	P	P	P	–	–	–	–	–	C	C	C	C	–
江西	P	P	P	C	–	P	P	–	–	C	C	P	P	P	P	P	P	–	–	–	–	–	C	C	C	C	–
山东	E	E	E	E	–	E	E	–	–	E	E	E	E	E	E	E	E	–	–	–	–	–	E	E	E	E	–
河南	P	E	E	E	–	P	P	–	–	E	E	P	E	P	E	P	P	–	–	–	–	–	E	E	P	E	–
湖北	P	C	C	C	–	C	C	–	–	C	C	C	C	C	C	P	C	P	C	–	–	–	–	C	C	C	–
湖南	P	P	P	P	–	P	P	–	–	P	P	P	P	P	P	P	P	–	–	–	–	–	P	P	P	P	–
广东	P	E	E	E	–	E	E	–	–	E	E	E	E	E	E	E	E	–	–	–	–	–	E	E	E	E	–
广西	C	C	C	C	–	C	C	–	–	C	C	C	C	C	C	C	C	–	–	–	–	–	C	C	C	C	–
海南	C	C	C	C	–	C	C	–	–	C	C	C	C	C	C	C	C	–	–	–	–	–	C	C	C	C	–
重庆	P	C	C	C	–	C	C	–	–	C	C	C	C	C	C	P	C	P	C	–	–	–	–	C	C	P	–
四川	C	C	C	C	–	C	C	–	–	C	C	C	C	C	C	C	C	–	–	–	–	–	C	C	C	C	–
贵州	C	C	C	C	–	C	C	–	–	C	C	C	C	C	C	C	C	–	–	–	–	–	C	C	C	C	–
云南	P	E	E	E	–	P	P	–	–	E	E	E	E	E	E	E	E	–	–	–	–	–	E	E	E	E	–
陕西	P	C	C	C	–	C	C	–	–	C	C	C	C	C	C	P	C	P	C	–	–	–	–	C	C	P	–
甘肃	A	A	A	A	–	P	E	–	–	E	E	P	P	P	P	P	P	–	–	–	–	–	P	E	E	P	–
青海	P	E	E	E	–	E	E	–	–	E	E	E	E	E	E	P	E	P	E	–	–	–	–	E	E	P	–
宁夏	P	P	P	P	–	P	P	–	–	P	P	P	P	P	P	P	P	–	–	–	–	–	P	P	P	P	–
新疆	A	A	A	A	–	P	E	–	–	E	E	P	P	P	P	P	P	–	–	–	–	–	E	E	E	P	–

注："P"代表从省统计年鉴中取得；"A"代表由煤合计估得；"E"代表由能源合计估得；"C"代表由2008年经济普查年鉴估得。

附表4　2012年省级能源终端消费数据的估计途径

省份	原煤	洗精煤	其他洗煤	型煤	煤矸石	焦炭	焦炉煤气	高炉煤气	转炉煤气	其他煤气	其他焦产品	原油	汽油	煤油	柴油	燃料油	石脑油	润滑油	石蜡	溶剂油	石油沥青	石油焦	液化石气	炼厂干气	其他石制品	天然气	液化天气
北京	A	A	A	A	A	P	E	E	E	E	E	E	P	P	P	P	E	E	E	E	E	E	P	E	E	P	E
天津	A	A	A	A	A	P	C	C	C	C	C	C	P	P	C	P	P	C	C	C	C	C	C	C	P	P	C

续表

省份	原煤	洗精煤	其他洗煤	型煤	煤矸石	焦炭	焦炉煤气	高炉煤气	转炉煤气	其他煤气	其他焦产品	原油	汽油	煤油	柴油	燃料油	石脑油	润滑油	石蜡	溶剂油	石油沥青	石油焦	液化石气	炼厂干气	其他石制品	天然气	液化天然气
河北	E	E	E	E	E	E	E	E	E	E	E	E	E	E	E	E	E	E	E	E	E	E	E	E	E	E	E
山西	A	A	A	A	A	P	E	E	E	E	E	E	P	E	P	E	E	E	E	E	E	E	E	E	E	E	E
内蒙古	A	A	A	A	A	P	E	E	E	E	E	P	P	P	P	P	E	E	E	E	E	E	E	E	E	E	E
辽宁	A	A	A	A	A	P	C	C	C	C	C	P	P	P	P	P	C	C	C	C	C	C	C	C	C	P	C
吉林	P	P	C	C	C	C	P	P	C	C	C	C	P	P	P	P	C	C	C	C	C	C	P	P	P	P	C
黑龙江	P	P	P	A	A	P	P	C	C	P	P	P	P	P	P	P	C	C	C	C	C	C	P	P	P	P	C
上海	C	C	C	C	C	C	C	C	C	C	C	C	C	C	C	C	C	C	C	C	C	C	C	C	C	C	C
江苏	C	C	C	C	C	C	C	C	C	C	C	C	C	C	C	C	C	C	C	C	C	C	C	C	C	C	C
浙江	C	C	C	C	C	C	C	C	C	C	C	C	C	C	C	C	C	C	C	C	C	C	C	C	C	C	C
安徽	P	P	P	P	P	P	C	C	C	C	C	P	P	P	P	P	C	C	C	C	C	C	C	C	C	P	C
福建	P	C	C	C	C	P	C	C	C	C	C	P	P	P	P	P	C	C	C	C	C	C	C	C	C	P	C
江西	P	P	P	A	A	P	E	E	E	E	E	P	P	P	P	P	E	E	E	E	E	E	E	E	E	E	E
山东	E	E	E	E	E	E	E	E	E	E	E	E	E	E	E	E	E	E	E	E	E	E	E	E	E	E	E
河南	P	A	A	A	A	P	E	E	E	E	E	P	P	P	P	P	E	E	E	E	E	E	E	E	E	E	E
湖北	P	C	C	C	C	P	C	C	C	C	C	C	P	C	P	P	C	C	C	C	C	C	C	C	C	C	C
湖南	P	A	A	A	A	P	C	C	C	C	C	P	P	P	P	P	C	C	C	C	C	C	C	C	C	P	C
广东	E	E	E	E	E	E	E	E	E	E	E	E	E	E	E	E	E	E	E	E	E	E	E	E	E	E	E
广西	E	E	E	E	E	E	E	E	E	E	E	E	E	E	E	E	E	E	E	E	E	E	E	E	E	E	E
海南	E	E	E	E	E	E	E	E	E	E	E	E	E	E	E	E	E	E	E	E	E	E	E	E	E	E	E
重庆	P	C	C	C	C	P	C	C	C	C	C	C	P	P	P	P	C	C	C	C	C	C	C	C	C	P	C
四川	C	C	C	C	C	C	C	C	C	C	C	C	C	C	C	C	C	C	C	C	C	C	C	C	C	C	C
贵州	E	E	E	E	E	E	E	E	E	E	E	E	E	E	E	E	E	E	E	E	E	E	E	E	E	E	E
云南	P	E	E	E	E	P	E	E	E	E	E	E	E	E	E	E	E	E	E	E	E	E	E	E	E	E	E
陕西	P	A	A	A	A	P	C	C	C	C	C	P	P	P	P	P	C	C	C	C	C	C	C	C	C	P	C
甘肃	A	A	A	A	A	P	E	E	E	E	E	P	P	P	P	P	E	E	E	E	E	E	E	E	E	P	E
青海	P	E	E	E	E	P	E	E	E	E	E	E	E	E	E	E	E	E	E	E	E	E	E	E	E	E	E
宁夏	P	P	P	E	E	P	P	P	P	E	E	P	P	P	P	P	E	E	E	E	E	E	E	E	E	P	E
新疆	A	A	A	A	A	P	E	E	E	E	E	P	P	P	P	P	E	E	E	E	E	E	E	E	E	P	E

注："P"代表从省统计年鉴中取得；"A"代表由煤合计估得；"E"代表由能源合计估得；"C"代表由 2008 年经济普查年鉴估得；2017 年能源消费数据均取自 CEADs 数据库，因此不再展开说明。

2002～2017 年分省省份分部门碳排放估计结果

附表 5　2002 年分省份分部门碳排放估计结果（第一部分）

单位：Mt CO_2

序号	部门	北京	天津	河北	山西	内蒙古	辽宁	吉林	黑龙江	上海	江苏
1	农、林、牧、渔、水利业	1.24	1.04	1.90	6.80	3.08	2.74	2.37	5.26	1.99	4.45
2	煤炭开采和洗选业	0.04	0.00	11.82	5.79	3.00	8.94	0.62	7.96	0.00	1.06
3	石油和天然气开采业	0.00	1.93	1.15	0.00	0.36	3.52	0.70	6.56	0.06	0.42
4	黑色金属矿采选业	0.13	0.00	2.59	0.16	0.14	0.09	0.21	0.02	0.00	0.05
5	有色金属矿采选业	0.00	0.00	0.09	0.09	0.18	0.15	0.05	0.04	0.00	0.00
6	非金属矿采选业	0.02	0.64	0.19	0.03	0.13	0.12	0.11	0.07	0.00	0.38
7	开采辅助活动和其他采矿业	0.00	0.00	0.00	0.00	0.00	0.00	0.00	0.00	0.00	0.00
8	农副食品加工业	0.13	0.36	3.25	0.33	2.49	0.42	0.34	0.89	0.28	0.47

续表

序号	部门	北京	天津	河北	山西	内蒙古	辽宁	吉林	黑龙江	上海	江苏
9	食品制造业	0.36	0.25	1.51	0.46	0.49	0.25	0.99	0.61	0.27	0.41
10	酒、饮料和精制茶制造业	0.74	0.69	1.02	0.21	0.76	0.36	0.87	0.82	0.12	0.91
11	烟草制品业	0.02	0.07	0.08	0.03	0.07	0.04	0.07	0.06	0.01	0.01
12	纺织业	0.32	0.86	1.43	0.72	1.28	0.57	0.35	0.10	1.22	4.02
13	纺织服装、服饰业	0.22	0.20	0.19	0.04	0.09	0.10	0.02	0.00	0.29	0.75
14	皮革、毛皮、羽毛（绒）及其制品业和制鞋业	0.02	0.09	0.73	0.05	0.14	0.02	0.01	0.00	0.04	0.09
15	木材加工及木、竹、藤、棕、草制品业	0.02	0.08	0.69	0.06	0.07	0.10	0.50	0.17	0.32	0.90
16	家具制造业	0.06	0.10	0.24	0.06	0.00	0.01	0.00	0.04	0.02	0.02
17	造纸及纸制品业	0.14	0.50	2.30	0.43	0.78	1.11	1.66	0.37	0.41	3.20
18	印刷业和记录媒介的复制	0.14	0.04	0.10	0.07	0.03	0.04	0.02	0.02	0.05	0.04
19	文教、工美、体育和娱乐用品制造业	0.03	0.03	0.03	0.11	0.00	0.01	0.02	0.02	0.09	0.09
20	石油加工、炼焦及核燃料加工业	3.66	5.38	3.20	11.07	1.22	6.77	0.41	9.55	11.84	3.26
21	化学原料及化学制品制造业	1.03	4.49	14.48	15.06	8.36	8.67	4.96	3.97	4.17	19.33
22	医药制造业	0.24	0.48	0.73	0.32	1.31	0.76	0.83	0.62	0.52	0.54
23	化学纤维制造业	0.00	0.15	0.20	0.15	0.02	0.44	1.30	0.03	0.24	1.19
24	橡胶和塑料制品业	0.39	0.70	2.12	0.46	0.13	0.43	0.21	0.18	0.86	1.09
25	非金属矿物制品业	8.58	3.13	40.31	16.32	10.33	15.18	11.59	5.99	3.56	36.00
26	黑色金属冶炼及压延加工业	16.32	7.87	64.52	57.01	15.99	45.16	4.19	1.90	27.65	15.23
27	有色金属冶炼及压延加工业	0.03	0.31	0.37	2.69	0.47	1.18	0.18	0.05	0.25	0.70
28	金属制品业	0.23	0.60	1.24	1.16	0.14	0.36	0.18	0.08	0.39	1.31

续表

序号	部门	北京	天津	河北	山西	内蒙古	辽宁	吉林	黑龙江	上海	江苏
29	通用设备制造业	0.30	0.59	1.69	1.04	0.18	1.08	1.39	0.30	0.53	1.86
30	专用设备制造业	0.19	0.13	0.73	1.34	0.00	1.10	0.18	0.91	0.11	0.34
31	交通运输设备制造业	0.54	0.60	0.73	0.52	0.19	0.83	2.71	0.34	0.45	0.75
32	电气机械及器材制造业	0.26	0.31	0.41	0.17	0.09	0.36	0.07	0.11	0.23	0.84
33	通信设备、计算机及其他电子设备制造业	0.09	0.25	0.13	0.04	0.09	0.19	0.04	0.01	0.45	0.37
34	仪器仪表制造业	0.05	0.06	0.10	0.08	0.00	0.04	0.12	0.04	0.02	0.09
35	其他制造业	0.10	0.13	0.10	1.24	0.05	0.03	0.01	1.55	0.07	0.12
36	电力、热力的生产和供应业	22.72	29.97	112.21	85.68	76.22	95.26	51.29	64.93	55.12	126.59
37	燃气生产和供应业	0.01	0.09	0.02	0.49	0.10	0.87	0.11	0.01	0.01	0.16
38	水的生产和供应业	0.00	0.01	0.05	0.03	0.04	0.05	0.09	0.03	0.00	0.01
39	建筑业	0.90	0.46	0.94	2.35	1.29	1.68	1.17	0.10	2.74	0.39
40	交通运输、仓储和邮政业	6.87	5.29	3.86	4.79	3.41	13.34	3.17	5.39	16.55	10.51
41	批发、零售业和住宿、餐饮业	1.06	3.53	1.30	1.77	1.59	0.90	3.03	3.84	1.53	1.27
42	其他	7.17	1.41	5.39	2.84	1.44	4.34	4.64	1.89	3.00	2.67
43	城镇	4.58	1.89	10.05	4.52	2.09	7.97	3.83	5.44	3.05	4.04
44	乡村	2.93	0.97	15.52	11.49	1.60	2.42	1.11	0.30	1.84	1.38
	合计	81.89	75.68	309.74	238.08	139.43	228.00	105.73	130.54	140.39	247.30

附表6 2002年分省份分部门碳排放估计结果（第二部分）

单位：Mt CO$_2$

序号	部门	浙江	安徽	福建	江西	山东	河南	湖北	湖南	广东	广西
1	农、林、牧、渔、水利业	6.08	2.30	1.34	0.79	11.49	3.18	4.74	4.37	0.50	0.50
2	煤炭开采和洗选业	0.07	5.02	0.06	0.96	5.81	4.19	0.05	0.49	0.02	0.02
3	石油和天然气开采业	0.00	0.00	0.00	0.00	1.94	1.98	0.91	0.00	0.00	0.00
4	黑色金属矿采选业	0.00	0.33	0.13	0.03	0.66	0.06	2.04	0.11	0.12	0.12
5	有色金属矿采选业	0.01	0.06	0.06	0.08	0.19	0.15	0.04	0.12	0.13	0.13
6	非金属矿采选业	0.17	0.04	0.11	0.12	0.16	0.10	0.60	0.45	0.07	0.07
7	开采辅助活动和其他采矿业	0.00	0.00	0.00	0.00	0.00	0.00	0.00	0.00	0.00	0.00
8	农副食品加工业	0.27	0.65	0.38	0.16	2.47	0.90	1.35	0.34	1.78	1.78
9	食品制造业	0.31	0.43	0.45	0.09	2.00	1.32	2.61	0.25	0.20	0.20
10	酒、饮料和精制茶制造业	0.46	1.32	0.32	0.35	0.42	0.88	0.92	0.25	0.65	0.65
11	烟草制品业	0.01	0.34	0.04	0.05	0.00	0.02	0.09	0.37	0.05	0.05
12	纺织业	7.71	2.27	1.27	0.39	3.88	0.58	1.27	0.82	0.09	0.09
13	纺织服装、服饰业	0.51	0.05	0.13	0.00	0.49	0.07	0.28	0.02	0.00	0.00
14	皮革、毛皮、羽毛（绒）及其制品业和制鞋业	0.38	0.06	0.26	0.00	0.28	0.21	0.04	0.06	0.03	0.03
15	木材加工及木、竹、藤、棕、草制品业	0.14	0.33	0.17	0.31	0.63	0.35	0.35	0.60	0.14	0.14
16	家具制造业	0.09	0.00	0.05	0.01	0.18	0.04	0.02	0.01	0.00	0.00
17	造纸及纸制品业	3.24	1.17	1.08	0.37	3.02	1.62	1.32	2.31	1.10	1.10
18	印刷业和记录媒介的复制	0.09	0.05	0.03	0.01	0.09	0.03	0.19	0.02	0.00	0.00
19	文教、工美、体育和娱乐用品制造业	0.07	0.03	0.03	0.00	0.13	0.00	0.01	0.00	0.00	0.00

续表

序号	部门	浙江	安徽	福建	江西	山东	河南	湖北	湖南	广东	广西
20	石油加工、炼焦及核燃料加工业	3.87	0.84	0.75	1.97	9.68	2.24	2.62	2.08	0.23	0.23
21	化学原料及化学制品制造业	7.55	15.26	3.64	2.32	14.11	6.94	18.14	10.66	3.01	3.01
22	医药制造业	0.75	0.79	0.31	0.34	0.80	0.65	1.94	0.38	0.17	0.17
23	化学纤维制造业	0.70	1.16	0.08	0.15	0.28	0.23	0.36	0.45	0.00	0.00
24	橡胶和塑料制品业	2.42	0.44	0.50	0.07	1.64	0.93	0.52	0.30	0.16	0.16
25	非金属矿物制品业	41.37	44.37	20.64	15.58	53.17	26.97	34.67	26.86	21.38	21.38
26	黑色金属冶炼及压延加工业	4.25	18.42	3.19	9.20	10.41	10.00	18.00	6.52	5.48	5.48
27	有色金属冶炼及压延加工业	0.56	1.24	0.22	0.52	3.73	7.28	1.42	1.66	2.75	2.75
28	金属制品业	0.84	0.17	0.13	0.03	0.60	0.41	0.54	0.21	0.07	0.07
29	通用设备制造业	1.25	0.50	0.23	0.09	1.86	1.01	1.18	0.31	0.05	0.05
30	专用设备制造业	0.21	0.07	0.08	0.03	0.87	0.92	0.31	0.09	0.05	0.05
31	交通运输设备制造业	0.67	0.32	0.15	0.22	0.79	0.97	2.66	0.23	0.17	0.17
32	电气机械及器材制造业	0.48	0.20	0.14	0.04	1.95	0.42	0.36	0.16	0.04	0.04
33	通信设备、计算机及其他电子设备制造业	0.19	0.03	0.10	0.01	0.45	0.14	0.07	0.25	0.01	0.01
34	仪器仪表制造业	0.07	0.02	0.01	0.02	0.09	0.03	0.04	0.02	0.00	0.00
35	其他制造业	0.24	0.02	0.11	0.12	0.37	0.41	0.22	0.06	0.02	0.02
36	电力、热力的生产和供应业	75.86	47.24	29.04	22.18	126.00	101.09	40.25	26.69	14.88	14.88
37	燃气生产和供应业	0.00	0.02	0.13	0.02	0.39	0.33	0.01	0.08	0.02	0.02
38	水的生产和供应业	0.00	0.00	0.00	0.01	0.06	0.00	0.02	0.01	0.01	0.01
39	建筑业	0.32	1.10	0.27	0.04	10.17	0.33	1.61	0.28	0.04	0.04

续表

序号	部门	浙江	安徽	福建	江西	山东	河南	湖北	湖南	广东	广西
40	交通运输、仓储和邮政业	9.98	4.05	5.21	6.47	5.46	4.31	11.82	7.98	6.52	6.52
41	批发、零售业和住宿、餐饮业	1.73	1.13	0.94	0.19	4.35	0.67	1.54	0.27	0.65	0.65
42	其他	2.90	0.46	2.60	0.13	4.23	0.65	0.18	0.24	0.43	0.43
43	城镇	2.58	7.03	3.21	4.26	7.88	6.08	3.89	1.32	2.04	2.04
44	乡村	2.16	3.47	1.35	3.13	2.14	11.53	7.66	5.17	0.37	0.37
	合计	180.53	162.80	78.97	70.86	295.34	200.22	166.83	102.92	250.34	63.40

附表 7 2002 年分省份分部门碳排放估计结果（第三部分）

单位：Mt CO_2

序号	部门	海南	重庆	四川	贵州	云南	陕西	甘肃	青海	宁夏	新疆
1	农、林、牧、渔、水利业	0.63	4.35	1.57	5.24	1.60	0.59	1.21	0.15	0.00	3.82
2	煤炭开采和洗选业	0.00	5.63	2.99	3.25	1.89	0.54	0.20	0.05	0.02	0.20
3	石油和天然气开采业	0.00	0.04	0.73	0.00	0.00	2.23	0.20	0.44	0.00	2.96
4	黑色金属矿采选业	0.00	0.43	0.36	0.02	0.29	0.03	0.08	0.00	0.00	0.09
5	有色金属矿采选业	0.08	0.03	0.13	0.09	0.27	0.27	0.10	0.13	0.00	0.10
6	非金属矿采选业	0.01	0.37	0.77	0.28	0.38	0.02	0.43	0.04	0.00	0.06
7	开采辅助活动和其他采矿业	0.00	0.00	0.00	0.00	0.00	0.00	0.00	0.00	0.00	0.00
8	农副食品加工业	0.04	0.05	1.23	0.11	0.67	0.21	0.22	0.03	0.01	0.64
9	食品制造业	0.05	0.11	0.44	0.10	0.45	0.37	0.33	0.00	0.15	0.31
10	酒、饮料和精制茶制造业	0.02	0.14	1.66	0.21	0.18	0.33	0.25	0.05	0.08	0.34

续表

序号	部门	海南	重庆	四川	贵州	云南	陕西	甘肃	青海	宁夏	新疆
11	烟草制品业	0.00	0.05	0.03	0.39	0.26	0.12	0.04	0.01	0.01	0.01
12	纺织业	0.01	0.45	1.55	0.08	0.06	0.44	0.16	0.01	0.01	0.41
13	纺织服装、服饰业	0.00	0.01	0.04	0.02	0.01	0.01	0.01	0.02	0.01	0.00
14	皮革、毛皮、羽毛（绒）及其制品业和制鞋业	0.00	0.00	0.19	0.00	0.01	0.03	0.03	0.00	0.00	0.00
15	木材加工及木、竹、藤、棕、草制品业	0.01	0.03	0.21	0.04	0.10	0.03	0.02	0.00	0.00	0.01
16	家具制造业	0.00	0.02	0.07	0.00	0.01	0.05	0.01	0.00	0.00	0.01
17	造纸及纸制品业	0.54	0.28	1.54	0.23	0.36	0.43	0.16	0.01	0.85	0.18
18	印刷业和记录媒介的复制	0.00	0.01	0.12	0.02	0.03	0.04	0.03	0.00	0.00	0.01
19	文教、工美、体育和娱乐用品制造业	0.00	0.00	0.02	0.02	0.00	0.00	0.01	0.00	0.00	0.00
20	石油加工、炼焦及核燃料加工业	0.30	0.20	1.33	1.11	0.87	4.39	1.19	0.09	0.66	3.87
21	化学原料及化学制品制造业	1.48	5.27	7.75	4.15	10.29	4.81	1.55	0.35	3.67	1.08
22	医药制造业	0.03	0.37	0.88	0.12	0.14	0.37	0.13	0.03	0.07	0.05
23	化学纤维制造业	0.00	0.89	0.07	0.00	0.00	0.00	0.00	0.00	0.00	0.01
24	橡胶和塑料制品业	0.02	0.26	0.37	0.48	0.09	0.07	0.23	0.00	0.03	0.17
25	非金属矿物制品业	2.96	16.24	26.17	13.05	13.57	12.17	9.28	1.93	4.90	6.26
26	黑色金属冶炼及压延加工业	0.09	7.15	13.92	4.35	8.04	2.97	5.26	0.65	0.54	2.12
27	有色金属冶炼及压延加工业	0.00	0.76	0.47	2.01	1.43	2.02	1.93	0.13	0.60	0.26
28	金属制品业	0.01	0.12	0.19	0.18	0.09	0.12	0.08	0.02	0.17	0.27
29	通用设备制造业	0.01	0.19	1.01	0.11	0.09	0.52	0.19	0.11	0.16	0.02
30	专用设备制造业	0.00	0.07	0.41	0.05	0.09	0.58	0.42	0.01	0.09	0.10

序号	部门	海南	重庆	四川	贵州	云南	陕西	甘肃	青海	宁夏	新疆
31	交通运输设备制造业	0.02	0.69	0.57	0.44	0.05	0.74	0.12	0.01	0.00	0.02
32	电气机械及器材制造业	0.00	0.08	0.20	0.06	0.06	0.24	0.14	0.00	0.03	0.05
33	通信设备、计算机及其他电子设备制造业	0.00	0.00	0.07	0.02	0.00	0.40	0.05	0.00	0.00	0.00
34	仪器仪表制造业	0.00	0.03	0.02	0.01	0.01	0.13	0.02	0.01	0.03	0.00
35	其他制造业	0.00	0.20	0.20	0.74	0.00	0.05	0.18	0.01	0.00	0.01
36	电力、热力的生产和供应业	3.55	24.22	42.18	29.45	23.06	34.00	26.97	7.69	7.92	27.54
37	燃气生产和供应业	0.00	0.02	0.07	0.27	0.30	0.00	0.00	0.02	0.00	0.01
38	水的生产和供应业	0.00	0.00	0.02	0.01	0.02	0.03	0.02	0.02	0.00	0.02
39	建筑业	0.13	0.56	1.33	0.24	0.64	1.94	0.98	0.22	0.04	1.21
40	交通运输、仓储和邮政业	2.28	2.61	7.51	2.82	7.08	3.20	4.44	0.61	0.14	4.88
41	批发、零售业和住宿、餐饮业	0.24	0.39	2.33	3.25	0.23	0.71	0.85	0.33	0.19	1.45
42	其他	0.64	0.22	1.25	4.93	0.47	0.34	0.46	0.96	0.00	2.65
43	城镇	0.28	1.46	5.89	2.33	1.99	5.27	1.74	2.13	0.40	6.34
44	乡村	0.02	3.49	8.81	18.86	6.34	1.53	6.09	1.18	0.66	6.40
	合计	13.45	77.49	136.67	99.14	81.54	82.31	65.79	17.44	21.47	73.98

附表8　2007年分省份分部门碳排放估计结果（第一部分）

单位：Mt CO_2

序号	部门	北京	天津	河北	山西	内蒙古	辽宁	吉林	黑龙江	上海	江苏
1	农、林、牧、渔、水利业	1.34	0.96	1.42	3.47	4.55	5.12	4.27	5.94	1.26	5.56

续表

序号	部门	北京	天津	河北	山西	内蒙古	辽宁	吉林	黑龙江	上海	江苏
2	煤炭开采和洗选业	0.02	0.00	18.67	7.33	6.69	6.15	1.13	4.69	0.00	1.50
3	石油和天然气开采业	0.04	1.20	1.73	0.00	0.30	5.34	3.29	6.49	0.00	0.52
4	黑色金属矿采选业	0.09	0.00	4.31	0.61	0.75	0.81	0.67	0.02	0.00	0.16
5	有色金属矿采选业	0.00	0.05	0.16	0.04	0.77	1.38	0.15	0.09	0.00	0.00
6	非金属矿采选业	0.16	0.07	0.43	0.05	0.68	0.59	0.58	0.14	0.00	1.01
7	开采辅助活动和其他采矿业	0.00	0.00	0.00	0.12	0.00	0.00	0.00	0.00	0.00	0.00
8	农副食品加工业	0.33	0.19	7.05	0.28	2.43	1.65	7.54	2.81	0.30	1.20
9	食品制造业	0.31	0.27	2.25	0.21	1.68	0.42	0.70	0.99	0.35	0.80
10	酒、饮料和精制茶制造业	0.77	0.87	1.76	0.49	1.02	0.83	3.34	0.66	0.20	2.03
11	烟草制品业	0.01	0.04	0.13	0.01	0.04	0.03	0.10	0.10	0.03	0.03
12	纺织业	0.19	0.42	2.11	0.15	0.69	0.59	0.28	0.67	1.04	7.54
13	纺织服装、服饰业	0.28	0.16	0.32	0.02	0.04	0.45	0.11	0.00	0.35	1.48
14	皮革、毛皮、羽毛（绒）及其制品业和制鞋业	0.02	0.03	1.16	0.00	0.01	0.14	0.03	0.01	0.05	0.18
15	木材加工及木、竹、藤、棕、草制品业	0.03	0.05	1.14	0.04	0.14	0.27	2.55	0.37	0.10	1.92
16	家具制造业	0.06	0.07	0.40	0.01	0.01	0.28	0.02	0.07	0.05	0.04
17	造纸及纸制品业	0.16	0.28	3.10	0.15	0.39	0.97	1.30	0.88	0.78	5.45
18	印刷业和记录媒介的复制	0.16	0.03	0.17	0.01	0.00	0.09	0.06	0.04	0.09	0.08
19	文教、工美、体育和娱乐用品制造业	0.05	0.06	0.05	0.04	0.00	0.05	0.01	0.01	0.10	0.20
20	石油加工、炼焦及核燃料加工业	5.87	5.26	6.13	27.90	3.89	8.36	0.23	19.82	18.36	4.56
21	化学原料及化学制品制造业	4.61	3.43	28.71	20.08	14.50	12.76	13.03	4.07	13.26	40.97

续表

序号	部门	北京	天津	河北	山西	内蒙古	辽宁	吉林	黑龙江	上海	江苏
22	医药制造业	0.35	0.39	1.19	0.29	0.70	1.13	1.76	1.46	0.45	1.15
23	化学纤维制造业	0.01	0.01	0.35	0.04	0.00	1.24	1.23	0.17	0.16	2.58
24	橡胶和塑料制品业	0.27	0.67	3.34	0.14	0.01	1.16	0.51	0.43	1.09	2.12
25	非金属矿物制品业	10.93	4.57	70.15	21.37	18.45	33.95	27.26	11.06	3.70	63.88
26	黑色金属冶炼及压延加工业	10.09	27.74	172.37	61.43	31.42	78.93	13.14	10.19	31.12	62.93
27	有色金属冶炼及压延加工业	0.03	0.14	0.67	9.39	4.63	2.63	0.49	0.17	0.42	1.45
28	金属制品业	0.23	0.59	2.19	0.78	0.04	1.02	0.14	0.15	0.59	2.84
29	通用设备制造业	0.31	0.44	3.46	1.56	0.12	3.96	0.18	0.54	0.96	4.98
30	专用设备制造业	0.40	0.09	1.19	0.66	0.27	1.71	0.70	1.53	0.14	0.70
31	交通运输设备制造业	0.71	0.50	1.31	0.32	0.06	1.35	2.90	0.88	0.71	1.36
32	电气机械及器材制造业	0.09	0.32	0.56	0.04	0.24	0.66	0.13	0.29	0.34	1.40
33	通信设备、计算机及其他电子设备制造业	0.12	0.17	0.18	0.10	0.01	0.15	0.12	0.01	0.29	0.73
34	仪器仪表制造业	0.04	0.02	0.16	0.00	0.00	0.07	0.00	0.06	0.02	0.17
35	其他制造业	0.08	0.07	0.18	0.05	0.01	0.21	0.36	0.01	0.07	0.24
36	电力、热力的生产和供应业	31.07	46.37	180.31	169.25	229.62	153.12	75.69	100.96	66.50	256.96
37	燃气生产和供应业	0.09	0.01	0.03	0.00	0.31	0.88	0.64	3.41	0.01	0.39
38	水的生产和供应业	0.01	0.01	0.08	0.04	0.02	0.07	0.02	0.18	0.00	0.01
39	建筑业	1.25	1.17	1.45	1.74	2.57	2.23	2.26	0.10	2.26	0.88
40	交通运输、仓储和邮政业	14.74	6.80	14.15	8.10	17.46	28.47	8.00	10.97	38.58	20.87
41	批发、零售业和住宿、餐饮业	4.48	4.81	1.63	3.34	6.77	1.70	4.96	5.57	4.83	1.29

续表

序号	部门	北京	天津	河北	山西	内蒙古	辽宁	吉林	黑龙江	上海	江苏
42	其他	10.19	1.90	5.56	1.41	5.54	2.85	7.91	1.34	6.69	0.43
43	城镇	8.42	2.63	8.09	4.99	6.35	7.09	6.06	8.37	5.57	7.08
44	乡村	4.57	1.16	12.78	9.46	6.23	4.20	2.75	1.40	2.22	1.23
	合计	112.97	114.01	562.59	355.55	369.40	375.05	196.61	207.10	203.06	510.90

附表 9 2007 年分省份分部门碳排放估计结果（第二部分）

单位：Mt CO_2

序号	部门	浙江	安徽	福建	江西	山东	河南	湖北	湖南	广东	广西
1	农、林、牧、渔、水利业	6.48	2.65	5.61	2.43	13.76	5.02	6.33	6.60	4.10	1.39
2	煤炭开采和洗选业	0.07	6.03	0.15	1.09	14.27	12.25	0.03	1.53	0.02	0.03
3	石油和天然气开采业	0.00	0.00	0.00	0.00	4.46	2.85	1.21	0.00	1.02	0.00
4	黑色金属矿采选业	0.02	0.31	0.21	0.18	1.17	0.64	1.96	0.46	0.17	0.19
5	有色金属矿采选业	0.03	0.01	0.21	0.23	0.49	0.78	0.05	1.36	0.09	0.15
6	非金属矿采选业	0.48	0.59	0.51	0.46	0.68	0.40	2.53	2.31	0.27	0.10
7	开采辅助活动和其他采矿业	0.00	0.00	0.00	0.00	0.00	0.00	0.01	0.00	0.00	0.00
8	农副食品加工业	0.64	0.51	1.24	0.23	7.07	4.92	2.09	2.04	2.75	4.61
9	食品制造业	0.51	1.74	1.10	1.35	4.04	5.71	2.33	1.18	1.53	0.35
10	酒、饮料和精制茶制造业	0.86	0.75	0.80	0.31	1.39	3.97	1.39	0.85	1.30	1.36
11	烟草制品业	0.05	0.05	0.09	0.03	0.02	0.14	0.24	0.49	0.05	0.08
12	纺织业	11.79	0.54	3.24	0.39	8.96	2.92	1.76	1.46	8.39	0.15

续表

序号	部门	浙江	安徽	福建	江西	山东	河南	湖北	湖南	广东	广西
13	纺织服装、服饰业	0.93	0.03	0.37	0.07	1.24	0.18	0.34	0.19	2.47	0.00
14	皮革、毛皮、羽毛（绒）及其制品业和制鞋业	0.71	0.07	0.66	0.02	0.66	0.81	0.04	0.09	1.18	0.06
15	木材加工及木、竹、藤、棕、草制品业	0.26	0.45	0.46	0.16	2.00	1.31	0.53	1.56	0.54	0.22
16	家具制造业	0.23	0.00	0.10	0.01	0.32	0.11	0.05	0.13	0.68	0.00
17	造纸及纸制品业	4.35	1.00	2.41	0.80	7.78	6.21	1.92	4.54	6.91	1.78
18	印刷业和记录媒介的复制	0.19	0.03	0.06	0.01	0.27	0.17	0.41	0.14	0.86	0.01
19	文教、工美、体育和娱乐用品制造业	0.15	0.05	0.09	0.01	0.31	0.02	0.01	0.03	1.20	0.00
20	石油加工、炼焦及核燃料加工业	6.25	2.07	1.55	3.42	18.78	6.05	5.92	4.39	5.89	0.16
21	化学原料及化学制品制造业	14.44	18.02	10.43	3.22	47.05	32.52	32.16	22.40	6.50	7.00
22	医药制造业	1.27	0.36	0.72	0.53	2.55	2.01	2.69	1.38	1.20	0.33
23	化学纤维制造业	1.48	0.83	0.72	0.95	1.30	1.28	0.54	0.50	0.66	0.00
24	橡胶和塑料制品业	4.11	0.56	1.17	0.20	3.70	2.58	0.71	0.71	4.89	0.30
25	非金属矿物制品业	63.09	73.17	49.61	36.48	97.00	80.95	54.88	61.92	89.13	41.63
26	黑色金属冶炼及压延加工业	9.85	27.53	13.10	22.67	69.30	34.78	28.99	28.79	16.82	15.94
27	有色金属冶炼及压延加工业	1.17	0.67	0.56	1.24	13.57	19.72	2.14	7.09	3.52	7.34
28	金属制品业	1.82	0.32	0.28	0.11	1.65	1.52	0.79	1.29	4.64	0.13
29	通用设备制造业	2.67	0.49	0.51	0.15	5.84	2.72	1.84	1.55	1.44	0.10
30	专用设备制造业	0.50	0.09	0.22	0.04	2.10	2.81	0.55	1.19	0.98	0.06
31	交通运输设备制造业	1.72	0.45	0.48	0.33	2.47	2.38	4.50	0.75	1.39	0.22
32	电气机械及器材制造业	1.05	0.38	0.52	0.09	2.23	0.94	0.38	0.64	4.74	0.03

续表

序号	部门	浙江	安徽	福建	江西	山东	河南	湖北	湖南	广东	广西
33	通信设备、计算机及其他电子设备制造业	0.40	0.04	0.25	0.02	1.02	0.49	0.11	0.51	7.02	0.00
34	仪器仪表制造业	0.16	0.01	0.03	0.01	0.29	0.12	0.07	0.05	0.86	0.00
35	其他制造业	0.50	0.04	0.38	0.13	0.82	0.72	0.29	0.55	2.05	0.04
36	电力、热力的生产和供应业	184.70	84.40	65.57	47.67	328.03	202.99	77.80	59.80	198.13	38.98
37	燃气生产和供应业	0.01	0.05	0.13	0.07	0.20	0.46	0.01	0.01	0.02	0.12
38	水的生产和供应业	0.01	0.00	0.01	0.00	0.14	0.01	0.02	0.04	0.20	0.00
39	建筑业	3.38	1.20	0.33	0.17	3.51	0.33	3.68	2.39	1.70	0.59
40	交通运输、仓储和邮政业	18.88	8.20	9.53	7.10	41.72	13.38	22.34	14.07	42.86	12.03
41	批发、零售业和住宿、餐饮业	2.31	1.39	1.49	0.73	6.25	1.17	4.41	9.63	6.58	1.92
42	其他	1.69	0.54	3.82	0.62	6.03	0.42	2.84	0.29	1.66	1.67
43	城镇	5.93	6.04	3.41	2.29	10.82	9.77	7.80	1.96	16.30	3.82
44	乡村	4.61	3.51	2.83	3.43	9.12	12.89	7.25	9.06	5.60	1.06
	合计	359.78	245.19	184.93	139.45	744.37	481.38	285.93	255.90	458.32	143.96

附表 10 2007 年分省分部门碳排放估计结果（第三部分）

单位：Mt CO_2

序号	部门	海南	重庆	四川	贵州	云南	陕西	甘肃	青海	宁夏	新疆
1	农、林、牧、渔、水利业	0.78	5.60	3.91	5.55	4.48	1.43	1.55	0.17	0.25	4.09
2	煤炭开采和洗选业	0.00	2.66	2.52	4.63	1.78	0.95	0.59	0.08	1.22	0.91
3	石油和天然气开采业	0.00	0.20	1.29	0.00	0.00	3.87	0.24	0.54	0.02	13.87

续表

序号	部门	海南	重庆	四川	贵州	云南	陕西	甘肃	青海	宁夏	新疆
4	黑色金属矿采选业	0.00	0.50	0.55	0.22	1.12	0.04	0.12	0.03	0.00	0.36
5	有色金属矿采选业	0.05	0.01	0.20	0.14	0.55	0.30	0.08	0.07	0.00	0.24
6	非金属矿采选业	0.01	0.61	1.41	0.04	0.48	0.07	0.11	0.04	0.00	0.23
7	开采辅助活动和其他采矿业	0.00	0.00	0.00	0.00	0.00	0.00	0.01	0.00	0.00	0.00
8	农副食品加工业	0.06	0.18	2.13	0.18	0.89	0.58	0.39	0.05	0.17	2.38
9	食品制造业	0.03	0.21	0.59	0.14	0.29	0.33	0.22	0.02	0.65	1.04
10	酒、饮料和精制茶制造业	0.03	0.33	2.35	0.84	0.37	0.86	0.35	0.04	0.11	0.51
11	烟草制品业	0.01	0.07	0.05	0.52	0.41	0.11	0.04	0.01	0.01	0.02
12	纺织业	0.01	0.70	1.85	0.02	0.16	0.35	0.05	0.02	0.02	0.98
13	纺织服装、服饰业	0.00	0.01	0.05	0.01	0.01	0.00	0.00	0.01	0.00	0.00
14	皮革、毛皮、羽毛及其制品和制鞋业	0.00	0.01	0.29	0.00	0.00	0.00	0.05	0.00	0.00	0.02
15	木材加工及木、竹、藤、棕、草制品业	0.01	0.04	0.28	0.06	0.14	0.02	0.04	0.01	0.00	0.20
16	家具制造业	0.00	0.01	0.13	0.00	0.00	0.00	0.01	0.00	0.00	0.02
17	造纸及纸制品业	0.45	0.29	1.64	0.27	0.63	0.73	0.16	0.00	0.82	0.71
18	印刷业和记录媒介的复制	0.00	0.02	0.17	0.00	0.01	0.00	0.03	0.01	0.00	0.02
19	文教、工美、体育和娱乐用品制造业	0.00	0.00	0.04	0.00	0.00	0.00	0.00	0.00	0.00	0.00
20	石油加工、炼焦及核燃料加工业	1.91	0.23	5.22	2.60	2.41	4.24	3.38	0.04	1.22	9.66
21	化学原料及化学制品制造业	3.30	8.86	13.97	15.34	15.95	13.59	3.77	0.45	6.86	5.53
22	医药制造业	0.04	0.62	1.23	0.26	0.17	0.77	0.20	1.97	0.40	0.12
23	化学纤维制造业	0.00	0.00	0.11	0.00	0.09	0.01	0.60	0.04	0.00	0.09

续表

序号	部门	海南	重庆	四川	贵州	云南	陕西	甘肃	青海	宁夏	新疆
24	橡胶和塑料制品业	0.02	0.24	0.53	0.84	0.05	0.08	0.07	0.00	0.33	2.39
25	非金属矿物制品业	3.89	28.07	44.16	22.10	28.32	22.50	13.66	2.04	8.17	16.67
26	黑色金属冶炼及压延加工业	0.66	9.59	28.38	11.31	25.31	7.44	18.08	3.71	2.07	10.34
27	有色金属冶炼及压延加工业	0.00	1.14	1.06	4.57	3.06	3.64	2.47	0.94	1.65	0.60
28	金属制品业	0.01	0.13	0.36	0.88	0.03	0.08	0.07	0.15	0.10	0.23
29	通用设备制造业	0.01	0.43	1.85	0.07	0.11	0.35	0.17	0.02	0.10	0.05
30	专用设备制造业	0.00	0.15	0.75	0.04	0.03	0.32	0.18	0.11	0.06	0.11
31	交通运输设备制造业	0.05	1.21	1.06	0.21	0.06	0.72	0.11	0.01	0.02	0.03
32	电气机械及器材制造业	0.01	0.07	0.37	0.01	0.02	0.07	0.12	0.01	0.02	0.06
33	通信设备、计算机及其他电子设备制造业	0.00	0.01	0.11	0.01	0.00	0.39	0.03	0.04	0.00	0.80
34	仪器仪表制造业	0.00	0.06	0.03	0.00	0.00	0.05	0.01	0.00	0.02	0.00
35	其他制造业	0.00	0.04	0.27	0.07	0.12	0.05	0.00	0.01	0.46	0.01
36	电力、热力的生产和供应业	8.19	34.44	70.30	90.79	65.42	70.20	46.74	11.84	46.26	52.51
37	燃气生产和供应业	0.01	0.01	0.08	0.24	0.26	0.00	0.00	0.00	0.00	0.00
38	水的生产和供应业	0.01	0.00	0.02	0.00	0.01	0.02	0.01	0.02	0.03	0.02
39	建筑业	0.23	0.96	2.71	0.44	1.23	0.69	1.07	0.20	0.23	0.81
40	交通运输、仓储和邮政业	3.42	8.94	16.03	6.47	13.30	9.84	5.13	1.53	2.74	9.77
41	批发、零售业和住宿、餐饮业	0.39	1.04	4.03	3.71	0.92	6.39	0.69	0.62	0.23	2.12
42	其他	0.39	0.24	2.39	5.76	0.76	0.53	0.57	1.45	0.23	2.37
43	城镇	0.40	1.93	8.41	1.91	2.23	7.02	1.80	1.72	0.75	2.60

续表

序号	部门	海南	重庆	四川	贵州	云南	陕西	甘肃	青海	宁夏	新疆
44	乡村	0.05	3.07	9.68	16.82	5.91	1.86	6.48	1.27	1.58	3.10
	合计	24.44	112.94	232.55	197.10	177.12	160.50	109.47	29.26	76.82	145.59

附表 11　2012 年分省份分部门碳排放估计结果（第一部分）

单位：Mt CO_2

序号	部门	北京	天津	河北	山西	内蒙古	辽宁	吉林	黑龙江	上海	江苏
1	农、林、牧、渔、水利业	1.13	1.39	8.81	5.92	10.29	5.32	2.47	8.71	1.01	8.79
2	煤炭开采和洗选业	0.03	0.00	11.85	10.54	8.34	5.92	1.04	4.78	0.00	1.40
3	石油和天然气开采业	0.03	1.04	1.19	0.01	0.42	7.04	1.58	5.80	0.10	0.47
4	黑色金属矿采选业	1.86	0.60	4.59	0.77	1.18	2.12	1.03	0.05	0.00	0.24
5	有色金属矿采选业	0.00	0.00	0.08	0.10	0.43	1.32	0.44	0.02	0.00	0.00
6	非金属矿采选业	0.02	0.06	0.36	0.02	0.27	3.04	0.90	0.15	0.00	0.95
7	开采辅助活动和其他采矿业	0.85	0.85	0.00	0.00	0.02	0.41	0.28	0.10	0.00	0.00
8	农副食品加工业	0.24	0.12	4.42	0.59	0.87	2.09	7.89	1.39	0.24	0.78
9	食品制造业	0.23	0.33	1.41	0.24	1.26	0.44	1.01	0.65	0.37	0.51
10	酒、饮料和精制茶制造业	0.43	0.07	0.95	0.31	0.33	0.55	2.87	0.43	0.23	1.46
11	烟草制品业	0.01	0.01	0.06	0.01	0.02	0.02	0.06	0.13	0.00	0.03
12	纺织业	0.07	0.11	1.75	0.14	0.14	0.33	0.35	0.25	0.91	7.06
13	纺织服装、服饰业	0.27	0.08	0.24	0.02	0.05	0.47	0.13	0.00	0.34	1.49
14	皮革、毛皮、羽毛（绒）及其制品业和制鞋业	0.04	0.02	0.73	0.00	0.01	0.04	0.06	0.00	0.03	0.17

续表

序号	部门	北京	天津	河北	山西	内蒙古	辽宁	吉林	黑龙江	上海	江苏
15	木材加工及木、竹、藤、棕、草制品业	0.02	0.01	0.92	0.02	0.17	0.47	2.87	0.43	0.11	1.81
16	家具制造业	0.06	0.06	0.30	0.00	0.02	0.17	0.15	0.06	0.04	0.04
17	造纸及纸制品业	0.09	0.20	2.02	0.15	0.11	0.55	1.09	0.67	0.44	3.88
18	印刷业和记录媒介的复制	0.19	0.02	1.30	0.02	0.00	0.09	0.15	0.02	0.10	0.09
19	文教、工美、体育和娱乐用品制造业	0.05	0.03	0.15	0.02	0.01	0.16	0.03	0.00	0.12	0.23
20	石油加工、炼焦及核燃料加工业	3.96	5.73	12.31	25.39	6.87	24.24	0.20	27.83	10.22	4.33
21	化学原料及化学制品制造业	1.49	9.18	19.97	20.02	28.44	14.32	8.45	6.46	11.32	35.06
22	医药制造业	0.33	0.24	0.10	0.65	0.86	1.12	2.74	3.08	0.47	1.12
23	化学纤维制造业	0.00	0.01	0.37	0.00	0.00	0.70	0.06	0.15	0.06	2.93
24	橡胶和塑料制品业	0.19	0.41	2.10	0.08	0.27	1.66	0.20	0.49	1.08	1.93
25	非金属矿物制品业	7.84	2.70	61.90	30.68	41.82	62.36	37.07	10.13	3.50	58.38
26	黑色金属冶炼及压延加工业	0.42	45.14	277.22	90.95	40.51	112.39	23.76	12.75	27.96	105.41
27	有色金属冶炼及压延加工业	0.02	0.38	0.62	5.43	1.18	2.21	1.22	3.47	0.33	1.26
28	金属制品业	0.29	0.73	3.42	0.98	0.30	1.91	0.68	1.21	0.63	2.95
29	通用设备制造业	0.26	0.20	1.83	0.10	0.25	7.93	1.56	0.14	0.86	6.49
30	专用设备制造业	0.17	0.29	1.31	0.38	0.04	2.22	1.22	0.48	0.48	0.94
31	交通运输设备制造业	0.77	0.55	1.60	0.44	0.03	2.08	2.72	1.47	0.74	1.39
32	电气机械及器材制造业	0.15	0.27	0.69	0.01	0.04	1.30	0.05	0.14	0.30	1.32
33	通信设备、计算机及其他电子设备制造业	0.10	0.16	0.22	0.04	0.00	0.13	0.11	0.00	0.25	0.97
34	仪器仪表制造业	0.04	0.00	0.03	0.00	0.00	0.13	0.08	0.01	0.02	0.17

续表

单位：Mt CO₂

序号	部门	北京	天津	河北	山西	内蒙古	辽宁	吉林	黑龙江	上海	江苏
35	其他制造业	0.23	0.03	0.43	0.29	0.01	0.61	0.49	0.02	0.07	0.14
36	电力、热力的生产和供应业	29.31	64.72	216.45	216.88	386.12	164.36	101.89	114.35	69.85	331.18
37	燃气生产和供应业	0.07	0.01	0.02	0.00	0.02	0.54	0.36	4.01	1.49	0.15
38	水的生产和供应业	0.03	0.00	0.04	0.03	0.02	0.10	0.15	0.08	0.01	0.01
39	建筑业	1.49	3.54	5.24	2.39	5.22	2.30	1.46	0.21	2.32	1.32
40	交通运输、仓储和邮政业	20.65	9.89	18.24	17.26	33.86	39.85	10.97	19.50	41.84	32.38
41	批发、零售业和住宿、餐饮业	3.43	3.24	4.19	6.48	28.45	2.75	4.29	13.00	6.32	1.64
42	其他	11.40	3.59	10.76	6.28	10.02	12.14	7.39	9.69	10.13	1.69
43	城镇	11.41	5.44	18.47	10.44	24.09	10.96	5.72	14.44	8.50	12.27
44	乡村	4.97	1.66	15.66	13.47	10.68	4.89	1.34	3.97	2.75	2.64
	合计	104.64	163.11	714.31	467.55	643.06	503.74	238.60	270.75	205.57	637.45

附表 12　2012 年分省份分部门碳排放估计结果（第二部分）

单位：Mt CO₂

序号	部门	浙江	安徽	福建	江西	山东	河南	湖北	湖南	广东	广西
1	农、林、牧、渔、水利业	7.03	3.79	4.96	1.95	5.68	6.39	8.88	9.06	4.70	1.54
2	煤炭开采和洗选业	0.06	7.05	0.11	1.27	11.91	14.10	0.05	3.36	0.00	0.06
3	石油和天然气开采业	0.00	0.00	0.00	0.00	4.59	2.19	0.79	0.00	1.18	0.00
4	黑色金属矿采选业	0.03	0.49	0.29	0.34	1.15	0.23	0.51	0.47	0.87	0.20
5	有色金属矿采选业	0.02	0.02	0.11	0.18	0.79	0.80	0.04	0.82	0.04	0.21

续表

序号	部门	浙江	安徽	福建	江西	山东	河南	湖北	湖南	广东	广西
6	非金属矿采选业	0.38	0.65	0.24	0.80	0.66	0.86	1.15	2.07	0.44	0.36
7	开采辅助活动和其他采矿业	0.00	0.00	0.00	0.00	0.03	1.31	0.65	0.01	0.01	0.00
8	农副食品加工业	0.42	0.58	1.05	0.37	10.07	2.42	2.87	1.35	1.36	1.93
9	食品制造业	0.36	0.31	0.96	1.34	4.56	1.69	2.90	0.69	0.64	0.48
10	酒、饮料和精制茶制造业	0.56	0.47	0.52	0.19	1.46	1.91	1.74	0.59	0.70	1.19
11	烟草制品业	0.04	0.06	0.11	0.03	0.03	0.07	0.16	1.26	0.13	0.05
12	纺织业	9.70	0.24	2.39	0.20	11.40	1.37	1.48	1.70	9.83	0.17
13	纺织服装、服饰业	0.83	0.08	0.43	0.13	1.95	0.28	0.45	0.12	2.28	0.03
14	皮革、毛皮、羽毛及其制品业和制鞋业	0.64	0.04	0.68	0.08	0.90	0.95	0.05	0.27	1.28	0.11
15	木材加工及木、竹、藤、棕、草制品业	0.22	0.21	0.29	0.06	2.88	1.02	0.34	1.41	0.32	0.42
16	家具制造业	0.20	0.01	0.09	0.02	0.67	0.19	0.06	0.13	0.48	0.04
17	造纸及纸制品业	2.69	0.89	1.65	0.68	6.80	2.96	1.63	2.65	8.12	2.93
18	印刷业和记录媒介的复制	0.17	0.08	0.08	0.04	0.40	0.18	0.06	0.18	0.60	0.04
19	文教、工美、体育和娱乐用品制造业	0.15	0.06	0.17	0.06	1.14	0.23	0.05	0.09	0.80	0.00
20	石油加工、炼焦及核燃料加工业	9.36	1.37	4.66	1.72	23.24	6.40	6.16	3.10	8.99	2.20
21	化学原料及化学制品制造业	12.33	14.05	7.23	2.90	61.85	28.71	47.04	16.92	8.11	8.13
22	医药制造业	1.12	0.61	0.61	0.62	4.50	2.80	4.49	1.26	1.04	0.43
23	化学纤维制造业	1.78	1.05	0.58	1.07	1.50	0.92	0.97	0.11	0.39	0.08
24	橡胶和塑料制品业	3.26	0.73	2.05	0.22	7.07	1.84	1.00	0.79	3.41	0.41
25	非金属矿物制品业	57.62	108.64	65.02	56.94	98.71	80.29	95.70	72.06	97.08	64.56

续表

序号	部门	浙江	安徽	福建	江西	山东	河南	湖北	湖南	广东	广西
26	黑色金属冶炼及延压加工业	15.59	34.97	23.61	30.42	106.68	61.26	47.68	39.05	22.67	27.32
27	有色金属冶炼及延压加工业	1.03	0.63	0.67	2.32	14.13	15.29	1.34	8.22	8.54	10.03
28	金属制品业	1.68	0.30	0.23	0.15	6.21	1.80	1.80	4.81	3.24	0.48
29	通用设备制造业	2.60	1.34	0.22	0.14	6.16	1.43	1.53	1.12	1.51	0.17
30	专用设备制造业	0.51	0.12	0.20	0.12	3.15	1.73	0.38	1.03	0.59	0.17
31	交通运输设备制造业	1.68	0.43	0.34	0.60	4.67	3.11	4.83	0.37	1.71	0.75
32	电气机械及器材制造业	0.96	0.35	0.34	0.28	5.11	1.94	0.33	0.37	2.94	0.16
33	通信设备、计算机及其他电子设备制造业	0.35	0.07	0.15	0.04	1.13	0.57	0.07	0.15	3.97	0.05
34	仪器仪表制造业	0.15	0.00	0.04	0.01	0.37	0.10	0.04	0.06	0.23	0.00
35	其他制造业	0.35	0.28	0.29	0.08	0.15	0.09	0.16	0.61	1.58	0.03
36	电力、热力的生产和供应业	190.56	141.92	89.32	47.81	337.85	221.57	73.28	71.84	228.05	57.66
37	燃气生产和供应业	0.02	0.00	0.18	0.04	0.20	0.31	0.01	0.01	0.43	0.01
38	水的生产和供应业	0.01	0.00	0.02	0.02	0.17	0.02	0.02	0.01	0.11	0.01
39	建筑业	4.95	2.00	1.86	0.38	3.57	2.08	6.45	4.08	2.12	0.15
40	交通运输、仓储和邮政业	25.84	16.47	17.40	10.09	62.17	22.19	32.38	17.97	57.36	17.69
41	批发、零售业和住宿、餐饮业	4.41	1.81	1.80	1.38	23.48	2.60	17.19	10.92	9.78	2.83
42	其他	3.10	2.20	2.66	1.29	19.19	2.03	8.59	3.66	1.85	2.50
43	城镇	8.38	5.96	3.89	3.03	23.20	11.81	10.24	7.42	20.49	5.66
44	乡村	6.69	2.54	3.08	2.92	9.81	20.12	8.11	9.82	10.37	1.62
	合计	377.85	352.88	240.57	172.34	891.35	530.19	393.67	302.00	530.36	212.85

附表 13　2012 年分省份分部门碳排放估计结果（第三部分）

单位：Mt CO$_2$

序号	部门	海南	重庆	四川	贵州	云南	陕西	甘肃	青海	宁夏	新疆
1	农、林、牧、渔、水利业	2.11	8.00	5.31	2.56	4.67	2.07	2.26	0.35	0.42	4.54
2	煤炭开采和洗选业	0.00	8.41	5.58	4.08	2.61	3.75	0.90	0.24	2.39	2.28
3	石油和天然气开采业	0.00	0.05	3.09	0.00	0.00	10.13	0.79	1.14	0.00	15.46
4	黑色金属矿采选业	0.10	0.12	1.95	0.21	1.31	0.15	0.18	0.04	0.00	0.93
5	有色金属矿采选业	0.00	0.00	0.65	0.05	0.54	0.13	0.11	0.62	0.00	0.28
6	非金属矿采选业	0.01	0.84	2.50	0.07	0.93	0.15	0.12	0.26	0.02	0.29
7	开采辅助活动和其他采矿业	0.00	0.00	0.01	0.00	0.00	0.22	0.02	0.00	0.00	1.36
8	农副食品加工业	0.03	0.38	2.69	0.23	0.50	0.47	0.41	0.10	0.02	1.39
9	食品制造业	0.03	0.40	0.84	0.14	0.22	1.27	0.15	0.03	0.82	0.79
10	酒、饮料和精制茶制造业	0.01	0.26	3.19	0.94	0.37	0.47	0.33	0.08	0.04	0.24
11	烟草制品业	0.00	0.04	0.17	0.25	0.39	0.07	0.02	0.00	0.00	0.02
12	纺织业	0.00	0.30	3.22	0.01	0.09	0.24	0.02	0.02	0.02	0.31
13	纺织服装、服饰业	0.00	0.01	0.15	0.01	0.00	0.01	0.01	0.02	0.00	0.01
14	皮革、毛皮、羽毛（绒）及其制品业和制鞋业	0.00	0.07	0.57	0.02	0.01	0.00	0.04	0.00	0.00	0.01
15	木材加工及木、竹、藤、棕、草制品业	0.01	0.07	0.59	0.07	0.07	0.02	0.00	0.00	0.00	0.16
16	家具制造业	0.00	0.01	0.19	0.00	0.00	0.00	0.00	0.02	0.00	0.01
17	造纸及纸制品业	0.79	1.22	2.68	0.35	0.61	0.27	0.10	0.02	0.48	0.25
18	印刷业和记录媒介的复制	0.00	0.02	0.34	0.00	0.02	0.01	0.02	0.06	0.00	0.00
19	文教、工美、体育和娱乐用品制造业	0.00	0.00	0.05	0.00	0.00	0.00	0.00	0.03	0.00	0.00

续表

序号	部门	海南	重庆	四川	贵州	云南	陕西	甘肃	青海	宁夏	新疆
20	石油加工、炼焦及核燃料加工业	0.85	1.28	11.95	4.16	4.85	8.54	4.16	0.12	2.71	11.29
21	化学原料及化学制品制造业	0.93	14.01	24.35	16.81	18.44	16.67	6.01	4.90	7.58	23.42
22	医药制造业	0.02	0.67	2.62	0.23	0.22	0.38	0.25	0.14	0.71	0.14
23	化学纤维制造业	0.00	0.02	0.22	0.00	0.08	0.01	0.14	0.00	0.00	1.90
24	橡胶和塑料制品业	0.00	0.45	0.86	3.63	0.08	0.22	0.11	0.11	0.09	0.20
25	非金属矿物制品业	9.52	48.99	85.38	42.58	49.80	40.61	25.33	8.51	10.78	34.53
26	黑色金属冶炼及压延加工业	0.02	23.09	55.76	15.73	32.15	21.18	20.52	5.38	7.27	28.87
27	有色金属冶炼及压延加工业	0.00	2.14	1.46	3.18	4.26	3.45	4.45	2.25	1.59	0.25
28	金属制品业	0.00	0.29	0.76	0.06	0.06	0.19	0.07	0.04	0.04	0.21
29	通用设备制造业	0.00	0.32	3.18	0.20	0.05	0.30	0.18	0.03	0.02	0.01
30	专用设备制造业	0.00	0.03	1.29	0.06	0.04	0.67	0.11	0.00	0.07	0.02
31	交通运输设备制造业	0.01	1.25	2.18	0.21	0.26	0.60	0.04	0.00	0.00	0.01
32	电气机械及器材制造业	0.01	0.08	0.59	0.01	0.04	0.13	0.06	0.01	0.01	0.91
33	通信设备、计算机及其他电子设备制造业	0.00	0.04	0.20	0.00	0.00	0.15	0.02	0.00	0.00	0.13
34	仪器仪表制造业	0.00	0.06	0.04	0.01	0.00	0.04	0.01	0.00	0.00	0.00
35	其他制造业	0.01	0.13	0.16	0.06	0.11	0.02	0.08	0.02	0.00	0.07
36	电力、热力的生产和供应业	15.23	31.46	50.52	91.40	56.56	102.04	67.44	11.81	90.86	108.63
37	燃气生产和供应业	0.00	0.01	0.08	0.16	0.27	0.13	0.00	0.00	0.09	0.02
38	水的生产和供应业	0.00	0.00	0.05	0.00	0.01	0.02	0.01	0.02	0.13	0.01
39	建筑业	0.33	1.79	2.59	0.99	2.55	2.69	1.32	0.39	0.73	1.27

续表

序号	部门	海南	重庆	四川	贵州	云南	陕西	甘肃	青海	宁夏	新疆
40	交通运输、仓储和邮政业	6.58	14.73	24.38	13.20	19.94	19.21	7.59	2.53	3.34	12.90
41	批发、零售业和住宿、餐饮业	0.35	2.03	7.92	14.67	3.60	5.13	1.06	0.82	0.34	2.53
42	其他	0.80	2.35	4.83	11.59	2.05	6.31	0.88	1.98	1.23	2.37
43	城镇	0.88	5.62	17.45	5.37	2.91	8.91	2.91	1.39	0.69	3.36
44	乡村	0.17	4.74	10.40	13.98	8.59	7.13	8.52	2.07	1.30	4.25
	合计	38.81	175.79	343.02	247.30	219.27	264.19	156.73	45.59	133.80	265.59

附表 14 2017 年分省分部门碳排放估计结果（第一部分）

单位：Mt CO$_2$

序号	部门	北京	天津	河北	山西	内蒙古	辽宁	吉林	黑龙江	上海	江苏
1	农林牧渔业	0.38	1.29	7.00	4.46	13.22	5.07	3.97	12.97	0.89	7.72
2	煤炭开采和洗选	0.00	0.00	36.83	10.69	6.59	3.65	0.30	6.24	0.00	3.78
3	石油和天然气开采	0.00	0.65	1.22	0.00	0.03	3.56	1.09	2.04	0.00	0.17
4	黑色金属矿采选业	0.02	0.59	1.57	0.39	0.20	0.87	0.43	0.04	0.00	0.25
5	有色金属矿采选业	0.00	0.00	0.06	0.05	0.06	0.20	0.30	0.05	0.00	0.00
6	非金属矿采选业	0.01	0.01	0.14	0.00	0.06	0.23	0.18	0.04	0.00	0.27
7	其他采矿业	0.00	0.07	0.00	0.00	0.00	0.38	0.39	0.08	0.00	0.00
8	农副食品加工业	0.03	0.08	1.73	0.05	0.33	0.73	5.18	3.78	0.10	0.33
9	食品制造业	0.05	0.14	0.44	0.04	0.63	0.17	0.95	1.04	0.23	0.49
10	酒、饮料和精制茶制造业	0.04	0.04	0.31	0.03	0.08	0.10	2.78	1.12	0.11	0.44

续表

序号	部门	北京	天津	河北	山西	内蒙古	辽宁	吉林	黑龙江	上海	江苏
11	烟草制品业	0.00	0.01	0.04	0.00	0.01	0.01	0.02	0.04	0.06	0.03
12	纺织业	0.01	0.04	0.53	0.02	0.01	0.08	0.12	0.08	0.34	2.13
13	纺织服装、服饰业	0.03	0.03	0.09	0.00	0.01	0.03	0.09	0.01	0.12	0.61
14	皮革、毛皮、羽毛（绒）及其制品业和制鞋业	0.00	0.00	0.20	0.00	0.00	0.01	0.06	0.00	0.09	0.04
15	木材加工及木、竹、藤、棕、草制品业	0.01	0.01	0.19	0.00	0.01	0.01	1.33	0.17	0.06	0.36
16	家具制造业	0.05	0.03	0.07	0.00	0.00	0.01	0.07	0.02	0.06	0.03
17	造纸及纸制品业	0.02	0.09	1.15	0.10	0.04	0.20	0.76	0.13	0.17	1.93
18	印刷业和记录媒介的复制	0.04	0.02	0.04	0.00	0.07	0.01	0.23	0.02	0.28	0.05
19	文教、工美、体育和娱乐用品制造业	0.01	0.04	0.12	0.00	0.00	0.00	0.06	0.07	0.05	0.19
20	石油加工、炼焦及核燃料加工业	5.26	15.02	8.26	32.00	9.62	39.13	5.33	20.29	16.58	5.76
21	化学原料及化学制品制造业	0.22	10.42	13.06	8.93	21.33	9.95	5.03	3.15	14.30	22.23
22	医药制造业	0.04	0.10	0.22	0.08	0.31	0.16	1.83	0.70	0.36	0.35
23	化学纤维制造业	0.00	0.00	0.12	0.00	0.00	0.31	0.00	0.01	0.08	1.54
24	橡胶制品	0.03	0.13	0.26	0.02	0.01	0.07	0.13	0.06	0.11	0.30
25	塑料制品	0.03	0.14	0.35	0.00	0.01	0.17	0.13	0.06	0.28	0.37
26	非金属矿物制品业	0.58	1.55	9.37	4.84	22.84	7.08	9.93	4.33	1.25	7.99
27	黑色金属冶炼及压延加工业	0.02	28.76	272.40	66.36	15.01	113.61	18.14	7.24	19.58	125.35
28	有色金属冶炼及压延加工业	0.00	0.35	0.48	6.84	4.67	2.39	0.42	0.63	2.57	1.20
29	金属制品业	0.07	5.08	0.75	0.28	2.00	0.86	0.18	0.05	0.44	1.10
30	通用设备制造业	0.06	0.23	2.70	0.10	0.04	1.41	0.45	0.11	2.42	5.44

续表

序号	部门	北京	天津	河北	山西	内蒙古	辽宁	吉林	黑龙江	上海	江苏
31	专用设备制造业	0.05	0.95	0.48	1.37	0.12	2.42	0.39	1.08	0.15	0.81
32	交通运输设备制造业	0.19	0.49	0.66	0.18	0.07	0.61	1.48	0.33	0.70	1.14
33	电气机械及器材制造业	0.04	0.20	0.28	0.00	0.02	0.49	0.33	0.04	0.21	0.84
34	通信设备、计算机及其他电子设备制造业	0.04	0.07	0.18	0.21	0.00	0.02	0.03	0.00	0.20	0.74
35	仪器、仪表、文化和办公用机械	0.02	0.01	0.04	0.00	0.00	0.01	0.02	0.00	0.01	0.13
36	其他制造业	0.03	0.02	0.04	0.24	0.00	0.46	0.09	0.04	0.05	0.07
37	废弃资源和废旧材料回收加工业	0.00	0.05	0.04	0.00	0.01	0.03	0.01	0.00	0.01	0.05
38	电力、热力的生产和供应业	27.42	66.08	251.20	301.75	521.85	234.43	117.99	154.41	69.38	452.31
39	燃气生产和供应业	0.16	0.01	0.03	0.00	1.45	1.00	0.03	0.05	1.14	1.58
40	水的生产和供应业	0.01	0.00	0.02	0.00	0.01	0.03	0.03	0.01	0.00	0.01
41	建筑业	1.19	4.08	2.16	2.10	4.11	0.75	1.85	0.33	1.93	0.58
42	交通运输、仓储和邮政业	25.77	8.76	17.36	19.80	17.12	38.70	14.86	21.38	51.65	42.72
43	批发、零售业和住宿、餐饮业	3.14	2.74	7.52	5.16	7.34	2.60	3.25	18.47	5.46	0.58
44	其他	7.48	3.76	4.93	4.96	7.20	11.18	6.98	17.50	9.55	0.50
45	城镇	14.55	6.91	15.34	8.36	4.40	13.68	2.62	8.25	10.35	15.63
46	乡村	2.61	1.76	30.03	10.71	9.14	4.61	4.11	2.44	2.66	3.23
	合计	89.70	160.80	689.89	490.17	670.05	501.49	213.94	288.94	213.95	711.36

附表 15　2017 年分省份分部门碳排放估计结果（第二部分）

单位：Mt CO_2

序号	部门	浙江	安徽	福建	江西	山东	河南	湖北	湖南	广东	广西
1	农林牧渔业	7.74	3.91	2.87	2.30	7.77	6.36	6.77	9.93	5.04	2.90
2	煤炭开采和洗选	0.16	17.78	0.38	2.19	25.48	23.23	0.34	3.79	0.00	0.09
3	石油和天然气开采	0.00	0.00	0.00	0.00	3.83	2.16	0.42	0.00	1.45	0.00
4	黑色金属矿采选业	0.00	0.12	0.18	0.19	0.90	0.05	0.23	0.04	0.18	0.26
5	有色金属矿采选业	0.01	0.04	0.01	0.15	0.12	0.35	0.03	0.20	0.02	0.19
6	非金属矿采选业	0.16	0.36	0.13	0.74	0.15	0.10	0.45	0.42	0.12	0.13
7	其他采矿业	0.00	0.10	0.00	0.00	0.01	0.31	0.31	11.56	0.00	0.00
8	农副食品加工业	0.23	0.55	0.52	0.26	2.08	0.45	1.00	0.52	0.53	3.98
9	食品制造业	0.18	0.20	0.50	0.59	1.94	0.44	0.65	0.36	0.31	0.25
10	酒、饮料和精制茶制造业	0.22	0.29	0.13	0.08	0.30	0.14	0.26	0.22	0.18	0.85
11	烟草制品业	0.02	0.09	0.02	0.03	0.05	0.03	0.18	0.78	0.02	0.04
12	纺织业	2.87	0.08	0.91	0.09	2.75	0.30	0.25	0.27	1.81	0.18
13	纺织服装、服饰业	0.32	0.18	0.22	0.10	0.31	0.02	0.06	0.03	0.52	0.00
14	皮革、毛皮、羽毛及其制品业和制鞋业	0.19	0.10	0.46	0.03	0.14	0.14	0.00	0.09	0.25	0.04
15	木材加工及木、竹、藤、棕、草制品业	0.09	0.06	0.11	0.06	0.93	0.08	0.06	0.20	0.07	0.17
16	家具制造业	0.11	0.07	0.07	0.19	0.12	0.12	0.01	0.06	0.17	0.01
17	造纸及纸制品业	1.06	0.52	1.35	0.83	2.35	0.39	0.97	1.03	4.39	1.79
18	印刷业和记录媒介的复制	0.07	0.24	0.13	0.07	0.07	0.02	0.03	0.09	0.28	0.01
19	文教、工美、体育和娱乐用品制造业	0.07	0.05	0.16	0.06	0.09	0.02	0.01	4.19	0.28	0.00

续表

序号	部门	浙江	安徽	福建	江西	山东	河南	湖北	湖南	广东	广西
20	石油加工、炼焦及核燃料加工业	9.22	0.85	16.22	4.15	21.69	6.92	10.10	2.82	16.26	2.73
21	化学原料及化学制品制造业	6.45	4.25	3.87	2.38	17.83	10.11	19.46	3.53	6.94	5.70
22	医药制造业	0.36	0.23	0.22	0.34	0.75	0.27	1.28	0.45	0.19	0.32
23	化学纤维制造业	0.86	0.27	0.56	0.59	0.39	0.18	0.25	0.04	0.16	0.00
24	橡胶制品	0.41	0.59	0.39	0.06	0.69	0.10	0.09	0.11	0.21	0.16
25	塑料制品	0.65	1.00	0.49	0.06	0.33	0.11	0.16	0.58	0.71	0.16
26	非金属矿物制品业	6.52	9.33	12.68	16.07	13.69	10.33	15.83	16.45	13.37	16.39
27	黑色金属冶炼及压延加工业	10.45	38.58	21.03	33.82	90.73	61.11	38.76	15.81	27.13	34.99
28	有色金属冶炼及压延加工业	0.76	0.63	3.99	1.67	10.29	9.93	1.11	3.22	6.80	13.27
29	金属制品业	0.73	0.35	0.16	0.12	0.97	0.36	0.32	1.63	1.27	0.23
30	通用设备制造业	1.22	0.91	0.20	0.07	4.19	0.50	2.22	0.39	1.14	0.18
31	专用设备制造业	0.25	0.46	0.40	0.08	1.17	0.94	0.18	0.39	0.24	0.09
32	交通运输设备制造业	0.90	1.03	0.28	0.36	2.58	0.22	1.86	0.42	0.55	0.49
33	电气机械及器材制造业	0.62	0.62	0.30	0.24	1.68	1.20	0.16	0.27	1.13	0.05
34	通信设备、计算机及其他电子设备制造业	0.22	0.21	0.14	0.05	0.42	0.60	0.03	0.19	1.32	0.01
35	仪器、仪表、文化办公用机械	0.09	0.05	0.05	0.00	0.10	0.02	0.00	0.05	0.15	0.00
36	其他制造业	0.17	0.07	1.09	0.04	0.23	0.06	0.07	0.16	0.37	0.02
37	废弃资源和废旧材料回收加工业	0.07	0.14	0.04	0.06	0.01	0.00	0.04	58.68	0.09	0.01
38	电力、热力的生产和供应业	264.47	224.26	127.31	104.36	505.41	274.25	127.13	73.14	319.28	74.48
39	燃气生产和供应业	0.03	0.03	0.13	0.10	0.34	0.65	0.03	0.03	1.01	0.07

续表

序号	部门	浙江	安徽	福建	江西	山东	河南	湖北	湖南	广东	广西
40	水的生产和供应业	0.01	0.07	0.02	0.06	0.04	0.02	0.01	0.04	0.06	0.01
41	建筑业	5.84	3.37	2.68	0.74	2.98	4.49	3.26	6.37	2.27	0.07
42	交通运输、仓储和邮政业	30.21	21.58	22.75	14.74	44.14	27.25	36.67	31.02	68.27	20.12
43	批发、零售业和住宿、餐饮业	5.68	2.59	0.64	2.45	10.69	5.49	9.52	12.08	13.97	1.99
44	其他	3.18	4.68	1.04	2.31	8.02	2.76	9.20	13.79	3.11	0.62
45	城镇	10.53	8.82	3.24	4.86	21.45	12.78	9.38	10.44	27.68	3.97
46	乡村	7.28	6.84	2.67	4.28	11.95	9.55	11.64	10.14	13.34	1.90
	合计	380.69	356.57	230.75	202.01	822.17	474.81	310.79	296.00	542.62	188.92

附表 16　2017 年分省份分部门碳排放估计结果（第三部分）

单位：Mt CO$_2$

序号	部门	海南	重庆	四川	贵州	云南	陕西	甘肃	青海	宁夏	新疆
1	农林牧渔业	1.62	1.79	4.91	4.44	4.74	1.94	2.26	0.33	0.31	6.79
2	煤炭开采和洗选	0.00	17.10	10.82	7.65	21.40	14.07	1.51	0.19	8.93	3.32
3	石油和天然气开采	0.00	0.13	6.56	0.00	0.00	5.56	0.23	3.61	0.00	8.76
4	黑色金属矿采选业	0.02	0.13	2.65	0.05	0.44	0.03	0.22	0.01	0.45	0.21
5	有色金属矿采选业	0.10	0.00	0.81	0.03	0.21	0.07	0.02	0.06	0.00	0.11
6	非金属矿采选业	0.00	0.54	0.69	0.02	0.47	0.09	0.06	0.05	0.05	0.14
7	其他采矿业	0.00	0.00	0.00	0.00	0.00	0.12	0.01	0.00	0.00	0.10
8	农副食品加工业	0.03	0.17	1.16	0.02	0.37	0.12	0.13	0.04	0.01	0.76

续表

序号	部门	海南	重庆	四川	贵州	云南	陕西	甘肃	青海	宁夏	新疆
9	食品制造业	0.06	0.17	0.46	0.04	0.19	0.34	0.08	0.03	0.31	0.45
10	酒、饮料和精制茶制造业	0.01	0.08	1.04	0.10	0.28	0.07	0.10	0.01	0.01	0.06
11	烟草制品业	0.00	0.01	0.06	0.06	0.09	0.01	0.01	0.00	0.00	0.00
12	纺织业	0.01	0.03	0.85	0.00	0.05	0.02	0.01	0.00	0.01	0.05
13	纺织服装、服饰业	0.00	0.00	0.04	0.00	0.01	0.00	0.01	0.01	0.00	0.01
14	皮革、毛皮、羽毛及其制品业和制鞋业	0.00	0.01	0.27	0.01	0.31	0.01	0.00	0.00	0.00	0.00
15	木材加工及木、竹、藤、棕、草制品业	0.00	0.02	0.14	0.00	0.01	0.00	0.05	0.00	0.00	0.54
16	家具制造业	0.00	0.00	0.15	0.00	0.00	0.00	0.01	0.01	0.00	0.00
17	造纸及纸制品业	0.43	1.27	1.26	0.07	0.48	0.04	0.05	0.00	0.05	0.04
18	印刷业和记录媒介的复制	0.00	0.02	0.12	0.00	0.01	0.00	0.01	0.01	0.00	0.00
19	文教、工美、体育和娱乐用品制造业	0.00	0.00	0.06	0.00	0.00	0.00	0.00	0.00	0.00	0.00
20	石油加工、炼焦及核燃料加工业	1.07	0.21	24.91	2.21	3.43	9.31	6.11	0.05	2.33	19.91
21	化学原料及化学制品制造业	1.91	7.14	18.49	3.68	15.12	8.81	4.11	6.00	16.05	24.09
22	医药制造业	0.01	0.13	0.85	0.04	0.15	0.09	0.06	0.02	0.33	0.28
23	化学纤维制造业	0.00	0.00	0.11	0.00	0.04	0.00	0.25	0.00	0.00	0.34
24	橡胶制品	0.04	0.08	0.23	0.10	0.03	0.03	0.00	0.01	0.16	0.09
25	塑料制品	0.07	0.07	0.28	0.00	0.04	0.03	0.01	0.01	0.16	0.13
26	非金属矿物制品业	0.92	7.67	17.67	2.14	12.28	1.46	2.78	3.42	1.27	3.22
27	黑色金属冶炼及压延加工业	0.02	11.45	62.25	6.80	28.01	15.05	15.54	5.02	7.98	19.80
28	有色金属冶炼及压延加工业	0.00	2.72	3.20	2.14	5.21	1.30	3.00	2.79	0.66	8.27

序号	部门	海南	重庆	四川	贵州	云南	陕西	甘肃	青海	宁夏	新疆
29	金属制品业	0.01	0.09	0.68	0.33	0.05	0.03	0.04	0.01	0.07	0.04
30	通用设备制造业	0.01	0.14	2.33	0.02	0.04	0.12	0.03	0.01	0.00	0.01
31	专用设备制造业	0.00	0.05	1.00	0.01	0.02	0.13	0.03	0.00	0.01	0.04
32	交通运输设备制造业	0.01	0.70	1.54	0.07	0.04	0.16	0.01	0.00	0.00	0.01
33	电气机械及器材制造业	0.00	0.06	0.64	0.00	0.04	0.11	0.01	0.00	0.00	0.19
34	通信设备、计算机及其他电子设备制造业	0.00	0.03	0.21	0.00	0.00	0.13	0.00	0.00	0.00	0.00
35	仪器、仪表、文化和办公机械	0.00	0.08	0.03	0.00	0.10	0.05	0.00	0.00	0.00	0.00
36	其他制造业	0.00	0.01	0.07	0.01	0.10	0.10	0.01	0.00	0.00	0.06
37	废弃资源和废旧材料回收加工业	0.00	0.03	0.02	0.00	0.15	0.00	0.18	0.00	0.01	0.03
38	电力、热力的生产和供应业	22.12	59.28	46.21	135.46	33.02	145.70	85.26	19.11	141.81	289.43
39	燃气生产和供应业	0.00	0.01	0.27	0.15	0.03	2.00	0.00	0.00	0.45	0.77
40	水的生产和供应业	0.00	0.00	0.04	0.00	0.00	0.04	0.00	0.00	0.00	0.04
41	建筑业	0.48	1.97	3.48	1.77	2.79	1.22	1.20	0.66	0.65	1.39
42	交通运输、仓储和邮政业	5.97	20.19	29.95	14.13	22.00	13.09	9.75	3.97	3.66	20.99
43	批发、零售业和住宿、餐饮业	0.45	2.74	10.01	24.09	4.11	4.35	1.60	1.36	0.31	4.32
44	其他	1.48	1.31	6.90	23.85	2.06	2.81	3.78	1.81	0.60	4.09
45	城镇	1.20	7.36	16.12	4.73	3.24	7.18	3.64	1.97	0.89	5.93
46	乡村	0.25	1.74	7.50	15.56	8.29	5.20	6.96	1.78	1.17	10.03
	合计	38.23	146.75	287.06	249.79	169.07	241.04	149.11	52.38	188.74	434.85

图书在版编目（CIP）数据

中国省份碳排放：模型、特征与驱动因素 / 潘晨著
. -- 北京：社会科学文献出版社，2023.4
ISBN 978 - 7 - 5228 - 1669 - 2

Ⅰ. ①中…　Ⅱ. ①潘…　Ⅲ. ①省 - 二氧化碳 - 排气 -
研究 - 中国　Ⅳ. ①X511

中国国家版本馆 CIP 数据核字（2023）第 062969 号

中国省份碳排放：模型、特征与驱动因素

著　　者 / 潘　晨

出 版 人 / 王利民
组稿编辑 / 恽　薇
责任编辑 / 胡　楠
责任印制 / 王京美

出　　版 / 社会科学文献出版社·经济与管理分社（010）59367226
　　　　　地址：北京市北三环中路甲 29 号院华龙大厦　邮编：100029
　　　　　网址：www. ssap. com. cn
发　　行 / 社会科学文献出版社（010）59367028
印　　装 / 三河市龙林印务有限公司

规　　格 / 开　本：787mm × 1092mm　1/16
　　　　　印　张：17　字　数：235 千字
版　　次 / 2023 年 4 月第 1 版　2023 年 4 月第 1 次印刷
书　　号 / ISBN 978 - 7 - 5228 - 1669 - 2
定　　价 / 128.00 元

读者服务电话：4008918866

CHINESE
PROVINCIAL
CO2 EMISSIONS
Models, Characteristics,
and Driving Forces

党的二十大报告强调"积极稳妥推进碳达峰碳中和"。中国省份是实现"碳达峰碳中和"目标的基本单元。本书利用涵盖中国大陆所有省份、产品部门及其间经济联系的多年度定量模型系统地分析了中国省份二氧化碳排放的结构特征、省际转移和区域平衡，从省际贸易和消费视角探究了中国省份二氧化碳排放的驱动因素，并探讨所得结论的政策内涵。本书为制定因地制宜、兼顾全局利益与局部利益的减排政策提供科学依据，助力实现"碳达峰碳中和"目标。

出版社官方微信

www.ssap.com.cn

ISBN 978-7-5228-1669-2

9 787522 816692 >

定价：128.00元